景德镇学院自编本科教材

机械设计基础

主　编　胡　瑄　梅立雪　郑立斌
副主编　王智森　刘邦雄

WUHAN UNIVERSITY PRESS
武汉大学出版社

图书在版编目(CIP)数据

机械设计基础/胡瑄,梅立雪,郑立斌主编. —武汉:武汉大学出版社,
2021.11
景德镇学院自编本科教材
ISBN 978-7-307-22291-5

Ⅰ.机… Ⅱ.①胡… ②梅… ③郑… Ⅲ.机械设计—高等学校—
教材 Ⅳ.TH122

中国版本图书馆 CIP 数据核字(2021)第 092598 号

责任编辑:任仕元 责任校对:李孟潇 整体设计:韩闻锦

出版发行:**武汉大学出版社** (430072 武昌 珞珈山)

(电子邮箱:cbs22@whu.edu.cn 网址:www.wdp.com.cn)

印刷:湖北金海印务有限公司

开本:787×1092 1/16 印张:19.5 字数:346 千字 插页:1

版次:2021 年 11 月第 1 版 2021 年 11 月第 1 次印刷

ISBN 978-7-307-22291-5 定价:45.00 元

前　言

　　教材是教学之本，是教学质量稳步提高的基本保障。教材内容必须与时俱进，紧跟技术发展的步伐，反映工程技术领域的新结构、新工艺、新特点和新趋势。

　　本书是按照教育部关于应用型本科和"卓越工程师培养计划"的总体目标，并结合机械类专业的实际需求编写的。根据高等院校人才培养目标，本教材编写坚持"以应用为目的，以必需、够用为度"的原则，结合本课程的教学规律，对教学内容和体系进行了适当的综合。

　　本书全面、系统地阐述了机械设计基础内容，有机地融合了相关课程的内容，弱化了机械原理与机械设计教材的界限，突出"理论知识够用，注重能力培养"的特点，精简理论推导，加强基础内容，注重设计公式的应用和结构设计方法，加强学生对图表、手册应用能力的培养。本书在介绍了机械设计现代方法的应用情况之后，着重阐述和讲授平面机构分析、平面连杆机构、间歇机构、凸轮机构、螺纹连接等基础知识，对其他常用零部件相关内容也做了充分的介绍。

　　全书共分11章，由景德镇学院胡瑄、梅立雪、郑立斌担任主编，景德镇学院王智森、刘邦雄担任副主编。具体写作分工如下：第1、第7、第10章由胡瑄编写，第3、第4、第6章由梅立雪编写，第5、第8章由郑立斌编写，第2、第9章由王智森编写，第11章由刘邦雄编写。全书由胡瑄负责统稿。

　　在编写过程中，我们参考了许多文献、资料，在此对这些文献、资料的编著者表示衷心的感谢！

由于我们水平有限，书中错误和不妥之处在所难免，敬请使用本书的广大师生和读者批评指正。

编 者

2021 年 3 月

目　录

◎ 第1章　机械设计概论 /1

1.1　课程概论 /1

1.2　机器的组成及特征 /5

　1.2.1　机器与机构 /5

　1.2.2　构件与零件 /8

1.3　机械设计的基本要求 /10

1.4　机械设计的内容与步骤 /11

1.5　机械零件设计的标准化、系列化及通用化 /17

小结 /18

习题 /19

◎ 第2章　机械现代设计方法 /20

2.1　现代设计方法的基本特点 /20

2.2　计算机辅助设计 /22

　2.2.1　概述 /22

　2.2.2　CAD 软件 /25

　2.2.3　CAD 技术的发展趋势 /31

　2.2.4　产品数据交换技术 /34

2.3　优化设计 /36

2.3.1 结构优化的基本思想 /36

2.3.2 设计过程 /37

2.3.3 结构优化问题的通用数学描述 /38

2.3.4 三种类型的几个结构优化问题 /41

2.3.5 离散和分布参数系统 /43

2.4 创新设计 /43

2.4.1 工程技术人员的创造力开发 /44

2.4.2 创新思维 /44

2.4.3 常用创新方法 /46

小结 /50

习题 /50

◉ **第3章 平面机构分析** /51

3.1 平面机构的组成 /51

3.1.1 运动副及其分类 /51

3.1.2 运动链 /53

3.1.3 机构的组成 /54

3.2 平面机构的运动简图 /55

3.3 平面机构自由度的计算 /58

小结 /68

习题 /68

◉ **第4章 平面连杆机构** /71

4.1 刚体的基本运动 /71

4.1.1 刚体的平动 /72

4.1.2 刚体绕定轴的转动 /73

4.2 点的合成运动 /75

4.3 刚体的平面运动 /82

4.3.1 刚体的平面运动及其分解 /82

4.3.2　平面图形上各点的速度 /85

4.3.3　平面图形上各点的加速度 /88

4.4　平面连杆机构 /90

4.5　平面连杆机构的类型及转化 /91

4.5.1　平面四杆机构的基本类型 /91

4.5.2　平面四杆机构的转化 /96

4.6　平面四杆机构的基本特征 /101

4.7　平面四杆机构的设计 /108

4.7.1　平面四杆机构设计的基本问题与设计方法简介 /108

4.7.2　图解设计方法 /110

小结 /119

习题 /120

第5章　间歇运动机构 /122

5.1　棘轮机构 /122

5.1.1　棘轮机构的组成及工作原理 /122

5.1.2　棘轮机构的常用类型及结构特点 /123

5.1.3　棘轮机构的工作特点及应用 /126

5.2　槽轮机构 /130

5.2.1　槽轮机构的组成及工作原理 /130

5.2.2　槽轮机构的常用类型及结构特点 /131

5.2.3　槽轮机构的工作特点及应用 /134

小结 /135

习题 /135

第6章　凸轮机构 /136

6.1　凸轮机构的类型及应用 /136

6.1.1　凸轮机构的组成 /136

6.1.2　凸轮机构的分类 /138

6.1.3 凸轮机构的特点 /143

6.1.4 凸轮机构的应用 /144

6.2 从动件的基本运动规律 /145

6.2.1 凸轮机构中的基本名词术语 /145

6.2.2 从动件常见的运动规律 /148

6.2.3 改进型运动规律 /156

6.2.4 从动件运动规律的选择及设计原则 /157

6.3 凸轮轮廓线设计 /159

6.3.1 凸轮轮廓线设计的基本原理 /159

6.3.2 图解法设计凸轮轮廓线 /160

6.3.3 解析法设计凸轮轮廓线 /166

6.4 凸轮机构基本尺寸的确定 /168

小结 /173

习题 /173

第7章 螺纹连接 /175

7.1 摩擦 /176

7.2 螺纹连接的基本知识 /178

7.3 螺纹连接的预紧与防松 /185

7.4 螺栓组连接的结构设计 /188

7.4.1 单个螺栓连接的强度计算 /188

7.4.2 螺栓组连接的结构设计 /195

7.4.3 提高螺栓连接强度的措施 /197

小结 /200

习题 /200

第8章 带传动 /202

8.1 传动形式 /202

8.2 V带的标准及带轮的结构 /204

8.2.1　带传动的类型和特点 /204

8.2.2　V 带的结构和规格 /206

8.2.3　带传动的特点 /208

8.2.4　带传动的几何参数 /209

8.3　带传动的工作原理 /210

8.3.1　带传动的受力分析 /210

8.3.2　带传动的弹性滑动和打滑 /213

8.3.3　带传动的应力分析 /215

8.4　普通 V 带传动设计 /217

8.4.1　带传动的失效形式及设计准则 /217

8.4.2　V 带传动的设计 /220

8.4.3　V 带轮设计 /226

8.4.4　带传动的使用维护与张紧 /228

8.4.5　同步带传动简介 /230

8.4.6　V 带传动应用设计实例 /231

小结 /233

习题 /233

◎ **第 9 章　链传动** /235

9.1　链传动的类型、特点与应用 /235

9.1.1　链传动的组成及主要类型 /235

9.1.2　链传动的特点 /237

9.1.3　链传动的应用 /237

9.2　链传动的运动特性 /238

9.2.1　链传动的结构、主要参数及几何尺寸 /238

9.2.2　链传动的运动不均匀性 /244

9.2.3　链传动的受力分析 /246

9.3　滚子链传动的失效形式及设计计算 /247

9.3.1　链传动的失效形式 /247

9.3.2　链传动的功率曲线 /248

9.3.3　中高速链传动的设计计算 /250

9.3.4　低速链传动的设计计算 /254

9.3.5　链传动的应用设计实例 /254

9.4　链传动的布置、张紧及润滑 /256

9.4.1　链传动的布置 /256

9.4.2　链传动的张紧方法 /257

9.4.3　链传动的润滑 /257

小结 /259

习题 /259

◉ **第 10 章　轴** /261

10.1　圆轴扭转 /261

10.1.1　圆轴扭转的工程实例 /261

10.1.2　扭矩和扭矩图 /263

10.1.3　圆轴扭转时横截面上的应力 /264

10.1.4　圆轴扭转时的强度计算 /266

10.1.5　圆轴扭转时的刚度计算 /266

10.2　弯曲 /268

10.2.1　平面弯曲概念 /268

10.2.2　梁弯曲时横截面上的正应力 /269

10.3　组合变形 /273

10.3.1　弯曲与扭转组合变形的概念 /273

10.3.2　应力分析与强度条件 /274

10.4　轴的分类和材料 /275

10.4.1　轴的功用和类型 /275

10.4.2　轴的常用材料及其选择 /278

10.5　轴的结构设计 /280

10.5.1　制造安装要求 /280

10.5.2　零件轴向和周向定位 /281

10.5.3　轴上零件的装拆与调整 /283

10.5.4　轴的加工工艺性 /284

10.5.5　减小轴的应力集中、提高轴的疲劳强度 /285

小结 /286

习题 /287

◎ 第 11 章　齿轮传动 /288

11.1　齿轮传动特点与类型 /288

11.2　齿廓啮合基本定律与渐开线齿廓 /292

11.3　渐开线标准齿轮的基本参数和尺寸 /294

11.3.1　渐开线的形成及其特性 /294

11.3.2　渐开线齿廓啮合的性质 /296

小结 /298

习题 /298

◎ 参考文献 /300

第 1 章

机械设计概论

【知识目标】

(1) 掌握机器的组成及特征；

(2) 掌握机械设计的步骤与设计原则；

(3) 掌握机械零件的失效分析及设计准则；

(4) 掌握机械零件设计中的标准化、系列化及通用化设计思想。

【学习目标】

学习掌握机械设计过程中的基本要求、设计准则、主要内容及步骤，为设计机械机构打好理论基础。

1.1 课 程 概 论

机器是人类在生产和生活中用以替代或减轻人的体力劳动和辅助人的脑力劳动、提高生产效率和产品质量的主要工具，更是用以完成人类无法从事或难以从事的各种复杂、艰难以及危险劳动的重要工具，如机床、汽车、起重机、运输机、自动化生产线、机器人和航天器等。在现代社会中，机器的应用随处可见。

机器的设计和制造水平是体现一个国家的技术乃至综合国力的重要方面，而机器的应用水平则是衡量一个国家的技术水平和现代化程度的重要标志。改革开放以来，我国社会主义现代化建设在各个方面都取得了长足的进步,国民经济的各个生产部门正迫切要求实现机械化和自动化,特别是随着社会科学技术的发展,对机械的自动化及智能化的要求越来越迫切,我国的机械产品正面临着更新换代的局面。高技术化、产品日趋多样化和个性化、日益发展的极限制造技术及绿色制造技术已成为机械制造业发展的明显趋势。这一切都对机械工业和机械设计工作者提出了更新、更高的要求,而本课程就是为了能培养出掌握机械设计的基本理论和基本能力的工程技术人员而设定的。

本课程以一般机械中的常用机构和通用零件为研究对象,介绍了机械设计的基本概念和一般常识,阐述了常用机构和通用零件的工作原理、结构特点、基本设计理论和计算方法。其中,常用机构的内容在机构结构分析、运动分析和力分析的基础上,具体研究了连杆机构、凸轮机构、齿轮机构、轮系和间歇运动机构等;通用零件的内容则具体研究了常用的连接(螺纹连接、键连接等)以及机械传动(齿轮传动、蜗杆传动、带传动、链传动、螺旋传动)。此外,还介绍了机械的平衡与调速等有关机器动力学方面的基本知识。

通过本课程的学习和有关实践,要培养学生:

(1) 获取剖析一般机械的组成和传动原理、正确使用和维护机械设备等必需的基础知识;

(2) 掌握机械中常用机构和通用零件的工作原理、特点及应用,基本的设计理论和计算方法,得到机械设计的初步训练,初步具有一定的机械设计能力;

(3) 为后续专业机械设备课程的学习打下必要的基础。

本课程是培养学生具有一定机械设计能力的一门技术基础课,也是学生首次接触到的技术性较强的设计性课程。从教学实践来看,历届学生中都有相当数量的人不太适应本课程的学习。其较普遍的反映是:内容繁杂,系统性差,把握重点难;机构、零件的类型多,实际结构形式多,设计计算公式多,参数、系数多,图表、数据多,听起来容易懂,理解与想象难,实际运用更难。造成这种现象的原因固然是多方面的。但就学生来说,除因参加实践机会少而缺乏生产实践知识之外,从学习数学、物理、力学等理论性课程转而学习这门设计性课程,不了解此课程的特点和某些规律,以往习惯了的学习方法与此课程的要求已远不相适应亦是重要原因。因此,学生从自身实际和课程学习需要出发,摸索并形成能适应本课程特点的学习方法,对加快学习进程、提高学习效果来说十分必要。实践证明,注意并切实解决好以下几方面的问题是很重要的,也是行之有效的。

1. 了解和掌握本课程的特点

本课程以常用机构和通用零件的设计为核心内容，其显著的特点是：

1）综合性

本课程中，进行理论分析、公式推导、设计计算及结构设计等，需要综合运用到数学、理论力学、材料力学、机械制图等多门学科的知识，还涉及金属工艺学、公差配合与技术测量等。与大多数先修课程的单科性不同，本课程属于综合性应用学科，涉及的知识面较广。

2）实践性

同多数必修课程相比，本课程同生产实践有着更直接和更密切的联系。有关常用机构和通用零件设计的理论和方法来源于工程实践，又应用于工程实践，因而具有很强的实践性。

3）设计性

本课程主要是应用多学科的有关理论来解决机械设计的实际问题，即从机构的结构组成原理、运动特点、传力性能以及从机械零件的类型、材料、强度、结构、工艺等方面去解决常用机构和通用零件的设计问题，是一门设计性课程，具有很强的综合性、实践性和技术性。

上述特点使得本课程在内容、研究问题的方法以及教学环节安排等方面都已明显不同于多数前修课程。学生要能适应本课程的学习，就必须在学习之初尽快了解本课程的这些特点，及时调整以往习惯的思维方式和学习方法，并在学习进程中根据课程内容结构安排的规律和分析解决问题方法的特点，在相应教学环节中结合实际，不断摸索，逐步形成和建立适应本课程特点的学习方法，解决好"如何学"的问题。

2. 了解和掌握本课程内容的系统性和研究思路的规律性

本课程章节多，从表面来看各章内容之间并无直接联系，也没严格的顺序性，显得"缺乏系统性"。每一章中的内容也颇为"离散""零乱"，初学者往往感到"头绪多、中心抓不住、重点难把握"。及时了解和掌握本课程内容安排的特点以及研究问题的思路和规律，对解决上述问题、改进学习方法和提高学习效果都有着重要的作用。

1）整体内容的内在联系和系统性

本课程全部内容分为机械原理与机械零件两大部分，各部分又分别以每一常用机构或通用零件为单元，独立成章，自成系统。由于机构的选择及运动设计、零部件的选择及强度和结构等设计，都是机器整体设计中不可缺少的重要组成部分，因此，本课程的所有章节实际是通过"机械设计"这条主线来贯穿的，有着不可分割的内在联系和自身系统性。

2）各章内容的系统性和研究思路的规律性

各章内容的安排以及研究问题的思路亦有明显的系统性和规律性。对每一常用机构，所研究的基本问题都是机构的类型、结构组成特点、运动规律、动力特性和运动设计，其核心内容是机构的结构、运动和传递力的特点。而每一通用零件讨论的内容则总是围绕正常工作与失效这一基本矛盾，按机械零件设计（或选择计算）的一般程序安排的，其规律性的思路是：零件的类型和工作原理→工作情况（即运动与受力）分析→失效形式分析→设计准则→设计公式→设计方法及步骤。重点则是零件的运动与受力分析以及设计（或选择）计算公式的推导与应用。

对于上述课程内容的系统性和研究思路的规律性，学生应结合各具体章节的学习，反复体会、加深理解，并在此基础上进一步做到：

（1）抓设计之"纲"，带各章之"目"。即在学习不同章节时，不可将它们在分割开来，孤立地学习各常用机构或通用零件的设计理论和方法，而要注意对前后相关章节进行分析、对比，找出它们在分析与解决问题方面共同的思想方法、类似的规律性以及彼此间通过机器整体设计这根主线相连的内在联系和共性问题。

（2）掌握规律，以线治"乱"。即在学习和钻研各章内容时，要抓住内容安排和研究问题基本思路的规律性，把头绪众多的、似乎零碎和杂乱无章的内容有机地串联起来；在弄清基本概念、掌握基本知识的基础上，总结归纳出主要问题及其结论，并使之简明化、条理化，便于掌握重点、记忆与运用。

遵循并抓住以上两点，对于学好本课程有着全局性的意义。学生一旦掌握了上述的规律，就会对课程内容在整体上有"纲举目张"的清晰之感，对看似"零乱""头绪多""重点难把握"的各章节内容，转而会发现和体会到主线十分清楚，重点亦较明显；再碰到类似问题的讨论时，便能产生一拍即合、一点即通的效果，使学习始终处于主动状态。这样，不仅有助于学生理解和掌握课程的基本理论和知识，而且有助于其提高自学以及举一反三、触类旁通的能力。

3. 了解和掌握本课程分析问题解决问题的思想方法

一门课程分析和解决问题的思想方法取决于所研究的问题的性质和特点。有关机械设计方面的问题与生产实际密切相关，往往都很复杂，影响的因素很多，因而在进行理论分析和公式推导时，必须抓住主要和本质的因素，暂时撇开次要因素，做某些近似或假设，使问题得以简化，从而建立起"理想化"的力学模型。据此，应用成熟的经典力学理论和数学方法进行分析推理和运算，得到问题的初步结果。在此基础上，再对次要因素全面考虑，权衡轻重后做恰当的处理。

常用的方法是引入一些反映次要影响因素的系数，用来对上述初步结果进行科学的修正，使最终结果尽可能准确地反映客观实际，以便能正确可靠地应用于工程实际。抓住主要矛盾，又恰当地处理好次要矛盾，是解决工程实际问题常用的重要方法，也是本课程中分析和解决问题的一个重要思想方法。例如，在研究齿轮强度问题时，就是在近似及假设的基础上将轮齿简化成纯弯曲的悬臂梁和一对相互接触的圆柱体，据此分别进行轮齿弯曲强度和接触强度的理论分析及公式推导，然后考虑实际工况、制造与安装误差、试验条件等因素，引入相应的系数，对理论推导的结果加以修正。

应当指出，本课程很强的综合性和实践性，决定了其认识和解决问题的思维方式具有多元性、综合性。一方面，机械设计要综合运用多学科的理论与知识；另一方面，设计机械需要满足功能性、安全性、可靠性、经济性与工艺性等基本要求，机构选择和运动设计要考虑运动、动力和几何等条件，零部件的选样和设计应遵循强度、刚度等基本准则。具体设计中，不仅要根据有关设计准则及公式做设计计算，还需结合制造、安装、使用、维修等方面的要求进行结构设计；由于实际影响因素多，有关系数和设计参数值是在一定范围内选取的，使得同一条件下的设计结果往往并不唯一，需要对多种方案在分析、对比、综合评价后做最优选择。

机械设计的上述特点决定了学习机械设计的理论与方法，或解决机械设计的实际问题，都不能单从某一方面的条件和要求进行"单向"的一元思考，而必须从机械设计的整体出发，综合考虑，进行"立体"多元思考。应该说，立体综合思维是本课程理论和实践中最重要的思维方式。

1.2 机器的组成及特征

1.2.1 机器与机构

在现代生产和生活中，经常见到的飞机、汽车、拖拉机、起重机、内燃机、电

动机、各种机床以及缝纫机、洗衣机等都是机器。各种机器结构形式不同，性能和
用途不一，但却具有一些共同的特征。如图 1-1 所示的单缸内燃机，它是由 1 气缸
体、2 活塞、3 连杆、4 曲轴、5 小齿轮、6 大齿轮、7 凸轮、8 推杆等一系列构件组
成。由燃气推动活塞在气缸中往复移动，通过连杆使曲轴连续转动，同时通过齿轮、
凸轮、顶杆实现进、排气阀有规律地启闭，控制气门的开启与关闭，进而使得内燃
机在工作过程中定时将混合可燃气体冲入气缸并及时将燃烧后的废气排出气缸。以
上各构件在一定条件下确定而协调地相对运动，将燃气的热能转换为曲轴（带有飞
轮）转动的机械能。

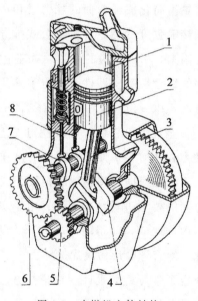

图 1-1   内燃机主体结构

又如发电机主要是由定子和转子（电枢）所组成的，当驱动转子回转时，定子绕
组中即产生并输出感生电流，输入的机械能便转换为电能。

再比如颚式破碎机，其主要构造如图 1-2 所示。它是由 1 机架、2 偏心轴、3 动颚
板、4 肋板、5 带轮以及电动机等部件构成。由电动机通过传动带（图中未画出）驱动
带轮 5 转动，偏心轴（端部装有飞轮）随之转动并带动动颚板和肋板运动，将放置于
两颚之间的物料压碎而做机械功。

由上述分析可知，在组成、运动和功能上，机器具有下列共同特征：

（1）它们都是若干人为实体的组合；

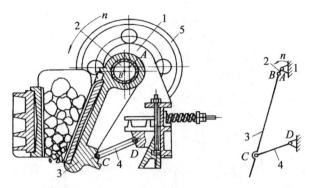

(a) 颚式破碎机的主体结构　　(b) 机构运动简图

1—机架；2—偏心轴；3—动颚板；4—肋板；5—带轮

图 1-2　颚式破碎机的主体结构及其机构运动简图

（2）各实体之间具有确定的相对运动；

（3）能用来代替人们的劳动去实现机械能与其他形式能之间的转换或做有用的机械功。

机构是能用来传递力与转换运动的基本组合体。如在内燃机中，活塞、连杆、曲轴和气缸体的组合可将活塞的往复移动转变成曲轴的连续转动；三个齿轮和气缸体的组合，可将一种转动变为转速和转向都改变了的另一种转动；凸轮、顶杆和气缸体的组合，则可将凸轮的连续转动变为顶杆按预期运动规律的往复移动。它们都是机构，即曲柄滑块机构、齿轮机构和凸轮机构。

显然，机器是由机构组成的。一台机器可以只包含一个机构，如电动机、鼓风机等都只含一个二杆机构；也可以包含多个机构，如上述的内燃机就包含了三个不同机构。功用不同的机器也可以具有相同的主体机构。例如内燃机、蒸汽机、活塞式压缩机和图 1-3 所示的冲床等，其主体机构就是曲柄滑块机构。

组成机器的各个机构在一定条件下按预定规律协调地运动，才最终使机器能够"转换机械能或做有用的机械功"。机器与机构的主要区别就在于：机器具有运动和能（而且总包含有机械能）的转换，而机构只具有运动的变换。若撇开机器在做功和转换能量方面的作用，仅从结构和运动的观点来看，机器与机构并无区别。因此，习惯上用"机械"一词作为机器与机构的总称。又因为机器中总包含有机构，故实际生产与生活中又常认为"机械"是机器的另一种通称。

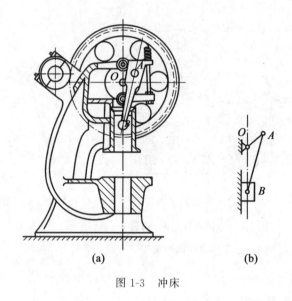

图 1-3　冲床

　　按运动和动力传递的路线对机械各部分功用进行分析，任何一种机械其主体都是由原动部分、工作部分和传动部分等三大部分组成的。

　　原动部分是机械动力的来源。最常见的原动机有电动机、内燃机等。

　　工作部分是位于整个传动终端、能产生规定动作以实现机械预期功能的执行部分，例如刨床的刨刀和工作台，颚式破碎机的动、定颚等。

　　传动部分是机械中将原动机的运动和动力传递给工作部分的中间环节，常由齿轮机构、凸轮机构、带传动等组成。

　　现代机器又发展有第四、第五部分，即检测部分和控制部分。现代电子工程与机械工程相结合产生了"机电一体化"的复合技术，又使机器的概念与特征、结构与功能等有了不断的扩展，达到了更新更高的水平。

1.2.2　构件与零件

　　任何机械都是由若干个别的单元分别制造后装配而成的。我们将组成机械的各个制造单元称为零件。而从运动的观点分析，组成机械的各个具有确定相对运动的实体，即运动单元，则称为构件。

　　构件既可以是单一的零件，也可以是由几个零件连接而成的刚性组合体。如图1-4

所示的内燃机曲轴就是单一的整体，既是制造单元，又是运动单元，因而是一个零件，也是一个构件；而图 1-5 所示的连杆，由于结构、工艺等方面的原因，就是由活塞、活塞环、活塞销、连杆、连杆瓦、连杆螺栓、连杆盖等零件组成的作为一个整体运动的构件。

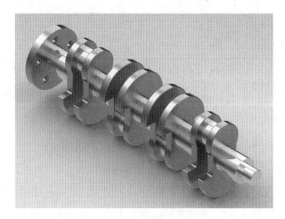

图 1-4　曲轴

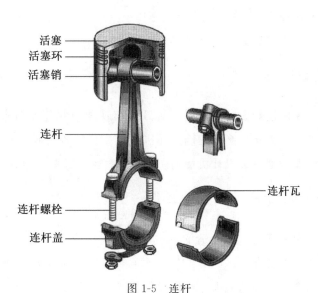

图 1-5　连杆

机械零件按其用途不同可分为通用零件和专用零件两类。凡在各种机械中都经常使用的具有同一功用和性能的零件，如齿轮、轴、螺栓、键、弹簧等，称为通用零件；而只适用于某些专门机械的零件，如汽轮机叶片、内燃机曲轴和活塞、轧钢机轧辊、纺纱机锭子等，则称为专用零件。

此外，还把实现单一功能、由一组协同工作的零件装配而成的组合体称为部件，如滚动轴承、减速器等。

1.3 机械设计的基本要求

所谓机械设计是指创造新机械或改进原有机械时，进行规划、构思、分析、计算和决策，并将结果以一定形式（如图纸、计算说明书、计算机软件等）加以描述表达的过程。开发新的机械产品，机械设计是第一道工序，而产品的性能及经济效益等，又在很大程度上取决于设计质量的优劣和水平的高低。因此，设计在机械产品的开发过程中起着关键性的作用。

不言而喻，正确的设计思想对指导机械设计十分重要。要想能科学合理地进行机械设计，就必须对机械设计的一般规律和基本知识，如机械设计的基本要求和一般程序、机械零件设计的基本准则和一般步骤、机械零件的常用材料及选择、机械零件的结构工艺性和标准化等，有清楚的了解和掌握。

设计各类机械均应满足以下的基本要求：

1. 功能和可靠性要求

设计的机械必须能按规定的技术指标有效地实现预期的各项功能，并在预定的寿命期限内可靠地工作。为此，必须正确选择机械的工作原理，正确选择和设计机构及其组合，并根据有关准则正确设计机械的所有零件，保证其具有足够的工作能力。

2. 经济性和工艺性要求

设计的机械应力求其设计和制造的成本低，即设计方法先进、采用标准件多、设计周期短，选用材料经济合理；制造工艺新、工效高、制造周期短；使用的经济性好，即生产率高、效率高、能源消耗少、维护费用低；整部机械及其零件具有良好的制造、装配工艺性，便于制造、装拆维修和交换失效零部件。

3. 操作方便和安全性要求

设计的机械应满足人机协调的要求，力求操作方便、省力、舒适，能最大限度地减少操作者的脑力和体力消耗，并尽可能地改善操作者的工作环境；应设有完备的安全保险和防护装置，确保运行时的人身安全和机械自身的安全。

4. 劳动保护和环境保护要求

在设计机器时，我们应该对劳动保护要求和环境保护要求给予高度重视，即应使所设计的机器符合国家的劳动保护法规和环保要求。一般应从以下两个方面考虑：

1）保证操作者的安全，方便操作并减轻操作者的劳动强度

这方面的具体措施包括以下几点：

（1）对外露的运动件加设防护罩；

（2）减少操作动作单元，缩短动作距离；

（3）设置完善的保险、报警装置，以消除和避免由不正确操作引起的危害；

（4）机器设计应符合人机工程学原理，使操纵简便省力，简单而重复的劳动应利用机械的本身机构来完成。

2）改善操作者及机器的工作环境

这方面的具体措施包括以下几点：

（1）降低机器工作时的振动与噪声；

（2）防止有毒、有害介质渗漏；

（3）进行废水、废气和废液的治理；

（4）美化机器的外形及外部色彩。

总之，我们应使所设计的机器符合国家的劳动保护法规和环境保护要求。

除上述基本要求外，设计某些机械时还应考虑各自的特殊要求。例如，航空、航天机械特别重视减轻重量；大型或经常流动使用的机械（如建筑起重机、钻探机等）要便于安装、拆卸和运输；食品、制药、纺织、印刷等机械要防止污染产品，等等。应当指出，机械产品的造型，直接影响到产品的市场竞争力，是当前机械设计中一个不容忽视的问题。

1.4 机械设计的内容与步骤

一部机器的质量基本上决定于设计质量。制造过程对机器质量所起的作用，本质

上就在于实现设计时所规定的质量。因此，机器的设计阶段是决定机器好坏的关键。

　　本书中所讨论的设计过程仅指狭义的技术性的设计过程。它是一个创造性的工作过程，同时也是一个尽可能多地利用已有的成功经验的工作。要很好地把继承与创新结合起来，才能设计出高质量的机器。作为一部完整的机器，它是一个复杂的系统。要提高设计质量，必须有一个科学的设计程序。虽然不可能列出一个在任何情况下都有效的唯一程序，但是，根据人们设计机器的长期经验，一部机器的设计程序的主要内容与步骤基本上可以如表 1-1 所示。

表 1-1　　　　　　　　　机械设计的内容与一般过程

阶段	内容	应完成的工作
计划	1. 根据市场需求，或受用户委托，或由上级下达，提出设计任务。 2. 进行可行性研究，重大的问题应召开有各方面专家参加的评审论证会。 3. 编制设计任务书。	1. 提出可行性报告。 2. 提出设计任务书。任务书应尽可能详细具体，它是以后设计、评审、验收的依据。 3. 签订技术经济合同。
方案设计	1. 根据设计任务书，通过调查研究和必要的试验分析，提出若干个可行方案。 2. 经过分析对比、评价、决策，确定最佳方案。	提出最佳方案的原理图和机构运动简图
技术设计	1. 绘制总装配图和部件装配图。 2. 绘制零件工作图。 3. 绘制电路系统图、润滑系统图。 4. 编制各种技术文件。	1. 提出整个设备的标注齐全的全套图样。 2. 提出设计计算说明书、使用维护说明书、外购件明细表等。
技术文件的编制	编制技术文件。	编制设计计算说明书、使用说明书、标准明细表、其他技术文件等。

　　以下对各阶段分别加以简要说明。

1. 计划阶段

在根据生产或生活的需要提出所要设计的新机器后，计划阶段只是一个预备阶段。此时，对所要设计的机器仅有一个模糊的概念。

在计划阶段，应对所设计的机器的需求情况做充分的调查研究和分析。通过分析，进一步明确机器所应具有的功能，并为以后的决策提出由环境、经济、加工以及时限等各方面所确定的约束条件。在此基础上，明确地写出设计任务的全面要求及细节，最后形成设计任务书，作为本阶段的总结。设计任务书大体上应包括：机器的功能、经济性及环保性的估计、制造要求方面的大致估计、基本使用要求、完成设计任务的预计期限等。此时，对这些要求及条件一般也只能给出一个合理的范围，而不是准确的数字。例如可以用必须达到的要求、最低要求、希望达到的要求等方式予以确定。

2. 方案设计阶段

方案设计阶段对设计的成败起关键的作用。这一阶段也充分地表现出设计工作有多个方案的特点。

机器的功能分析，就是要对设计任务书提出的机器功能中必须达到的要求、最低要求及希望达到的要求进行综合分析，即这些功能能否实现、多项功能间有无矛盾、相互间能否替代等。最后确定出功能参数，作为进一步设计的依据。在这一步骤中，要恰当处理需要与可能、理想与现实、发展目标与当前目标等之间可能产生的矛盾问题。

确定出功能参数后，即可提出可能的解决办法，亦即提出可能采用的方案。寻求方案时，可按原动部分、传动部分及执行部分分别进行讨论。较为常用的办法是先从执行部分开始讨论。

在讨论机器的执行部分时，首先是讨论关于工作原理的选择问题。例如，在设计制造螺钉的机器时，其工作原理既可采用在圆柱形毛坯上用车刀车削螺纹的办法，也可采用在圆柱形毛坯上用滚丝模滚压螺纹的办法。这就提出了两种不同的工作原理。工作原理不同，当然所设计出的机器就会根本不同。特别应当强调的是，必须不断地研究和发展新的工作原理，这是设计技术发展的重要途径。

根据不同的工作原理，可以拟定多种不同的执行机构的具体方案。例如仅以切削螺纹来说，既可以采用工件只做旋转运动而刀具做直线运动的方式来切削螺纹（如在普通车床上切削螺纹），也可以使工件不动而刀具做转动和移动来切削螺纹（如用板牙加工螺纹）。这就是说，即使对于同一种工作原理，也可能有几种不同的结构方案。

原动部分的方案当然也可以有多种选择。由于电力供应的普遍性和电力拖动技术的发展，现在可以说绝大多数的固定机械都优先选择电动机作为原动部分。热力原动机主要用于运输机、工程机械或农业机械。即使是用电动机作为原动机，也还有交流和直流的选择、高转速和低转速的选择等。

传动部分的方案就更为复杂、多样了。对于同一传动任务，可以由多种机构及不同机构的组合来完成。因此，如果用 N_1 表示原动部分的可能方案数，N_2 和 N_3 分别代表传动部分和执行部分的可能方案数，则机器总体的可能方案数 N 为 $N_1 \times N_2 \times N_3$ 个。

以上是仅就组成机器的三个主要部分讨论的。有时，还须考虑到配置辅助系统，本书不再讨论。

在如此众多的方案中，技术上可行的仅有几个。对这几个可行的方案，要从技术方面和经济及环保等方面进行综合评价。评价的方法很多，现以经济性评价为例略做说明。根据经济性进行评价时，既要考虑到设计及制造时的经济性，也要考虑到使用时的经济性。如果机器的结构方案比较复杂，则其设计制造成本就要相对地增大，可是其功能将更为齐全，生产率也较高，故使用经济性也较好。反过来，结构较为简单、功能不够齐全的机器，设计及制造费用虽少，但使用费用却会增多。应把设计制造费用和使用费用加起来得到总费用。总费用最低处所对应的机器复杂程度就是最优的复杂程度。相应于这一复杂程度的机器结构方案就应是经济性最佳方案。

评价结构方案的设计制造经济性时，还可以用单位功效的成本来表示，例如单位输出功率的成本、单件产品的成本等。

进行机器评价时，还必须对机器的可靠性进行分析，把可靠性作为一项评价的指标。从可靠性的观点来看，盲目地追求复杂的结构往往是不明智的。一般来讲，系统越复杂，则系统的可靠性就越低。为了提高复杂系统的可靠性，就必须增加并联备用系统，而这不可避免地会提高机器的成本。

环境保护也是设计中必须认真考虑的重要方面。对于可能对环境造成不良影响的技术方案，必须进行详细分析，并提出技术上成熟的解决办法。

通过方案评价，最后进行决策，确定一个据以进行下一步技术设计的原理图或机构运动简图。在方案设计阶段，要正确处理好借鉴与创新的关系。同类机器成功的先例应当借鉴,原先薄弱环节及不符合现有任务要求的部分应当加以改进或者根本改变。既要积极创新,反对保守和照搬原有设计,又要反对一味求新而把合理的原有经验弃置不用这两种错误倾向。

3. 技术设计阶段

技术设计阶段的目标是产生总装配草图及部件装配草图,通过草图设计确定出各部件及其零件的外形及基本尺寸,包括各部件之间的连接零部件的外形及基本尺寸。最后绘制零件的工作图、部件装配图和总装图。

为了确定主要零件的基本尺寸,必须做以下工作:

1) 机器的运动学设计

根据确定的结构方案,确定原动机的参数(功率、转速、线速度等)。然后做运动学计算,从而确定各运动构件的运动参数(转速、速度、加速度等)。

2) 机器的动力学计算

结合各部分的结构及运动参数,计算各主要零件所受载荷的大小及特性。此时求出的载荷,由于零件尚未设计出来,因而只是作用于零件上的公称载荷。

3) 零件的工作能力设计

已知主要零件所受的公称载荷的大小和特性,即可开始零部件的初步设计。设计所依据的工作能力准则,须参照零部件的一般失效情况、工作特性、环境条件等合理地拟定,一般有强度、刚度、振动稳定性、寿命等准则。通过计算或类比,即可决定零部件的基本尺寸。

4) 部件装配草图及总装配草图的设计

根据已定出的主要零部件的基本尺寸,设计出部件装配草图及总装配草图。草图上需对所有零件的外形及尺寸进行结构化设计。在此步骤中,需要很好地协调各零件的结构及尺寸,全面考虑所设计的零部件的结构工艺性,使全部零件有最合理的构形。

5) 主要零件的校核

有一些零件,在上述第 3 步中由于具体的结构未定,难于进行详细的工作能力计算,所以只能做初步计算及设计。在绘出部件装配草图及总装配草图以后,所有零件的结构及尺寸均为已知,相互邻接的零件之间的关系也为已知。只有在这时,才可以较为精确地定出作用在零件上的载荷,决定影响零件工作能力的各个细节因素。只有在此条件下,才有可能对一些重要的或者外形及受力情况复杂的零件进行精确的校核计算，并根据校核的结果反复修改零件的结构及尺寸，直到满意为止。

在技术设计的各个步骤中，近三四十年来发展起来的优化设计技术，越来越显示出它可使结构参数的选择达到最佳。一些新的结构强度及变形的计算方法，如有限元素法等，可使以前难以定量计算的问题求得极好的近似定量计算的结果。对于少数非常重要、结构复杂且价格昂贵的零件，在必要时还须用模型试验方法来进行设计，即按初步设计的图纸制造出模型，通过试验，找出结构上的薄弱部位或多余的截面尺寸，据以进行加强或减小来修改原设计，最后达到完善的程度。机械可靠性理论用于技术设计阶段，可以按可靠性的观点对所设计的零部件结构及其参数做出是否满足可靠性要求的评价，提出改进设计的建议，从而进一步提高机器的设计质量。上述一些设计方法和概念，应当在设计中加以应用与推广，使之得到相应的发展。

草图设计完成以后，即可根据草图已确定的零件基本尺寸，设计零件的工作图。此时，仍有大量的零件结构细节要加以推敲和确定。设计工作图时，要充分考虑到零件的加工和装配工艺性、零件在加工过程中和加工完成后的检验要求和实施方法等。有些细节安排如果对零件的工作能力有值得考虑的影响时，还须返回去重新校核工作能力。最后绘制出除标准件以外的全部零件的工作图。

按最后定型的零件工作图上的结构及尺寸，重新绘制部件装配图及总装配图。通过这一工作，可以检查出零件工作图中可能隐藏的尺寸和结构上的错误。人们把这一工作通俗地称为"纸上装配"。

4. 技术文件编制阶段

技术文件的种类较多，常用的有机器的设计计算说明书、使用说明书、标准件明细表等。

编制设计计算说明书时，应包括方案选择及技术设计的全部结论性的内容；编制供用户使用的机器使用说明书时，应向用户介绍机器的性能参数范围、使用操作方法、日常保养及简单的维修方法、备用件的目录等。其他技术文件，如检验合格单、外购件明细表、验收条件等，视需要与否另行编制。

在机械设计中充分运用计算机技术，将有助于提高设计的效率和质量。利用计算机的快速运算能力、交互图形显示、数据库和模拟仿真等技术，可以实现在设计阶段进行多方案的比较、提高计算的速度和精度、形成标准化工程图。同时，还可以在计算机上对设计的结果进行虚拟制造、对虚拟样机进行验证，从而在设计阶段就充分评价设计的可制造性和可行性。随着计算机技术的发展，上述各设计环节可快速和反复进行，可使设计者感到各设计环节是同时进行的，这也就是近年来发展起来的并行工程的含义。在设计阶段运用并行工程的思想和技术，十分有助于提高产品的设计质量和缩短产品开发周期。

以上简要介绍了机器的设计程序。广义地讲，在机器的制造过程中，随时都有可能出现由于工艺原因而修改设计的情况。如需修改时，则应遵循一定的审批程序。机器出厂后，应该有计划地进行跟踪调查。另外，用户在使用过程中也会给制造或设计部门反馈出现的问题。设计部门根据这些信息，经过分析，也有可能对原设计进行修改，甚至改型。这些工作，虽然广义上也属设计程序的组成部分，但毕竟是属于另一个层次的问题，本书不再讨论其具体的内容。但是作为设计工作者，应当有强烈的社会责任感，要把自己工作的视野延伸到制造、使用乃至报废利用的全过程中去，反复不断地改进设计。只有这样，才能使机器的质量继续不断地提高，更好地满足生产及生活的需要。

1.5 机械零件设计的标准化、系列化及通用化

有不少通用零件，例如螺纹连接、滚动轴承等，由于应用范围广、用量大，已经高度标准化而成为标准件。设计时只需要根据设计手册或产品目录选定型号和尺寸，向专业商店或工厂订购即可。此外，有很多零件虽使用范围极为广泛，但在具体设计时随着工作条件的不同，在材料、尺寸、结构等方面的选择也各不相同，这种情况则可对某些基本参数规定标准的系列化数列，如齿轮数模等。

按相关标准生产的零件称为标准件。标准化给机械制造带来的好处是：

(1) 由专门化工厂大量生产标准件，能保证质量、节约材料、降低成本；

(2) 选用标准件可以简化设计工作、缩短产品的生产周期；

(3) 选用参数标准化的零件，在机械制造过程中可以减少刀具和量具的规格；

(4) 具有互换性，从而简化机器的安装和维修。设计中选用标准件时，由于要受到标准的限制而使选用不够灵活，若选用系列化产品则从一定程度上解决了这一问题。例如，对于同类型、同一内径的滚动轴承，按照滚动体直径的不同使其形成各种外径、宽度的滚动轴承系列，从而使轴承的选用更为方便、灵活。

通用化是指在不同规格的同类产品或不同类产品中采用同一结构和尺寸的零部件，以减少零部件的种类，简化生产管理过程，降低成本和缩短生产周期。

为了有利于保证产品质量，减轻设计工作量，便于零部件的互换和组织专业化的大生产，以降低生产成本，国家和各部委等制定了一系列的标准，分别称为国家标准（GB）、行业标准（如机械行业标准——JB、黑色冶金行业标准——YB）和专业标准。

在机械设计中常用到很多通用零部件，由于其应用面广、量大，绝大多数已标准化，称之为标准件（如螺钉、螺母、销钉、联轴器、滚动轴承等），并由专门化的工厂生产。因其生产批量大、成本低、质量有保证，同时，在设计中选用标准件，简化了设计方法，缩短了设计时间，加快了设计进程，故在设计中应尽可能选用标准件，并遵守一系列的标准规定。一般来说，标准是整个国家、部门或企业长期理论研究和实践工作经验的总结，具有先进性、规范性和实用性，故遵照标准可避免或减少由于个人设计经验不足而出现的偏差。

近年来，我国为了便于加强对国标的管理和监督执行，将国标分为两大类。

一类为强制性国家标准，其代号为 GB××××（为标准序号）—××××（为批准年代），如 GB 5842—1996（液化石油气钢瓶）、GB 15578—1995（电阻焊机的安全要求）。强制性国标只占整个国标中的极少数，但必须严格遵照执行，否则就是违法。

另一类为推荐性国家标准，其代号为 GB/T ××××—××××，如 GB/T 12368—1990（锥齿轮模数）。这类标准占整个国标中的绝大多数。如无特殊理由和特殊需要，必须遵守这些国标，以期取得事半功倍的效果。

要注意，因国标的这种分类方法从 1993 年起才开始执行，故许多 1993 年前颁布的国标，应由 GB 改为 GB/T。

此外，尚有一部分国标为准备降为行业标准而尚未转化的原国家标准，其代号为 GB/＊ ××××—××××。如 GB/＊ 11368—1989（齿轮传动装置清洁度）。由于标准化、系列化、通用化具有明显的优越性，所以在机械设计中应大力推广"三化"，贯彻采用各种标准。

小　　结

本章首先介绍了机器的组成及特征，以实例描述了机械与机构的区别；结合工程实践与理论基础，详细讲解了机械设计的基本要求、主要内容以及步骤，通过设计过程中的约束分析以及结构计算，使得读者能够明了如何去设计一个机器。然后讲解了零件的设计思路，给出了零件常见的失效形式，由浅入深地介绍了设计过程中要满足哪些设计准则。最后阐述了零件标准化、系列化以及通用化的意义。通过本章的学习，能够掌握机械设计的思路体系，同时也为机械的理论分析打下坚实的基础。

习　　题

（1）机械零件可归纳为哪两种类型？试各举两个典型实例说明。

（2）对机器提出的主要要求包括什么？

（3）设计机械的经济性要求包括哪些方面？

（4）机械设计的一般程序是怎样的？

（5）机械零件的失效形式有哪些？

（6）机械零件设计的一般步骤有哪些？

（7）机械零件在进行结构设计时，主要应从哪些方面去考虑和改善它的结构工艺性？

（8）机械设计中，为什么要实行零件和部件的标准化、系列化与通用化？请列举出一些标准化、系列化与通用化的零部件。

第 2 章

机械现代设计方法

【知识目标】

(1) 掌握现代设计方法的基本特点；

(2) 掌握如何使用计算机辅助设计；

(3) 掌握优化设计的基本概念和基本思想；

(4) 掌握优化设计中常见的几种优化方法；

(5) 掌握创新设计的原理。

【学习目标】

学习掌握现代化设计的三种方法，提高自身的设计素质，增强创新设计能力。

2.1　现代设计方法的基本特点

从 20 世纪 60 年代末开始，设计领域相继出现了一系列的新兴理论和方法，区别于传统设计方法，在运用这些方法进行产品及工程设计时，一般都以计算机作为分析、计算、综合和决策的工具。

1. 现代设计方法的基本特点

1）程式性

研究设计的全过程：要求设计者从产品规划、方案设计、技术设计、施工设计到试验、试制进行全面考虑，按步骤有计划地进行设计。

2）创造性

突出人的创造性，发挥集体智慧，力求探寻更多突破性方案，开发创新产品。

3）系统性

强调用系统工程处理技术系统问题。设计时应分析各部分的有机关系，力求系统整体最优。同时考虑技术系统与外界的关系，即人-机-环境的大系统关系。

4）最优性

设计的目的是得到功能全、性能好、成本低的价值最优的产品，设计中不仅考虑零部件参数、性能的最优，更重要的是争取产品的技术系统整体最优。

5）综合性

现代设计方法是建立在系统工程、创造工程基础上，综合运用信息论、优化论、相似论、模糊论和控制论等自然科学理论和价值工程、决策论、预测论等社会科学理论，同时采用几何、矩阵及图论等数学工具和电子计算机技术，总结设计规律，提供多种解决设计问题的科学途径。

6）数字性

将计算机技术及应用全面引入设计，通过设计者和计算机的密切配合，采用先进的设计方法，提高设计质量和速度。计算机不仅用于设计计算和绘图，同时在信息存储、评价决策、动态模拟和人工智能等方面发挥着不可替代的作用。

总的来说，设计是一项涉及多种学科、多种技术的交叉工程。它既需要方法论的指导，也依赖于各种专业理论和专业技术，更离不开技术人员的经验和实践。现代设计理论与方法是在继承和发展传统设计理论与方法的基础上，融汇新的科学理论和技术成果而形成的。

2. 学习现代设计方法的意义与任务

设计人员是新产品的重要创造者，对产品的发展有重大意义。为了适应科学技术发展的要求和市场经济体制对设计人才的需要，必须加强设计人员的创新能力和素质的培养，作为未来设计工程师的工科大学生，学习和掌握现代设计理论与方法就具有特别的意义。通过对这门课程的学习与研究，可提高未来从事设计工作的设计水平，增强设计能力。

应该指出，现代设计是过去设计活动的延伸和发展，现代设计方法也是在传统设计方法基础上不断吸收现代理论、方法和技术以及相邻学科最新成果后发展起来的。所以，今天学习现代设计方法，其目的绝不是要完全抛弃传统方法和经验，而是要在掌握传统方法和实践经验的基础上再把最优化数学原理、可靠性设计等内容融合，应用于工程设计问题，在所有可行方案中寻求最佳设计方案。

学习现代化设计理论及方法的任务是：

(1) 通过学习，了解现代设计理论与方法的基本原理和主要内容，掌握各种设计方法的基本思想、设计步骤及上机操作要领，以提高自己的设计素质，增强创新设计能力。

(2) 通过学习，在充分掌握现代设计思想的基础上，力求在未来产品设计实践的工作过程中，能够不断地发展现代设计理论与方法，甚至发明和创造出新的现代设计方法和手段，以推动人类设计事业的进步。

2.2   计算机辅助设计

2.2.1   概述

1. 基本概念

计算机辅助设计 (CAD) 是指工程技术人员以计算机为工具，用各自的专业知识，对产品进行的总体设计、绘图、分析和编写技术文档等设计活动的总称。一般认为，CAD 的功能包括草图设计、零件设计、装配设计、工程设计、自动绘图、真实感显示及渲染等。

现在的 CAD 技术已不仅仅限制在自动绘图或三维建模，而已成为一种广义的、综合性的关于设计问题的解决方案。它涉及以下基础技术：

(1) 图形处理技术，如二维交互图形技术、三维建模技术及其他图形输入输出技术；

(2) 工程分析技术，如有限元分析、优化设计方法、物理特性计算 (如面积、体积、惯性矩等计算)、模拟仿真以及各行各业中的工程分析问题等；

（3）数据管理与数据交换技术，如产品数据管理（PDM）、数据库、异构系统间的数据交换和接口等；

（4）文档处理技术，如文档制作、编辑及文字处理等；

（5）界面开发技术，如图形用户界面、网络用户界面、多通道多媒体智能用户界面等；

（6）基于 Web 的网络应用和开发技术。

另外，CAD 与计算机绘图、计算机图形学（CG）是不同的概念。

计算机绘图是使用图形软件和计算机硬件进行绘图及有关标注的一种技术和方法，它以摆脱繁重的手工绘图为主要目标。

CG 是研究通过计算机将数据转换为图形，并进行显示的原理、方法和技术的科学。CG 的研究内容有以下 4 个方面：

（1）硬件。指图形输入设备、图形处理设备、图形显示设备和图形绘制设备。

（2）图形软件设计。如二维绘图系统、三维建模系统、动画制作系统、真实感图形生成系统等。

（3）图形处理的理论与方法。主要集中在三维造型技术、真实感图形生成技术和人机交互技术等方面。近年来，CG 向更深的方向发展，出现了分布式图形处理、声像一体化、分数维几何、虚拟现实、多媒体技术以及科学计算可视化等高新理论与技术。

（4）实际应用中的图形处理问题。涉及广阔的应用领域，如统计管理、测量、生物、医学、药学、地理、地质、军事指挥与训练、动画和艺术、办公自动化等。

2. CAD 系统的硬件

1）计算机主机

主机由中央处理器（CPU）和内存储器（也称内存）两部分组成。CPU 包括控制器和运算器。控制器指挥和协调整个计算机的工作，具体功能是提取主存储器内的指令，分析指令的操作类型，然后接通各有关电路，实现各种动作，控制数据在各部分之间的传送。运算器执行指令要求的计算和逻辑操作，输出计算的结果及逻辑操作的结果。在控制器和运算器中都有寄存器作为临时的信息写入与取出的地方，存取速度均比从内存储器中存取要快。

内存储器用来存放指令、数据及运算结果（也包括中间结果），制成存储器芯片。

内存储器一般包括：

（1）随机读写存储器（RAM），存放各种输入、输出数据及中间结果，与外存储器交换信息。RAM中的信息既可读出，也可写入。

（2）只读存储器（ROM），信息只能读出，不能写入，所以信息是不变的，断电后不会丢失，一般用来存放固定程序，如管理、监控、汇编、诊断程序等。

2）外存储器

外存储器用来存放暂时不用或等待调用的程序、数据等信息。当使用这些信息时，由操作系统根据命令调入内存。外存储器的特点是容量大，经常达到数百个GB，但存取速度慢。常见的种类有硬盘和光盘等。

3）图形输入设备

图形输入设备有三种类型。第一类是定位设备，其操作方式是控制屏幕上的光标并确定它的位置。在窗口及图标菜单环境下，定位设备除了定位功能外，还兼有拾取目标、选择对象、跟踪录入图形及徒手画草图等功能。具体的物理设备有图形输入板及其触笔、鼠标、触控屏等。第二类是数字化仪，能将放在上面的图形用游标器指点摘取大量的点，进行数字化后存储起来。第三类是图像输入设备，如摄像机、数码相机、扫描仪等，图形经图像数字化及图像处理后输出，这类输出已成为CAD系统非常重要的输入方式。

4）图形输出设备

图形输出设备主要有打印机、笔式绘图机、喷墨绘图机等。

5）图形显示器

（1）光栅扫描显示器。该种显示器多用于老式的计算机，外形如图2-1所示，显示器的荧光屏在颜色上有黑白与彩色之分，在面型上有球面、柱面和平面几种，现在已经很少使用。

（2）液晶显示器。台式计算机或笔记本上已广泛使用薄膜晶体管液晶显示器，外形如图2-2所示，其优点是体积小、图像清晰、图像无闪烁、耗电低、无辐射；缺点是视角不广、液晶单元容易出现瑕疵、造价高。

3. CAD系统的软件

CAD系统应具备两类软件：系统软件与应用软件。

系统软件指操作系统及语言等，是着眼于计算机资源的有效管理、用户任务的有

图 2-1 光栅扫描显示器

图 2-2 液晶显示器

效完成和操作的方便。

应用软件的范围很广,可分为 CAD 支撑软件及用户开发的应用软件两种,前一种可在市场上买到,后—种则由用户开发而成。

2.2.2 CAD 软件

1. CAD 软件分类

1) 基本图形资源软件

这是一些根据各种图形标准或规范实现的软件包,大多是供应用程序调用的图形子程序包或函数库。这些图形资源中比较流行的有面向设备驱动的 CGI，面向应用的图形程序包 GKS 及 PHIGS，还有某些特有图形程序包，如 OpenGL 等。

2）二维绘图软件和三维绘图软件

这类软件主要解决零部件图的设计问题，输出符合工程要求的零件图或装配图。比较常用的有 AutoCAD、CAXA 等。

3）几何造型软件

这类软件主要解决零部件的结构设计问题，存储其三维几何数据及相关信息。几何造型软件在计算机及工作站上均可运行，如 Autodesk 公司的 Inventor 软件、PTC公司的 Pro/Engineer 软件等。

4）工程分析及计算软件

常用的有限元分析及其前后置处理程序有 ADINA、ANSYS、NASTRAN 等。其他工程分析软件还有机构分析软件、机械系统动态分析软件、注塑模分析软件等。

5）文档制作软件

这类软件可以快速生成设计结果的各种报告、表格、文件、说明书等，可以对文本及插图方便地进行各种编辑。

2. 几何造型软件的功能

下面以基于特征的参数化 CAD 软件 Autodesk Inventor 为例来简单介绍几何造型软件的功能。Autodesk Inventor 是美国 Autodesk 公司于 1996 年推出的基于特征的参数化三维实体设计的系统，2003 年 12 月推出了 Autodesk Inventor 中文版本（以下简称 Inventor）。

1）Inventor 的技术特点

Inventor 是面向机械设计的三维 CAD 软件。它融合了当前 CAD 所采用的最新的技术，具有强大的造型能力；其独特的自适应技术使得以装配为中心的"自上而下"的设计思想成为可能；系统具有在微机上处理大型装配的能力；设计师的设计规则、设计经验可以作为"设计元素"存储和再利用；与 AutoCAD 有极好的兼容性以及具有直观的用户界面、直观菜单、智能纠错等优秀功能；提供了进一步开发 Inventor 的开放式的应用程序接口（API）。

2）Inventor 的主要功能

（1）零件造型设计。可以建立拉伸体、旋转体、扫描体等各种特征；可进行工程曲面设计以及由电子表格驱动的变形设计等。

（2）自上而下的装配设计。支持以装配为中心的设计思想，在装配环境下"在位"设计新的零件。可以修改装配体中的零件；进行零部件间的干涉检查；动态演示机构运动和产品装配过程等。

（3）装配体分解设计。可用多种形式分解装配体，以表达装配体的组成零件的装配顺序和零件间的装配构成关系。

（4）焊接组件设计。能够在装配体上按焊接标准添加焊缝特征。

（5）钣金件设计。可以做各种钣金件和冲压件的设计。

（6）管路设计。可进行空间管路设计，选择各种标准的管子、接头等。

（7）标准件库。系统内含了包括 GB、ISO 在内的 18 个国家标准和 12 个不同系列的标准零件库。

（8）二维工程图设计。可由三维实体模型自动投影为符合标准的各种二维工程图。三维实体模型和二维工程图是双向关联的，当三维实体模型改变时，二维工程图的所有视图全部更新；反过来也是一样。

3）Inventor 几项主要功能的实现

（1）零件的三维设计过程。

零件的三维设计过程并不复杂，可以分两个阶段进行：

a. 设计零件的草图。草图设计是零件三维实体设计的基础，是实体设计的第一步；

b. 在草图的基础上生成三维实体模型：由不同特征方法生成三维实体的过程。

其中，草图设计的过程又可以分为三个步骤：①设定草图平面：设置绘制草图所在平面；②绘制草图：使用绘制命令绘制草图图形；③约束草图：对草图施加尺寸约束和几何约束。

（2）三维实体装配设计。

在二维投影制图中，装配图用来表达机器或部件的工作原理、零件间的装配关系、零件连接方式以及传动路线，是产品生产过程必要的技术文件。

将三维实体零件按一定的装配逻辑关系组装起来，构成一部真实生动的机器，是机械设计师梦寐以求的理想。在三维设计环境下，创建零件间完全真实的装配约束关系，充分表达设计师的设计思想的过程，被称为"三维实体装配设计"。

三维实体装配设计的主要目的是：

a. 获得机器或部件装配状态的三维实体模型；

b. 观察、分析机器或部件的装配关系、工作原理；

c. 进行部件的质量特性分析；

d. 进行零件间的干涉检查；

e. 用于生成装配分解图；

f. 用于自动创建部件或零件的二维工程图；

g. 用于在相关仿真软件系统中进行复杂的运动学和动力学分析。

Inventor 支持"自下而上"和"自上而下"两种装配设计方法。两种方法可在同一个装配环境中完成。

自下而上的设计方法是先在零件环境下生成所有零件，然后在装配环境下调入所有零件，按照装配关系逐个装配零件。这种设计方法的优点是：零件设计是独立的，与其他零件不存在相互关联。当零件的结构、尺寸都已确定，不需要再改动时，一般采用自下而上的设计方法。

自上而下的设计方法是在装配环境下以一个主要零件或部件为参考来设计其他零件。该设计方法的最大优点是：新生成的零件在形状、尺寸上和参照零件之间可以保持相关和协调，并能同时保证装配关系。自上而下的设计思想和设计过程非常符合实际，在进行新产品设计时多采用这种设计方法。

（3）表达视图设计。

在传统的二维设计中，绘制部件的分解表达视图是很复杂和费时的事，要模拟装配部件的动作过程更是几乎不可能的。而在三维设计环境下，完成这一任务却是很轻松的。

表达视图是显示部件装配关系的一种特殊视图，由于它将各零件沿装配路线展开表示，使用者可以很直观地观察部件中零件与零件的相互关系和装配顺序。

"表达"可以是静态的视图，也可以是动态的演示过程，还可以生成一个播放文件，供随时播放。

（4）工程图设计。

目前，在零部件的生产、制造安装及产品检验过程中，在维护、修理设备时，都还离不开二维的工程图，工程图仍然是表达零件和部件的一种最重要方式，是设计制造不可缺少的技术文件。

三维设计系统中"工程图"是由三维实体模型自动转换而成的，这里所说的"自动"，是说不再需要用鼠标在屏幕上一条线一条线地去画图了，而是根据设计者的意图由三维的实体模型自动投影为各种平面视图。

由三维的实体模型转换成几个视图？转换成什么样的视图？视图上的尺寸怎么去标注？这些还需要设计者的投影制图的基础知识和设计经验的积累。

三维设计系统的自动转换"工程图"有如下特点：

a. 生成的二维工程图和三维实体模型的数据关联，对零件或部件的任何修改都反映到它们的工程图中。同样，修改二维工程图的模型尺寸，也会引起它们的二维模型的变化。

b. 各个视图之间是关联关系，如果一个视图的某个尺寸改变，则所有视图上和这个尺寸相关的结构都自动改变。

c. 二维工程图中包括各种投影视图、剖视图，也包括轴测图。

d. 工程图能够以 dwg 的格式及其他格式输出，以满足文件在其他绘图系统中调用的需要。

e. 由于工程图的绘制方式和标注要符合国家标准的要求，设计工程师和所服务的企业又存在很多特殊的规范、要求，而软件系统目前不可能完全做到，因此，需要做一些"修补"工作。

3. 工程分析及计算软件的功能

仍以 Inventor 为例，介绍其应力分析与运动仿真模块。应力分析与运动仿真是 Inventor 的附加模块，是 CAE 功能与 CAD 建模工具的无缝集成。

1）应力分析模块

应力分析模块提供了对于结构分析常用的静态应力分析和模态分析功能。在设计过程中，用户使用应力分析可以对一个零件施加载荷和约束，计算应力、变形、安全系数、固有频率和相应的模态。

使用应力分析，用户可以实现以下功能：

（1）进行静态弹性的应力分析来得到应力、变形、位移和安全系数；

（2）进行模态分析来得到固有频率和对应的模态；

（3）基于分析结果修改设计，以消除过度设计或不足设计；

（4）在应力分析环境中，直接进行一定程度的模型修改、更新求解；

（5）在零件环境中对模型进行修改，再直接进行应力分析求解；

（6）通过对零件各阶段的变形、应力、安全系数和频率进行动画演示，产生分析报告、DWF 文件，以供审阅或存档。

应力分析是对 Inventor 零件的有限元求解。从 Inventor 模型环境转换到应力分析环境，将一个三维几何模型转换成了一个数学模型。该数学模型在三维空间的体积就是该数学模型的问题域，而其表面便是问题域的边界。该问题域是由特定的材料组成的，因此，有特定的材料特性；而在问题域的边界上，可以有给定的载荷、已知的位移等，因此，边界条件可以根据载荷和位移来定义。该数学模型在问题域内部满足控制方程（一般是微分方程），在边界上满足边界条件。

用 Inventor 进行应力分析的一般步骤如下：

（1）创建零件模型：根据分析的某些特性对模型进行必要的简化，如去除微小特征；

（2）设置该模型的材料特性：加密度、弹性模量等；

（3）创建完整的边界条件：注意零件的实际约束以及受力情况应该与边界条件一致；

（4）进行分析的相关设置：如设置分析类型、网格类型等；

（5）划分有限元网格，运行分析，输出分析结果并进行相应的研究。

利用 Inventor 进行应力分析时，要满足下列三个条件，仿真结果才能正确：

（1）应力分析仅仅适用于线性材料特性，即材料永远处于弹性变形范围内，不会因为受力过大而产生塑性变形；

（2）假设与零件的整体相比，变形的幅值相对来说很小；

（3）仿真结果与温度无关，即温度不对材料特性构成影响。

2）运动仿真模块

机械装置或机构的特定功能包括传递力、运动和能量，而为实现某一功能对其构件的相对运动进行传递、控制和限制的方式是该装置或机构的运动机理。Inventor 的"运动仿真"模块就提供了对结构运动机理的仿真功能，用户可以对三维设计的机构进行复杂的运动学和动力分析，对机构在各种工作状态下的设计功能进行仿真。

在 Inventor 的部件造型环境中，装配模型零件之间的运动关系由装配约束定义。通过对装配约束的驱动，用户还可以模拟零件的运动，显示装配部件的运动形式。

运动仿真功能提供了一个分析机械部件复杂运动行为和动力的强大工具。在运动仿真环境中，用户首先对装配部件构建有准确物理力学意义的运动机理。用户可以实现：

（1）对装配结构的装配约束进行转换，自动产生运动连接；

（2）利用丰富的运动连接库，手动产生各种连接，包括由弹簧、阻尼器等来构建运动机理；

（3）利用运动机理通过定义载荷、驱动条件、摩擦系数等来赋予物理意义。

对一个符合实际的运动机理进行运行，用户就可以十分轻松地得到精确的运动。动力结果包括以下内容：

（1）产生丰富的运动学分析结果，包括机理中每个零部件随时间变化的位置、速度、加速度，可以产生相关的工程数据，并绘出图形；

（2）确定运动构件如何相互作用以及其受力状态，计算出准确的载荷条件影响，包括惯性的影响；

（3）在零部件中选择关键的点作出标记，输出其在运动过程中的位置轨迹；

（4）将在运动仿真状态中的实际工况输出到"应力分析"或"ANSYS Workbench"进行进一步的有限元应力分析，使用户可以对结构在动态运作下安全地进行分析和评估；

（5）通过运行运动仿真，了解设计的装置能实现的功能。用户可以看到齿轮、凸轮、弹簧等机构的精确运动，并能产生高质量的 AVI 文件。

在设计过程中进行运动仿真，用户就可以验证该运动机构设计的合理性，对运动机构进行优化。它的强大之处就在于：用户可以试验不同条件下的仿真行为，比较仿真结果。它提供了一个不必创立和试验无数物理原型，允许设计者通过模拟的条件来试验很大范围的设计选项，最后对性能、安全和舒适优化设计的有效方法，从而达到改进终端产品的要求。由于物理特性都是通过参数定义的，因此，非常容易对不同参数值的作用进行试验，比较在不同物理条件下的行为，发现潜在问题，为改进设计提供重要的依据。

2.2.3 CAD技术的发展趋势

1. 集成化

在一个由多种软件组成的复杂系统，比如计算机集成制造（CIM）系统、并行工程等里头，集成的含义有多种，一般有功能集成、信息集成、过程集成及动态联盟小企业的集成。集成化问题一直是 CAD 技术研究的重点。目前，为适应现代制造技术发展的趋势，CAD 的集成化正向着深度和广度发展，从 CAD 的信息集成、功能集成，发展为可实现整个产品生命周期的过程集成，进而向企业动态集成、虚拟企业发展。信息集成主要实现单元技术自动化孤岛的连接，实现其信息交换与共享；过程集成通过并行工程等实现产品设计制造过程的优化；企业动态集成通过敏捷制造模式来建立虚拟企业（动态联盟），达到提升产品和企业整体竞争力的目的。

计算机集成制造（CIM）是 CAD 集成技术发展的必然趋势。CIM 的最终目标是以企业为对象，借助于计算机和信息技术，使企业的经营决策、产品开发、生产准备到生产实施及销售过程中有关人、技术、经营管理三要素及其形成的信息流、物流和价值流有机集成，并优化运行，从而达到产品上市快、高质、低耗、服务好、环境清洁，进而让企业赢得市场竞争。计算机智能制造系统（CIMS）则是一种基于 CIM 哲理构成的复杂的人机系统，是在自动化技术、信息技术及制造技术的基础上，通过计算机及其软件，将制造工厂全部生产活动所需的各自分散的自动化系统有机地结合起来，适合于多品种、中小批量生产的总体高效益、高柔性的智能制造系统。CIMS 不是现有生产模式的计算机化和自动化，它是在新的生产组织原理和概念指导下形成的一种新型生产实体。

2. 网络化

互联网及其 Web 技术的发展，迅速将设计工作推向网络协同的模式，因此，CAD 技术必须在以下两个方面提高水平：

（1）能够提高基于因特网的完善的协同设计环境，该环境具有电子会议、协同编辑、共享电子白板、图形和文字的浏览与批注、异构 CAD 和 PDM 软件的数据集成等功能，使用户能够进行协同设计；

（2）提供网上多种 CAD 应用服务，例如提供设计任务规划、设计冲突检测与消解、网上虚拟装配等工具。

3. 智能化

现有的 CAD 技术在机械设计中只能处理数值型的工作，包括计算、分析与绘图。然而在设计活动中存在另一类符号推理型工作，包括方案构思与拟定、最佳方案选择、结构设计、评价、决策以及参数选用等。这些工作依赖于一定的知识模型，采用符号推理方法才能获得圆满解决。因此，将人工智能技术、知识工程技术与 CAD 技术结合起来，形成智能化 CAD 系统，是机械 CAD 发展的必然趋势。对以下两个方面的问题应给予更多的关注：

（1）发展新的设计理论与方法。例如并行设计、大规模定制设计、概念设计、创新设计、标准化设计、模块化设计、协同设计等，都是当前研究的热点。只有在新的理论与方法指导下才可能建立新一代的智能 CAD 系统，才能解决目前还不能有效解决的方案设计、创新设计等问题。

（2）继续深入研究知识工程在机械设计领域中应用的一些基本理论与技术问题。例如设计知识的表示与建模、知识利用中的各种搜索与推理方法、知识挖掘、知识处理技术等。

4. 并行工程

并行工程是随着 CAD/CAM 和 CIMS 技术的发展而提出的一种新哲理和系统工程方法。这种方法的思路就是并行地、集成地开展产品设计、开发及加工制造，它要求产品开发人员在设计阶段就应考虑产品整个生命周期的所有要求，包括质量、成本、进度、用户要求等，以便最大限度地提高产品开发率及一次成功率。并行工程的发展对 CAD/CAM 技术也提出了更高的要求，特别是作为并行工程主要使用工具的 DFX 技术的迅速发展，使得支持 DFX 的 CAD/CAM 技术的研究日趋活跃。

DFX 指的是面向某一领域的设计，它代表了当代的一种产品开发技术，能有效地应用于产品开发，实现产品质量的提高、成本的下降和设计周期的缩短。DFX 具体包含面向装配的设计（DFA）、面向制造的设计（DFM）、面向成本的设计（DFC）、面向服务的设计（DFS）、面向可靠件的设计（DFR）等几个方面。

DFA 的目标是在设计时通过对零部件的控制来降低装配时的复杂性，也就是通过消除或合并零部件的方式，使制造商达到减少装配时间和降低装配成本的目的。对每一个零部件都考虑是否有必要单独设计或者与其他零部件融合在一起以减少装配数，以此为指导，实现设计产品系统的简化。

DFM 的主要思想是在产品设计时不但要考虑功能和性能要求，同时要考虑制造的可能性、高效性和经济性及产品的可制造性。其目标是要求设计人员在产品制造阶段就考虑与产品制造有关的约束，在设计过程中完成可制造性分析与评价，使产品结构合理、制造简单，在保证功能和性能的前提下使制造成本最低；在这种设计与制造工艺同步考虑的情况下，不仅很多隐含的工艺问题能够及早暴露出来，避免了设计返工，而且通过对不同的设计方案的可制造性进行评估取舍，能显著地降低成本，增强产品的竞争力。

　　DFC 是指在满足用户需求的前提下，尽可能地降低成本的设计方法。通过分析和研究产品制造过程及其相关的销售、使用、维修、回收、报废等产品全生命周期中的各个部分的成本组成情况，进行相关的评价，对原设计中影响产品成本的过高费用部分进行修改，以达到降低成本的目的。其主要思想是将费用（成本）作为一个与技术、性能、进度和可靠性等要求同等重要的参数予以确定，确定准确的生产、使用和维护阶段中的 DFC 参数（如每单位的装配成本、每单位的使用成本等），并使得这些参数与性能、进度和可靠性等参数之间达到一种最佳平衡。DFC 的主要内容包括：建立目标成本说明书和对照表，根据目标成本，通过材料选择、加工设备选择等方法来降低成本；研究成本分布情况，依据市场情况进行设计和成本的平衡，寻求最佳的性能价格比。

　　DFS 是为实现产品高效维护和维修而提供的一种产品设计方法。它为具体的每一款产品服务建立一套操作顺序，根据具体维护方式的难易程度，区分出维护时哪一部分零部件需废弃或是可替代的。在产品设计时就需考虑维护、维修操作中的拆卸顺序规范、时间消耗以及拆卸后的再装配顺序和时间消耗等因素。

2.2.4　产品数据交换技术

1. 产品数据交换标准简介

1）初始图形交换规范

初始图形交换规范（IGES）建立了用于产品定义的数据表示方法与通信信息结构，作用是在不同的 CAD/CAM 系统间交换产品定义数据。其原理是：通过前处理器把发送系统的内部产品定义文件翻译成符合 IGES 规范的"中性格式"文件，再通过后处理器将中性格式文件翻译成接收系统的内部文件。IGES 定义了文件结构格式、格式语言以及几何、拓扑及非几何产品定义数据在这些格式中的表示方法，其表示方法是可扩展的，并且独立于几何造型方法。

　　目前，绝大多数图形支撑软件都提供读、写 IGES 文件的接口，使不同软件系统之间交换图形成为现实。

2）产品模型数据交换标准

产品模型数据交换标准（STEP）是一套系列标准，其目标是在产品生命周期内为产品数据的表示与通信提供一种中性数据形式，这种数据形式完整地表达产品信息并独立于应用软件，也就是建立统一的产品模型数据描述，它包括为进行设计、制造、检验和产品支持等活动而全面定义的产品零部件及其几何尺寸、性能参数及处理要求等相关的各种属性数据。STEP 标准是 CAD/CAM 集成、计算机智能制造系统（CIMS）提供产品数据共享的基础，是当前被广泛关注的并应用于计算机集成领域的热门标准。

3）DXF 文件

DXF 文件是 AutoCAD 用于将内部的图样信息传递到外部的数据文件，是由美国 Autodesk 公司制定的，主要记录图形的几何信息，文件的扩展名为".dxf"。它虽不是由标准化机构制定的标准，但由于其应用广泛，而成为一个中性的数据文件。

DXF 数据交换的优点：

（1）文件格式的设计充分考虑了接口程序的需要，结构简单、可读性好，易于其他程序方便地从中提取所需信息；

（2）允许在一个 DXF 文件中省略一些段或段中的一些项，省略后仍可获得一个合法的图形。

DXP 数据交换的缺点：

（1）不能完整地描述产品信息，例如公差、材料等信息。就产品的几何信息而言，也仅仅保留了几何数据及部分属性信息，缺乏几何模型的拓扑信息。

（2）文件过于冗长，使得文件的处理、存放、传递和交换不方便。

在 AutoCAD 中，DXF 文件可直接用"打开"命令打开，还可用"插入"命令插入。

2. 以 Inventor 为例简单介绍 CAD 系统间的数据输入输出格式

Inventor 和 AutoCAD 都是 Autodesk 公司开发的设计软件，所以两者具有很好的兼容性。通过 DWG True Connect，Inventor 不需要格式转换就可以直接读入和输出 AutoCAD 的 DWG 格式文件，且 Inventor 的 DWG 文件与 Inventor 实体模型保持完全的参数化和相关联性。Inventor2009 版本可支持更多的 CAD 文件，如 SAT、STEP、IGES 等。SAT 是 ACIS 数据格式的文件，STEP 和 IGES 上文已介绍过。Inventor 可以读入或输出这些文件的零件或装配模型。

另外，还支持 Solid Works、UG、Pro/Engineer 格式文件，可以读入和输出 Parasolid、Granite 格式文件，可以读入 UG、Solid Works、Pro/Engineer 文件。

2.3　优　化　设　计

传统机械产品设计主要依赖设计者经验进行结构形式的选择和参数的确定。随着科学技术的发展，尤其是有限元技术的发展，为机械结构设计过程中的强度分析提供了重要的方法与手段。但从设计方法而言，机械产品的设计仍未突破传统的经验设计的局限，如结构拓扑形式的确定、形状的选择以及结构尺寸参数的优选等。创新设计是有效提高产品质量的关键。

本节主要介绍结构优化的基本概念及其重要术语，并对设计过程中所需的数学、力学等基本知识做简要的介绍。同时，对两种优化设计的数学表述形式进行说明。最后，定义了三种优化方法——拓扑优化、形状优化和尺寸优化，并给出了相关实例。

2.3.1　结构优化的基本思想

结构本身是一种观念形态，又是物质的一种运动状态。结是结合，构是构造。在不同领域，它有不同的含义。在力学领域，结构是指可以承受一定力的结构形态（本书意指组成结构的材料分布），它可以抵抗能引起形状和大小改变的力。优化意指为了在某方面更加优秀而放弃其他不太重要的方面，因此优化其实是一个折中的过程。如图 2-3 所示，为某零件的初始设计域，受载荷和固定约束。所谓的结构优化就是指如何找到一种合适的结构满足"最好"的功能需求。

"最好"是针对目标而言的，根据不同的使用目的有不同含义。比如，在满足结构功能的情况下，要求质量最小，或者刚度最大，或对结构屈曲和稳定性不敏感等。显然，若没有任何限制，这种最小或最大也是无意义的。如若对结构无材料限制，则结构可以设计足够大的刚度，但同时我们得不到一个优化解。通常，在结构优化中所使用的约束有应力、位移和几何形状等。值得注意的是，约束同时也可以作为优化目标。在结构性能的表现上，所能测量的量有质量、刚度、临界载荷、应力、位移和几何形状等。在结构优化中，我们一般选取可以最大化或最小化的某些量作为目标，而将其

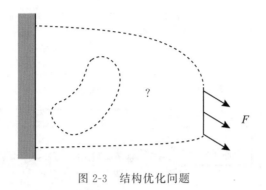

图 2-3 结构优化问题

他量作为约束。

2.3.2 设计过程

目前的结构设计主要是基于经验和类比，并辅之以有限元分析。其基本过程是：
根据规定的约束条件（设计任务），经过分析计算，确定设计参数，以满足某项或几项
设计要求。若不满足，则更改设计参数。如图 2-4 所示，它是在调查分析的基础上，
参照同类产品，通过估算、验算、类比或试验等方法来确定产品的初步设计方案。

上面所列出的结构性能的指标纯粹是从力学角度出发的，其中并没有考虑结构的
功能、经济性或美学等方面的要求。为了更好地理解这些性能指标在结构优化中的位
置，下面利用一个通用的产品设计过程简要描述一些主要步骤。在理想情况下，这些
步骤可以归纳为：

（1）明确功能。明确产品的用途，如在设计桥梁时，要确定桥的长度、宽度、单
向或双向车道数、日常使用的载荷范围等。

（2）概念设计。需要采用哪种结构设计理念，如是将桥梁设计成斜拉桥，还是拱
桥抑或桁架桥。

（3）优化设计。确定基本设计理念后，仍需确定在什么功能约束下，使产品尽可
能好。如在桥梁设计时，降低造价是很自然的想法，而降低造价又间接表现在使用尽
可能少的材料等。

（4）细节设计。这一阶段通常由市场、社会和美学等因素决定。以桥梁为例，如
选择一种可以增加视觉享受的颜色等。

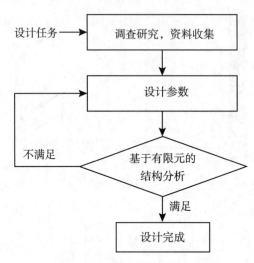

图 2-4   传统结构设计基本过程

在步骤（3）中，传统的也是目前主导的方法是迭代－启发式过程。具体为：

a. 特定设计的提出；

b. 检验基于功能的性能；

c. 如果不满足，如应力过大等，则需提出新的设计方案；有时即使条件满足，但由于其他原因（如桥梁自重过大等）也得进行设计方案的修改；

d. 提出的新设计方案，然后回到 b，这就形成了一个基于启发式的迭代过程，得到一系列的设计方案，目的是期望得到一个可接受的最终设计方案。

从概念上看，基于数学优化方法的机械优化设计和迭代－启发式设计是有本质区别的。前者数学优化问题是通过公式体现的，此时由功能确定的需求作为约束，而且"尽可能好"是通过具体的数学语言描述的。因此，在步骤（3）设计过程中，基于数学的设计优化方法比迭代－启发式方法更具自动实现功能。

显然，不是所有的因素都可以以数学优化方式看待的，基本的要求是所考虑的因素是可以测量的物理量。对力学参数这是很容易实现的，但美学因素则很难用数学进行衡量。

2.3.3   结构优化问题的通用数学描述

在结构优化问题的通用数学描述中，常用的函数和变量有：

（1）目标函数（objective function）f：目标函数用于衡量设计的优劣，也称为评价函数。对每一个可能的设计，目标函数所返回的值表征设计的好坏。一般地，目标函数的选择原则是函数值较小比较大好。目标函数常用于评价结构质量、给定方向的位移、有效应力或产品的费用等。

（2）设计变量（design variable）x：描述设计的函数或向量，且在优化过程中是变化的。它可以表示几何或材料的选择。当设计变量用于描述几何时，它可以是描述结构形状的复杂插值函数，或仅是杆件的横截面积、板的厚度等简单变量。

（3）状态变量（state variable）y：对于一个给定的结构，即一个给定的设计 x，y 一般表示为结构响应的函数或向量。对机械结构而言，响应通常指位移、应力、应变或力等。

结构优化（Structure Optimization，SO）通常可以表示如下形式：

$$(SO) \begin{cases} \min f(x, y) \\ \text{s. t.} \begin{cases} \text{关于 } y \text{ 的行为约束} \\ \text{关于 } x \text{ 的设计约束} \\ \text{等式约束} \end{cases} \end{cases}$$

式中，s. t. 表示"受限于"（subject to）。

对于多目标的函数，可以描述为

$$\min(f_1(x, y), f_2(x, y), \cdots, f_l(x, y)) \tag{2-1}$$

式中，l 是目标函数的数目，约束 SO。实际上，这不是一个标准的优化问题，因为对于所有的目标函数而言，通常不可能在相同的 x 和 y 处取得极小值。典型的是，试图找到一个所谓非劣优化解（pareto optimality）。非劣解意指再也找不到一个更好的满足所有目标函数的设计。如果没有 (x, y) 可以比 (x_*, y_*) 更好地满足所有约束，则 (x_*, y_*) 为非劣解，即

$$f_i(x, y) \geq f_i(x_*, y_*)，\text{所有的 } i, i = 1, 2, 3, \cdots, l$$
$$f_i(x, y) > f_i(x_*, y_*)，\text{至少有一个 } i, i \in (1, 2, 3, \cdots, l)$$

取得式（2-1）的一个非劣解常用的方法是构造一个单目标的目标函数

$$\sum_{i=1}^{l} \omega_i f_i(x, y) \tag{2-2}$$

式中，$\omega_i \geq 0$，$i = 1, 2, \cdots, l$，称为权重系数，且满足 $\sum_{i=1}^{l} \omega_i = 1$。

在优化模型的约束下，优化问题式（2-2）表示的最小化问题是一个标准的单目标

优化问题。该问题的解是式（1-1）的非劣解（pareto optimum）。若权重系数不同，则非劣解也不同。需要说明的是，采用这种简单的处理方法，一般不能得到优化模型所有的非劣解。

本章仅考虑优化模型的结构优化问题，即单目标优化问题。对于多目标优化问题，可参考其他教材。

在优化模型中，列出了三种类型的约束：

（1）行为约束（behavioral constraint）：行为约束是针对状态变量 y 的约束，如指定方向的位移等。一般用函数 g 表示，写成 $g(y) \leqslant 0$。

（2）设计约束（design constraint）：设计约束和行为约束类似，只不过该约束针对的是设计变量 x。实际上，这两种约束可以进行合并处理。

（3）平衡约束（equilibrium constraint）：对于一个自然离散或线性离散问题，平衡约束为：

$$\boldsymbol{K}(x)\boldsymbol{u} = \boldsymbol{F}(x) \tag{2-3}$$

式中，$\boldsymbol{K}(x)$ 是结构的刚度矩阵，通常是设计变量 x 的函数，u 是位移向量，$\boldsymbol{F}(x)$ 是载荷向量，可能和设计变量有关。此时，位移向量 u 取代了常用的状态变量 y。在连续体问题中，平衡约束以偏微分方程描述。而且，在动力结构优化（Dynamic Structural Optimization）问题中，平衡约束应看作动力平衡方程。广义上，一般用状态问题（State Problem）表示不平衡约束。

在方程（SO）中，x 和 y 一般按独立变量处理。一般称方程（SO）为方程组（Simultaneous Formulation），因为平衡约束（状态问题）的解和优化问题的解是同时得到的。然而，通常的情况是，状态方程定义了状态变量 y 和设计变量 x 之间的关系。例如，如果 $K(x)$ 对任意 x 可逆，则 $u = u(x) = K(x)^{-1}F(x)$。通过将 $u(x)$ 看作是一个确定的函数，则在优化模型中可以不用考虑平衡约束，因为平衡约束可以用状态变量代替，即

$$(SO) \begin{cases} \min f(x, u(x)) \\ \text{s.t. } g(x, u(x)) \leqslant 0 \end{cases} \tag{2-4}$$

这里已假设所有状态约束和设计约束可以写成 $g(x, u(x)) \leqslant 0$ 的形式。这个方程称为嵌套方程（nested formulation），也是本书中数值方法所常用的一种表达形式。

当对优化模型进行数值求解时，通常需要求目标函数 f 和约束函数 g 关于设计变量 x 的导数。求导数的过程称为灵敏度分析。函数 $u(x)$ 是一个隐式函数，这给方程

求解带来了极大的不便。

2.3.4 三种类型的几个结构优化问题

本章中，x 无一例外地表示结构的某种几何特征。根据几何特征的不同，可将结构优化模型进行如下三种形式的分类：

（1）尺寸优化（Sizing Optimization）：此时 x 一般表示为结构的某种类型的厚度，如桁架中各杆的横截面积，或者板的厚度分布等。图 2-5 表示的是桁架结构的尺寸优化。

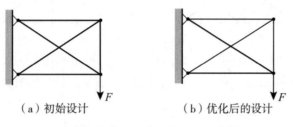

（a）初始设计　　　　　　（b）优化后的设计

图 2-5　由桁架杆截面积优化获得的尺寸优化问题

（2）形状优化（Shape Optimization）：此时 x 代表结构设计域的形状或轮廓。考虑一个固体，采用一组偏微分方程描述它的状态。优化过程包括采用一种最优的方法选择微分方程的积分域。注意，形状优化不会改变结构的连通性，即不会产生新的边界。二维形状优化问题如图 2-6 所示。

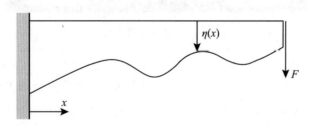

图 2-6　形状优化问题：找到类似梁的最优形状函数 $\eta(x)$

（3）拓扑优化（Topology Optimization）：拓扑优化是最常见的结构优化形式。对于离散结构，如桁架，一般是利用杆的截面积作为设计变量，并允许杆的截面积为零，即该杆从桁架中消失了，如图 2-7 所示。此时，改变了结点的连接情况，因此我们说桁架的拓扑发生了改变。对于连续体结构，如二维平面薄板，可以通过允许板的厚度为零，实现拓扑形式的改变。如果纯粹是结构拓扑特征的优化，优化后的厚度应仅存在两种值：0 和给定的最大厚度值。在三维结构中，可以假设 x 为某种类似密度的变量，且仅能取 0 和 1，也可以达到同样的效果。图 2-8 为某拓扑优化实例。该实例为二维拓扑优化；在载荷和边界条件下，要求上图中框内的材料填充 50％ 且结构的性能最好，下图为优化后的材料分布。

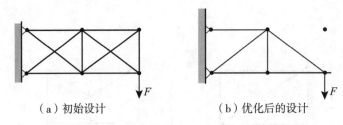

（a）初始设计   （b）优化后的设计

图 2-7   桁架拓扑优化：允许杆的截面积为零以达到删除杆的目的

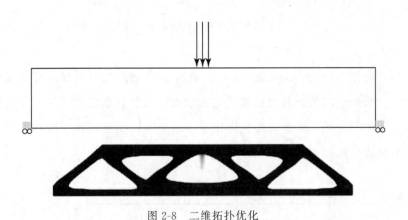

图 2-8   二维拓扑优化

理论上，形状优化是拓扑优化的子类，但在实际实现中又采用了完全不同的方法，因此无论是本教材还是其他参考书，一般将这两种优化方法单独处理。再看拓扑优化和尺寸优化的关系，情况是相反的：在基本理念上，它们采用了完全不同的方法，但在实际应用中又非常相近。

当用微分方程描述状态问题时，形状优化包含方程积分域的改变，而尺寸和拓扑优化主要涉及的是结构参数的控制。

针对上述不同的结构优化问题，存在两种不同的要求：首先，不同的优化问题之间的边界是不同的，如结构优化中应用最广泛的拓扑优化对设计概念的描述要求不高，而形状优化需要详细的设计描述。其次，在结构优化过程中，仅部分采用了启发－迭代方法，启发较少，因为在完成拓扑优化之前，就必须求解不同类型的结构优化问题。

2.3.5　离散和分布参数系统

根据情况的不同，设计变量 x 或状态变量 u 可以是有限维（如 n 元实数组的 R^n 空间），也可以是函数（或场），即无限自由度。如果变量是有限维的，则称之为离散参数系统。如桁架就是一个非常典型的例子，如图 2-5 和图 2-7 所示，此时状态变量 u 为结点位移向量，设计变量 x 表示的是有限杆的截面积。另一方面，若设计变量或状态变量是一个场，则一般称为分布参数系统，如图 2-6 所示的形状优化问题和图 2-8 所示的拓扑优化问题。

分布参数系统一般不适合用计算机求解，结构问题的计算机实现都基于有限维的代数方程。这就意味着在求解一个分布参数系统时，必须对原系统进行离散，这样就产生了一个离散参数系统。为了区别这种派生的离散系统和桁架结构系统，一般称桁架结构为自然离散系统。理想情况下，连续体的离散越精细，采用离散问题进行求解，才和实际连续问题的解越一致。然而，这种情况对数学要求很高，而且并不总能得到收敛解。此时，离散问题的解是否接近连续问题的解，必须依赖于结构工程师的经验进行判断。

2.4　创 新 设 计

机械创新设计是人类创造活动的具体领域，需要设计者对创新思维的特点、本质、形成过程有所掌握，认识创新思维与其他类型的思维、创新原理、创新技法的关系等。创新设计不是简单的模仿或技术改造，而应具有突破性、新颖性、创造性、实用性以及带来的社会效益性。

2.4.1　工程技术人员的创造力开发

创造发明可以定义为把意念转变成新的产品或工艺方法的过程。创造发明有一定规律和方法可循，它可以划分成阶段和步骤进行管理，借以启发人们的创造力。创造的主体是人，是在已获得的成果的基础上，进一步开发新颖独特的新成果。创造必然有未知因素，要经过试验和探索。创造最终体现为一定的社会价值，包括科学、技术、经济等各方面的价值。这些创造的特性与工程设计的特性是完全一致的。工程技术人员应该认识有关创造的特点和规律，自觉开发创造力。

工程技术人员的创造力是多种能力、个性和心理特征的综合表现，包括观察、记忆、想象、思维、表达、自我控制等能力，以及文化素质、理想信念、意志性格、兴趣爱好等因素。其中，想象能力和思维能力是创造力的核心，它是将观察、记忆所得信息有控制地进行加工变换，创造表达出新成果的整个创造活动的中心。这些能力和素质，经过学习和锻炼，都是可以得到改善和提高的。

工程技术人员应该具备丰富的知识和经验、高度的创新精神、健康的心理品质、严谨而科学的管理方法等条件，自觉地开发和提高自己的创造力。此外，要尽力克服思想僵化和片面性，树立辩证观点；摆脱传统思想的束缚，不盲目相信权威；消除胆怯和自卑；克服妄自尊大的排他意识，注意发挥群体的创造意识。有了正确的思想基础，再加强创新思维的锻炼，掌握必要的创新技法，才可能产出创新成果。

2.4.2　创新思维

创新思维是一种高层次的思维活动，它是建立在常规思维的基础上的人脑机能在外界信息激励下，自觉综合主观和客观信息产生新的客观实体（如工程领域中的新成果、自然规律或科学理论的新发现等）的思维活动和过程。创新思维的主要特点有：综合性、跳跃性、新颖性、潜意识的自觉性、顿悟性、流畅灵活性等。

人类现代文明的一切成果，无不是人的创新思维的结果。创新思维是人们从事创造发明的源泉，是创造原理和创新技法的基础。例如，逆反创造原理源于有序思维，综合创造原理源于发散—收敛思维，迂回创造原理源于创新思维的形成过程原理等。了解和掌握创新思维的基本知识有助于创新思维的培养，有利于学习、掌握创造原理和创新技法，有利于人们从事各类创新活动。

1. 创新思维的形成过程

创新思维的形成过程大致可分为三个阶段：

1）储存准备阶段

这一阶段就是明确要解决的问题，围绕问题收集信息，并试图使之概括化和系统化，使问题和信息在脑细胞及神经网络中留下印记。大脑的信息存储和积累是诱发创新思维的先决条件，存储愈多，诱发愈多。任何一项创造发明都需要一个准备过程，只是时间长短不一而已。

2）思想加工阶段

在围绕问题进行积极的思索时，大脑会不断地对神经网络中的递质、突触、受体进行能量积累，为产生新的信息而运作。这一阶段人脑总体上根据各种感觉、知觉、表象提供的信息，认识事物的本质，使大脑神经网络的综合、创造力有超前力量和自觉性。在准备之后，一种研究的进行或一个问题的解决，难以一蹴而就，往往需经过探索尝试。故这一阶段也常常叫作探索解决问题的潜伏期。

3）顿悟阶段

人脑有意无意地突然出现某些新的形象、新的思想，使一些长久未能解决的问题在突然之间得以解决。进入这一阶段，问题的解决一下子变得豁然开朗。创造主体突然间被特定情景下的某一特定启发唤醒，创新意识猛然被发现，以前的困扰顿时得到一一化解，问题得以顺利解决。这一阶段是创新思维的重要阶段，被称为"直觉的跃进""思想上的光芒"。这一阶段客观上是由于重要信息的启示、艰难不懈的思索，主观上是由于孕育阶段内，研究者未全身心投入去思考，从而使无意识思维处于积极活动状态，不像专注思索时思维按照特定方向运行，这时思维范围扩大，多种信息相互联系并相互影响，从而为问题的解决提供了良好的条件。

2. 影响创新思维的因素

对一个人创新思维能力的形成和发展，现代心理学家做过许多试验。试验结果表明，影响一个人创新思维能力的主要因素有：一是先天赋予的能力（遗传的大脑生理结构）。"天赋能力"只是一种资质、一种倾向，一旦遇到合适的条件，"天赋能力"才能充分展现，如果缺少必要的现实条件，"天赋"再高的人也无能为力。二是生活实践的影响（环境对大脑机能的影响），后天的实践活动对于个人思维能力具有积极意义。三是科学安排的思维训练。思维能力可以通过训练而得到提高，而训练方法是否具有科学性和简单易行等特点，对促进和掌握创新思维的方法和技巧有很大影响。

3. 创新思维的激发和捕捉

创新思维是艰苦思维的结果，是建立在知识、信息积累之上的高层次思维，创新思维的激发离不开这些基础。此外，还应注意下列问题：

1）掌握和使用有利于创新思维发展的思维方法

思维方法是思维和认识问题的途径、具体的步骤和明确的方向。如分散思维及相应的方法、直觉思维及相应的方法、动态有序思维及相应的方法等，都是有利于创新思维发展的思维形式和方法。此外，还应了解和掌握并自觉使用如突破思维定势法、生疑提问法、欲擒故纵松弛法、智慧碰撞法等思维方法。只有熟练掌握和使用良好的思维方法，才能发挥我们自身巨大的创新思维潜能。

2）创新思维捕捉

创新思维是大脑皮层紧张的产物，神经网络之间的一种突然闪过的信息场，信息在新的精神回路中流动，创造出一种新的思路。这种状态由于受大脑机理的限制，不可能维持很久，所以创新思维是突然而至而悠然飞去。如不立刻用笔记下来，紧紧抓住并使之物化，等思维"温度"一低，连接线一断，就再难寻回。

2.4.3　常用创新方法

创新技法是以创新思维为基础，通过时间总结出的一些创造发明的技巧和方法。由于创新设计的思维过程复杂，有时发明者本人也说不清楚是用哪种方法获得成功的，但通过不断的实践和对理论的总结，大致可总结出以下几种方法。

1. 智力激励法（集思广益法）

智力激励法是一种典型的群体集智法，其中包括以下一些方法：

1）集智慧法

这是一种发挥集体智慧的方法，是美国创造学家奥斯本提出的一种方法。它是通过召开智力激励会来实施的。一般步骤为：会议主持人明确会议主题并确定参加会议人选，经过一段时间的准备后，召开会议，会议上要想方设法造成一种高度激励的气氛，使与会者能突破种种思维障碍和心理约束，提出自己的新概念、新方法、新思路、新设想，各抒己见，借助与会者之间的知识互补、信息刺激和情绪鼓励，提出大量有价值的设想与方案，经分析讨论和整理评价，评出最优设想付诸实施。

2）书面集智法

在推广使用群体集智法的过程中，人们发现存在一些局限性。如有的创造性强的人喜欢沉思，但会议无此条件；会上表现力和控制力强的人会影响他人提出的设想；会议严禁批评，虽然保证了自由思考，但难以及时对众多的设想进行评价和集中。为此，出现了基本激励原理不变但操作形式和规则有异的改进型技法。其中最常用的是书面集智法，即以笔代口的默写式智力激励法。一般步骤为：确定会议议题，邀请 6 名与会者参加，组织者给每人发卡片，要求每人在第一个 5 分钟内在卡片上写出 3 种设想，然后相互交换卡片，在第二个 5 分钟内，要求每人根据他人设想的启发再在卡片上写出 3 种新的设想。如此循环下去，半小时内可得 108 种设想。然后在收集上来的卡片中，根据一定的评判标准筛选出有价值的设想。

3）函询集智法

函询集智法又称得尔菲法，其基本原理是借助信息反馈，反复征求专家书面意见来获得新的创意。一般步骤为：组织者针对需要解决的问题以征询表形式分寄有关专家，限期索取书面回答；组织者收到复函后概括整理，按综合后的意见以新一轮的征询表再寄有关专家，使其在别人设想的激励启发下提出新的设想或对已有设想予以补充或修改。如此反复多次，就可得到有价值的新设想。

2. 提问追溯法

提问追溯法在思维方面具有逻辑推理的特点。它是通过对问题进行分析，加以推理以拓展思路，或把复杂问题进行分解，找出各种影响因素，再进行分析推理，从而寻求问题解答的一种创新技法。其中包括以下一些方法：

1）5W2H 法

5W2H 法的运用步骤是：针对需要解决的问题，提出 7 个疑问，从中启发创新构思。以设计新产品为例提问如下：

（1）Why？为何设计该产品？采用何种总体布局？

（2）What？产品有何功能？是否需要创新？

（3）Who？产品用户是谁？谁来设计？

（4）When？何时完成该设计？各设计阶段时间如何划分？

（5）Where？产品用于何处？在何处生产？

（6）How to do？如何设计？形状、材料、结构如何？

（7）How much？单件还是批量生产？

5W2H 法的特点是：适合用于任何工作，对不同工作的发问具体内容不同。可以突出其中任何一问，试求创新构思。

2）设问法

设问法的运用步骤是：针对问题，从不同的角度提出问题进行启发，以期出现创新成果。以设计新产品为例，可从以下角度设置问题：

（1）转化：该产品能否稍做改动或不改动而移作他用？

（2）引申：能否从该产品中引出其他产品？或用其他产品模仿该产品？

（3）变动：能否对产品进行某些改变？如运动、结构、造型、工艺……

（4）放大：该产品放大（加厚、变深……）后会如何？

（5）缩小：该产品缩小（变薄、变软……）后会如何？

（6）颠倒：能否正反（上下、前后……）颠倒使用？

（7）替代：该产品能否用其他产品替代？

（8）重组：零件能否互换？

（9）组合：现有几个产品能否组合为一个产品，或者部件组合、功能组合？

设问法的特点是：可从不同角度提问题。可把问题列成检核表，逐一检查，并可补充扩展，成为进一步针对具体问题的检核表。例如对产品设计过程提问：增加功能、提高性能、降低成本、增加销售等。

3）反向探求法

对现有的解决方案系统地加以否定或寻找其他的甚至相反的一面，找出新的解决方法或启发新的想法。可以细分为"逆向"和"转向"两类方法。

4）缺点列举法

针对某一方案列出所有缺点和不足，研究改进方法，以探求新方案。

5）向前推演法

从一个最初的设想按一定方向逐步向前探索，寻找新的想法。

3. 联想类推法

联想类推法是通过启发、类比、联想、综合等创造出新的想法以解决问题。主要有以下一些方法：

1）相似联想法

通过相似联想进行推理，寻求创造性解法。例如通过河蚌育珠的启示，在牛胆中埋入异物，刺激牛产生胆结石而得到珍贵药材牛黄。

2）抽象类比法

用抽象反映问题实质的类比方法来扩展思路，寻求新解法。如要发明一种开罐头的新方法，可先抽象出"开"的概念，列出各种"开"的方法。如打开、撕开、拧开、拉开等，然后从中寻找对开耀头有启发的方法。

3）借用法

从各个领域借用一切有用的信息诱发新的设想，即把无关的要素结合起来，找出相似地方的一种借用方法。例如，电模拟，以电轴代替丝杠传动等就是一种借用方法。

4）仿生法

通过对生物的某些特性进行分析和类比，启发出新的想法或创造性方案的一种方法。它是现代发展新技术的重要途径之一。例如，飞机构件中的蜂窝结构等，就是仿生法在技术设计中的应用。

4. 组合创新法

组合创新法就是利用事物间的内在联系，用已有的知识和成果进行新的组合而产生新的方案的创新法。主要有如下两种方法：

1）组合法

把现有的技术或产品通过功能、原理、模块等方法的组合变化，形成新的技术思想或新的产品。例如，把刀、剪、挫、锥等功能集中起来的"万用旅行刀"等就是组合法的应用。

2）综摄法

通过已知的东西作为媒介，把毫无关联的、不相同的知识要素结合起来，摄取各种产品的长处，将其综合在一起，制造出新产品的一种创新技法。它具有综合摄取的组合特点。例如，日本南极探险队在输油管不够的情况下，因地制宜，用铁管做模子，绑上绷带，层层淋水使之结成一定厚度的冰，做成冰管，作为输油管的代用品，这就是综摄法的应用。

小　结

本章介绍了现代机械设计中常用的几种方法：计算机辅助设计、优化设计以及创新设计。通过本章的学习，了解现代设计理论与方法的基本原理和主要内容，掌握以上几种设计方法的基本思想、设计步骤及上机操作要领，以提高自己的设计素质，增强创新设计能力。在充分掌握现代设计思想的基础上，力求在未来产品设计实践的工作过程中，能够不断地发展现代设计理论与方法，甚至发明和创造出新的现代设计方法和手段，以推动人类设计事业的进步。

习　题

(1) 描述计算机辅助设计的内涵。

(2) 在计算机辅助设计过程中，产品数据交换的标准有哪些？

(3) 举出生活中利用计算机辅助设计技术设计加工的一件产品，并详细描述其设计过程。

(4) 什么是结构优化？

(5) 在优化模型 SO 中，有哪几类约束？

(6) 列举常用的几个结构优化问题，并详细描述其是如何优化的。

(7) 什么是创新设计？

(8) 创新思维分为几个阶段？

(9) 常用的创新方法有哪几种？

(10) 什么是 5H2W 法？

第 3 章

平面机构分析

  所有机构都是由具有确定运动的构件组成的。若机构中所有的构件都在同一平面或相互平行的平面内运动，则称该机构为平面机构，否则，就称为空间机构。但将构件组合成机构是有条件的，并不是将构件任意组合都能组成机构。本章主要研究平面机构的结构分析，其内容包括：平面机构的组成、平面机构的运动简图和平面机构具有确定运动的条件等。

3.1 平面机构的组成

3.1.1 运动副及其分类

  机构中的每个构件都以一定方式与其他构件互相连接。两个构件直接接触并能产生一定的相对运动的连接称为运动副。

两个构件组成的运动副，不外乎通过点、线或面的接触来实现。按接触方式，可将运动副分为低副与高副两类。

1. 低副

两构件通过面接触连接组成的运动副称为低副。平面机构中的低副包括转动副（见图 3-1）和移动副（见图 3-2）两种。

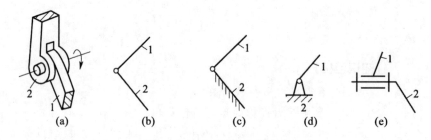

图 3-1　转动副及其表示方式

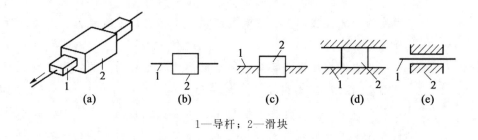

1—导杆；2—滑块

图 3-2　移动副及其表示方式

1）转动副

转动副的结构构成如图 3-1（a）所示，也称为铰链。组成转动副的两个构件只能做相对转动，不能做相对移动。正是转动副的连接限制了两构件间的相对移动。转动副在机构运动简图中的表示方法（画法）如图 3-1（b）所示，当其中的一个构件是机架时，其表示方法如图 3-1（c）～图 3-1（e）所示。

2）移动副

移动副的结构构成如图 3-2（a）所示。组成移动副的两个构件只能沿直线做相对移动，不能做相对转动。同理，正是移动副的连接限制了两构件间的相对转动。移动副在机构运动简图中的表示方法如图 3-2（b）所示，通常将构件 1 称为导杆，构件 2 称为滑块。当其中的一个构件是机架时，其表示方法如图 3-2（b）～图 3-2（e）所示。

2. 高副

两个构件通过点、线接触组成的运动副称为高副。如图 3-3 所示，由于两构件是通过点或线接触，组成高副的两个构件可以沿接触点 A 的切线方向做相对移动，也可以绕着接触点 A 相对转动。运动副只限制了两构件沿接触点法线方向的相对运动。

可见，运动副的作用就是限制构件的相对运动，这称为运动副的约束。运动副约束或限制相对运动的个数，称为运动副的约束数。高副有一个约束，低副有两个约束。

高副的表达方式如图 3-3 所示。

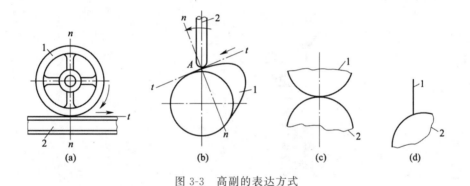

图 3-3 高副的表达方式

3.1.2 运动链

两个以上构件通过运动副连接而构成的可动系统称为运动链。根据运动链中首尾两构件是否相连接，可将运动链分为闭式链和开式链两种。

1. 闭式链

如图 3-4 所示的运动链，首尾两构件相互连接形成一个封闭可动系统，称为闭式链。在一般机械中常见的多是闭式链。

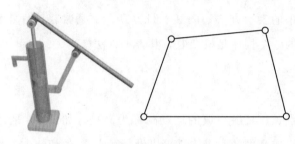

图 3-4   闭式链

2. 开式链

如图 3-5 所示的运动链，首尾两构件不相互连接，形成一个非封闭可动系统，称为开式链。在机器人和机械手机构中常能见到开式链。

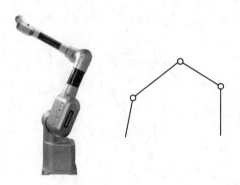

图 3-5   开式链

3.1.3   机构的组成

将构件用运动副连接起来即组成机构。机构中的构件按其功能特性可分为三类，下面以图 3-6 所示的曲柄滑块机构为例予以说明。

1. 机架

机构中相对其他构件固定不动的构件称为机架，即用来支撑其他运动构件的构件。通常以机架作为参考坐标来描述其他构件的运动情况，如图 3-6 中的构件 4。通常，在

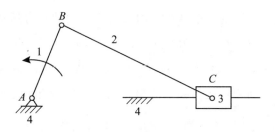

1—曲柄；2—连杆；3—滑块；4—机架

图 3-6　曲柄滑块机构

机构运动简图中机架以画上"阴影线"作为标记。

2. 原动件

原动件又称为主动构件或驱动件，是运动规律已知的活动构件。它的运动由原动机输入，故又称为输入构件。在机构运动简图中，它以画上表示运动方向的箭头为标记，如图 3-6 中的构件 1（曲柄）。

3. 从动件

从动件是机构中随着原动件运动，而且运动确定的其余活动构件。其中，输出预期运动规律的从动件称为输出构件，它的运动规律取决于原动件与中间传递运动的从动件的尺寸。如图 3-6 中的构件 2（通常称为连杆）和构件 3（称为滑块）均为从动件。若选构件 3 作为输出构件，则曲柄滑块机构可以将曲柄 1 的定轴转动转换成滑块 3 的往复移动。

将若干个构件用运动副连接起来的构件系统，在没有规定机架和原动件之前只能称之为运动链，不能称为机构。因为同一个运动链，选个同的构件作机架时，将得到不同的机构，因此，机构是规定了机架和原动件，并且运动确定的运动链。

3.2　平面机构的运动简图

在图 3-6 所示的曲柄滑块机构中，曲柄 1、连杆 2，特别是机架 4 的实际外形和结构往往很复杂,连接它们的运动副的实际结构也多有不同,而我们在研究机构的运动时,并不需要了解这些实际的复杂结构,因为构件之间的相对运动仅与运动副的类型以及运动副之间的相对位置有关。为使问题简化,不必考虑与运动无关的因素,只需用简单的线条和符号来表示构件和运动副,并按比例画出各运动副的相对位置即可。这种说明机构中各构件间相对运动关系的简化图形,称为机构运动简图。常用机构的运动简图符号见表3-1。

表 3-1 　　　　　　　　　　　常用机构运动简图符号

名称	基本符号	名称	基本符号
齿轮传动		连轴器 不指明类型	
		弹性连轴器	
锥齿轮		可控离合器	
涡轮与圆柱蜗杆		制动器	
		向心轴承	
带传动		向心滚动轴承	
		单向推力轴承	

续表

名称	基本符号	名称	基本符号
链传动	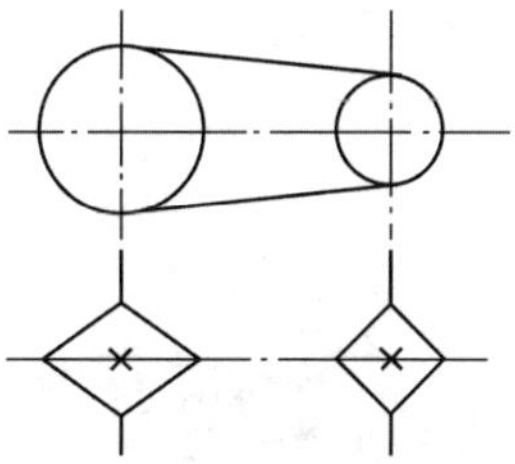	单向推力球轴承	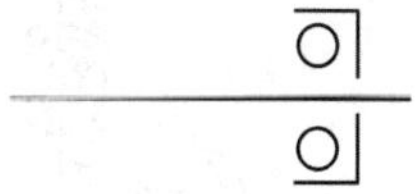
		螺旋传动（整体螺母）	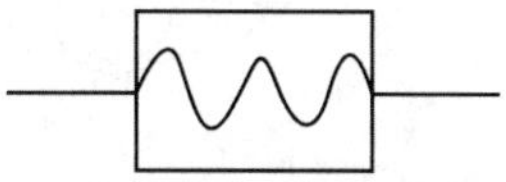
盘形凸轮	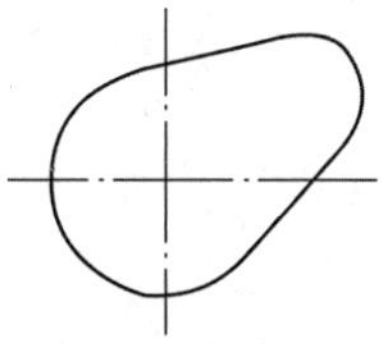	压缩弹簧	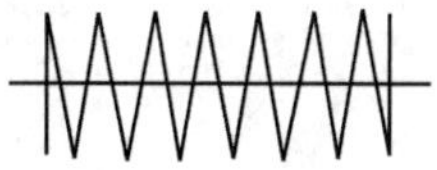

下面以图 3-7（a）所示的内燃机配气机构为例，说明绘制机构简图的方法和步骤。

1）明确机构的组成

配气机构由凸轮 1、滚子 2、摆杆 3、阀芯 4、阀体 5 共 5 个构件，3 个回转副 A、C、D，1 个移动副 F 和 2 个高副 B、E 组成，其中，阀体 5 为机架。

2）分析机构的运动

从原动件开始，按照运动传递顺序依次进行。原动件凸轮 1 按顺时针方向转动，通过滚子 2 带动摆杆 3 绕回转副 D 转动，由高副 E 与弹簧的作用使阀芯 4 做往复运动来实现阀门的启动与关闭。

3）选择视图平面

一般选择与各构件运动平面相互平行的平面作为机构简图的视图平面，这样比较容易表达清楚机构的组成和运动情况。当一个视图不足以表达清楚时，可以再增加视图或局部视图。此配气机构的视图平面与纸面平行。

4）绘制机构的运动简图

选定适当的比例尺，根据实际机构的运动副的位置和构件的尺寸，用规定的符号，从原动件连接的机架开始，依次绘出各个构件和运动副。在机架处画上阴影线，在原动件处用箭头标出运动方向。图 3-7（b）所示为绘出的配气机构的运动简图。

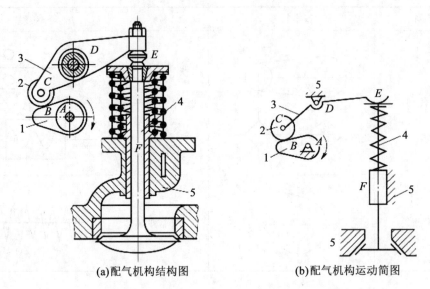

(a)配气机构结构图　　　　　　(b)配气机构运动简图

1—凸轮；2—滚子；3—摆杆；4—阀芯；5—阀体

图 3-7　内燃机配气机构

3.3　平面机构自由度的计算

1. 构件的自由度

一个自由构件在平面上可以具有三个独立运动。如图 3-8 所示，在 xOy 坐标系中，构件 S 可沿 x 轴、y 轴方向移动和在平面上绕任意点转动。构件的这种独立运动称为自由度。一个做平面运动的自由构件有 3 个自由度。

2. 运动副的约束

两构件组成运动副后，由于构件间的直接接触使某些独立运动受到了限制，其自由度随之减少。对独立运动所加的限制称为约束。不同类型的运动副引入的约束不同，所保留的自由度也就不同。例如图 3-1 所示的转动副，约束了 2 个移动的自由度，保留了一个转动的自由度；而如图 3-2 所示的移动副，约束了一个方向的移动和平面内 2

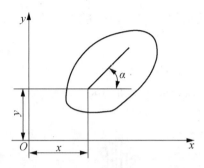

图 3-8 构件的自由度

个转动的自由度，保留了沿另一个轴方向移动的自由度；如图 3-3（b）所示的高副只约束了沿接触点公法线 n—n 方向移动的自由度，保留了绕接触点转动和沿接触点公切线 t—t 方向移动的 2 个自由度。所以说，其低副的约束数目为 2，高副的约束数目为 1。

3. 机构的自由度

机构能够产生独立运动的数目称为机构的自由度。若一个平面机构由 N 个构件组成，去掉机架（其自由度为零）后，其活动的构件数为 $n=$（N—1）。在没用运动副连接之前，在 n 个活动构件中有 $3n$ 个自由度。用运动副将构件连接起来组成机构之后，各构件的自由度就减少了。若该机构中有 P_L 个低副和 P_H 个高副，则分别引入了 $2P_L$ 和 P_H 个约束，机构中减少的自由度数为（$2P_L+P_H$）。活动构件的自由度总数减去运动副引入的约束总数就是该机构的自由度，以 F 来表示，即

$$F=3n-2P_L-P_H \tag{3-1}$$

例 3-1 计算图 3-9 中所示的曲柄滑块机构的自由度。

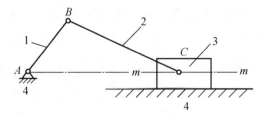

图 3-9 曲柄滑块机构

解：曲柄滑块机构中活动的构件数 n 为 3，分别为构件 1、构件 2、构件 3，构件 4 为机架，是固定不动的；低副数 P_L 为 4，包括 3 个转动副和 1 个移动副；高副数 P_H 为 0。所以，

$$F = 3n - 2P_L - P_H = 3 \times 3 - 2 \times 4 - 0 = 1$$

例 3-2 计算图 3-10 中所示的凸轮机构的自由度。

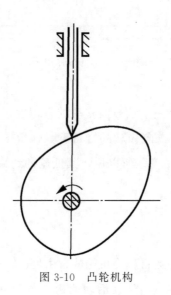

图 3-10 凸轮机构

解：凸轮机构中活动的构件数 n 为 2，分别为从动件和凸轮；低副数 P_L 为 2，包括 1 个转动副和 1 个移动副；高副数 P_H 为 1。所以，

$$F = 3n - 2P_L - P_H = 3 \times 2 - 2 \times 2 - 1 = 1$$

4. 机构具有确定运动的条件

机构的自由度也是机构具有独立运动的数目。如前所述，从动件是不能独立运动的，只有原动件才能独立运动。通常原动件都与机架相连，并具有一个独立运动，由外界给定。如果给定的原动件数不等于机构的自由度，则会出现以下几种情况：

(1) 若 $F \leqslant 0$，表示没有原动件，此时机构不能运动，变成了桁架（如图 3-11 所示）；

(2) 若原动件数目大于 F，则会导致机构中最薄弱的构件被损坏；

(3) 若原动件数目小于 F，则机构运动不确定，会产生无规则的运动。

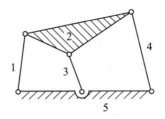

图 3-11 桁架

所以，机构具有确定运动的条件是 $F>0$，且原动件数等于自由度数 F。

如图 3-11 所示，其 $n=4$，$P_L=6$，$P_H=0$，则

$$F=3n-2P_L-P_H=3\times4-2\times6=0,$$

表明该机构的各构件之间无相对运动，仅仅是一个刚性桁架。

设一个原动件仅提供一个独立运动。当运动链的自由度大于零时，还要求它的原动件数与自由度数相等。如图 3-12 所示的结构中，其 $n=3$，$P_L=4$，$P_H=0$，则

$$F=3n-2P_L-P_H=3\times3-2\times4=1$$

取构件 1 为原动件，不考虑摩擦和重力影响，由几何关系可知：每给定构件 1 的一个转角 φ_1，构件 2 与构件 3 便有了确定的相对运动。若同时取构件 1 和构件 3 为原动件，则构件 2 可能会被破坏。

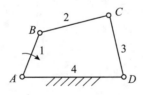

图 3-12 铰链四杆机构

又如图 3-13 所示的机构，其 $n=4$，$P_L=5$，$P_H=0$，则

$$F=3n-2P_L-P_H=3\times4-2\times5=2$$

若仅取构件 1 为原动件，由几何关系可知：每给定构件 1 的一个转角 φ_1，构件 2、3 与 4 的位置无法确定，处于无序运动状态，该机构无确定的运动。当取构件 1 和 4 为原动件时，由几何关系可知：给定构件 1 和构件 4 分别施加转角 φ_1 和 φ_4，构件 2 与构件 3 便有了确定的相对位置。

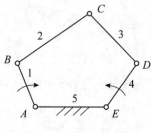

图 3-13　铰链五杆机构

5. 计算自由度时应注意的问题

1）复合铰链

当两个以上的构件用同一回转副连接时就构成了复合铰链，如图 3-14 所示。在与轴线垂直的视图上，只能看到一个铰链，容易误认为是一个回转副，使计算出错。从该图的侧视图可以看出，这三个构件共形成两个转动副，而不是一个转动副。同理，若有 K 个构件在某处构成复合铰链时，其转动副的数目应等于 $K-1$ 个。

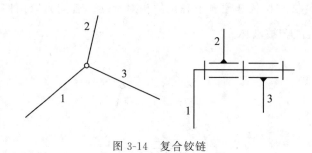

图 3-14　复合铰链

2）局部自由度

对于某些构件所产生的并不影响其他构件的局部运动称为局部自由度。如图 3-15 所示，平面凸轮机构的推杆 2 底部有为了减小磨损而加入的滚子 3，而滚子绕其自身轴心的转动并不影响推杆的运动。在计算自由度时，对局部自由度的处理方法是将滚子与安装滚子的构件视为一体，两者间并无相对运动，即视推杆 2 与滚子 3 为一个构件，则构件 2 与 3 之间的转动副被撤销。按 $n=2$，$P_L=2$，$P_H=1$ 计算，则机构自由度数为

$$F = 3n - 2P_L - P_H = 3 \times 2 - 2 \times 2 - 1 = 1$$

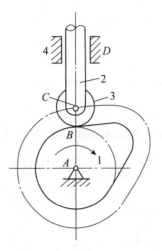

图 3-15 局部自由度

3）虚约束

对运动不起限制作用的重复约束称为虚约束。在计算自由度时，应将虚约束去除后再进行计算。常见的虚约束有以下几种情况：

（1）轨迹重合，如图 3-16 所示，构件 5 上的 E 点和构件 2 上的 E 点在用转动副连接之前的轨迹是相同的，用转动副连接后引入了虚约束，其处理方法是将杆 EF 和转动副 E、F 去掉。

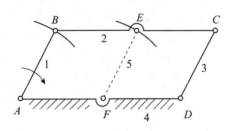

图 3-16 轨迹重合

（2）两构件组成多个导路平行的移动副，如图 3-17 所示。构件 3、4 之间有两个平行的移动副 D 和 E，其中有一个为虚约束。在计算机构自由度时，只能计入其中一个。

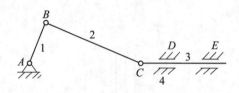

图 3-17 导路平行

(3) 两构件组成多个轴线重合的转动副，如图 3-18 所示。构件 1、2 间组成转动副 A 与 A' 的轴线重合，其一为虚约束，计算自由度时必须去掉一个。

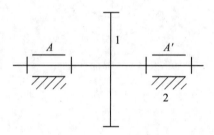

图 3-18 轴线重合

(4) 两构件上的两点间的距离始终不变，若用构件及运动副连接则引入虚约束，如图 3-19 所示。即使没有杆 CD，该机构的运动也是确定的，C、D 之间的距离始终不变，所以杆 CD 与转动副引入了虚约束，因此计算机构自由度时，必须将其去掉。

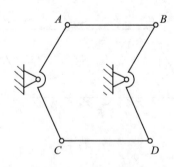

图 3-19 距离不变

(5) 对传递运动不起独立作用的对称部分，如图 3-20 所示，构件 2 与 2′为对称布置，去掉任意一个，对机构的确定运动都没有影响，故其一为虚约束，计算自由度时必须将其去除。

虚约束不仅不会影响机构的运动，而且很有益处。它可以保证机构运动的明确性（见图3-16），增加构件的刚性（见图3-17～图3-19），减小构件上的载荷，使其受力均匀（见图3-20），因此，它在机构设计中应用广泛。需要特别指出的是，虚约束只有在特殊的几何条件下才能成立，所以，必须严格保证设计、加工、装配的精度，否则"虚"就会变成"实"。

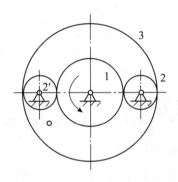

图 3-20　加对称部分

4）其他注意事项

当两个构件中有两个点（或线）接触时，不能统计为两个高副。如图 3-21 中所示的 3 个图均为两个构件有两处接触的情况。当两接触点的公法线重合时，只能算一个高副，因为只有一边起作用（见图 3-21（a））；当两个接触点的公法线不重合时，就成了复合高副，此时，应计入两个高副，相当于一个低副，图 3-21（b）所示相当于一个转动副，图 3-21（c）所示相当于一个移动副。

6. 平面机构的结构分析与应用实例

例 3-3　图 3-22（a）所示为一个小型压力机，齿轮 1 与偏心轮 1' 为一个构件，绕点 O 转动，齿轮 5 上有凸轮凹槽，摆杆 4 上的滚子 6 嵌在槽中，构件 4 绕 C 摆动；同时，1'、2、3 使 C 上下移动；最后使冲头 8 实现冲压运动。试绘制其机构运动简图，并计算其自由度。

解：机构运动简图如图 3-22（b）所示。

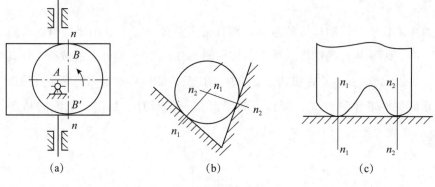

图 3-21 两处接触

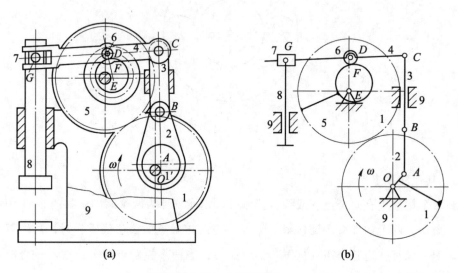

图 3-22 小型压力机

D 为局部自由度，$n=7$，$P_L=9$，$P_H=2$，

$$F=3n-2P_L-P_H=3\times7-2\times9-2=1$$

例 3-4 计算图 3-23 所示的机构的自由度。若机构中含有复合铰链、局部自由度、虚约束，应具体指出。

解： 机构中铰链 O 为复合铰链，小滚子 A 有一个局部自由度，G、H 为两个导路平行的移动副，其中一个为虚约束。

活动构件 $n=6$，低副数 $P_L=8$，高副数 $P_H=1$，机构自由度数为

$$F=3n-2P_L-P_H=3\times6-2\times8-1=1$$

该机构只需 1 个原动件，如凸轮。

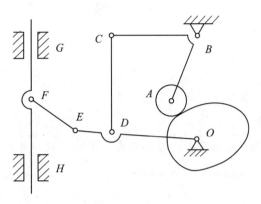

图 3-23 例 3-4 图

例 3-5 计算图 3-24 中所示的机构的自由度，如有复合铰链、局部自由度、虚约束，应具体指出。图中导轨 H 和 J 平行。

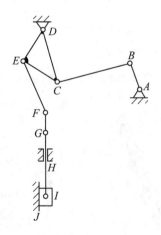

图 3-24 例 3-5 图

解：滑块及转动副 I、移动副 J 引入了一个虚约束，将它们去掉；三角形 CDE 为一个构件，没有复合铰链，没有局部自由度。

$n=6$，$P_L=8$，$P_H=0$，则

$$F=3n-2P_L-P_H=3\times6-2\times8=2$$

小 结

本章主要介绍了平面机构的组成、平面机构的运动简图以及平面机构自由度的计算。通过本章的学习，要求读者熟悉机构运动简图的常用符号，掌握机构运动简图的画法以及自由度的计算。特别要注意对复合铰链和虚约束概念的理解，准确地判断出复合铰链、虚约束、局部自由度是计算机构自由度的关键。最后要掌握机构具有确定运动的条件，以此判断机构是否有确定的运动。

习 题

(1) 何为运动副？怎样分类？

(2) 计算机构的自由度时应注意哪些事项？

(3) 机构具有确定运动的条件是什么？

(4) 试绘制如图 3-25 所示的唧筒的运动简图。

(5) 试绘制如图 3-26 所示的缝纫机下针机构的运动简图。

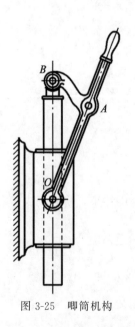

图 3-25 唧筒机构

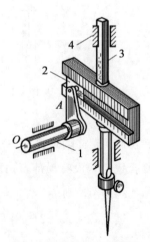

图 3-26 缝纫机下针机构

(6) 试绘制如图 3-27 所示的颚式破碎机的主体结构的运动简图。

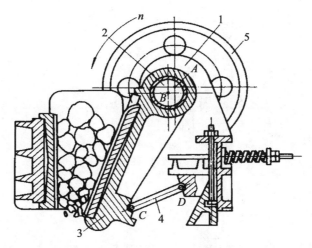

图 3-27 颚式破碎机的主体结构

(7) 计算如图 3-28 所示机构的自由度，并判断其是否有确定的运动。

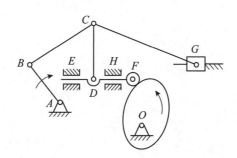

图 3-28 大筛机机构简图

(8) 计算如图 3-29 所示机构的自由度，并指出其复合铰链。

(9) 计算如图 2-30 所示机构的自由度，并说明欲使其具有确定运动，需要有几个原动件。若机构中有复合铰链、局部自由度及虚约束，必须明确指出。

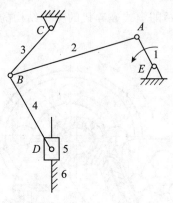

图 3-29 题（8）图

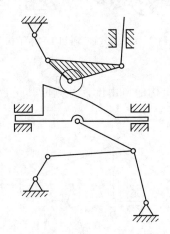

图 3-30 题（9）图

第 4 章

平面连杆机构

【知识目标】

(1) 掌握刚体的基本运动；

(2) 掌握刚体平面上的运动，包括平面图形上各点的速度以及加速度等；

(3) 掌握平面连杆机构的基本类型及其相互转化方法；

(4) 掌握四杆机构的基本特征；

(5) 掌握平面四杆机构的设计方法；

(6) 掌握平面机构的静力学特性。

【学习目标】

学习掌握平面连杆机构的基本类型及相互演化的方法，掌握平面连杆机构在工程实践中的应用。

4.1　刚体的基本运动

在工程实际中，遇到物体的运动往往有不能忽略其形态大小的，不能视为点的运动，例如曲柄连杆机构中的曲柄或连杆的运动就只能视为刚体的运动。刚体是由无穷多个点组成的。一般说来，刚体运动时，体内各点的轨迹、速度和加速度都各不相同。但是，它们都是刚体内的点，各点间的距离保持不变，因而，刚体上各点之间是互相联系的。可以通过少数已知点的运动了解其余各点的运动，从而掌握整个物体的运动情况，对物体运动的研究是以对点的运动的研究为基础的。

本节主要介绍刚体的基本运动，即平动和定轴转动的基本概念，研究这两种简单刚体运动的特点和运动规律。平动和定轴转动是工程实际中常见的刚体运动形式，也是研究刚体复杂形式运动的基础。

4.1.1　刚体的平动

工程实际中某些物体的运动，如图 4-1 所示的曲柄连杆机构中滑块 B 的运动、图 4-2 所示在直线轨道上行驶的列车车厢的运动、图 4-3 所示筛沙机中筛子 AB 的运动等，它们都有一个共同的运动特征，即在运动过程中，刚体内任一直线始终保持与它自己原来的位置平行，刚体的这种运动称为平行移动，简称平动。

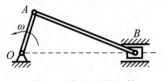

图 4-1　曲柄滑块机构

图 4-1 和图 4-2 中，滑块和列车车厢运动时，其上任一点的轨迹是直线，称为直线平动；而图 4-3 中筛子运动时，其上任一点的轨迹是曲线，称为曲线平动。

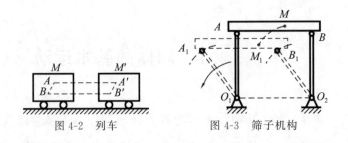

图 4-2　列车　　　　　　图 4-3　筛子机构

现在分别研究在运动的某一瞬时，平动刚体内部的各个点的轨迹之间、速度之间以及加速度之间的关系。如图 4-4 所示，在刚体内任选两点 A 和 B，令 A 点的位置矢径为 r_A，B 点的位置矢径为 r_B，则两条矢端曲线即为两点的轨迹。

其矢量关系为：

$$r_A = r_B + r_{BA}$$

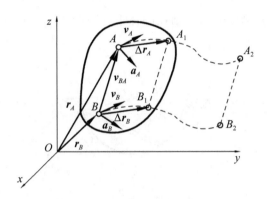

图 4-4 平动刚体的速度关系

由于刚体内任意两点 A、B 之间的距离不能改变，并且刚体平动时两点间的连线 AB 始终与原位置保持平行，所以 r_{BA} 是常矢量。A、B 两点运动轨迹的形状完全相同，并且两轨迹上对应点的切线互相平行。例如，图 4-2 所示在直线轨道行驶的列车车厢，它内部各点都做直线运动，这些点的轨迹都是平行直线；图 4-3 所示筛沙机中筛子 AB，它内部各点的轨迹都是半径相同的圆弧，只要平行移动一段距离，这些圆弧都能彼此重合。

由于常矢量 r_{BA} 的导数为零，故可将上式对时间 t 求导，则有：

$$v_A = v_B, \quad a_A = a_B$$

其中，v_A 和 v_B 分别表示 A 点和 B 点在某瞬时的速度，a_A 和 a_B 分别表示 A 点和 B 点在某瞬时的加速度。

通过以上分析可以看出，平动刚体上各点的轨迹形状相同，位移相同，且在每一瞬时各点的速度相等，各点的加速度相等。因此，在研究刚体的平动时，只要能找到平动刚体上一点的运动特征，就可以代替整个刚体的运动。

4.1.2 刚体绕定轴的转动

在刚体运动过程中，刚体内（或其扩展部分）有一直线始终保持不动，其余各点分别以它到该同一直线的垂直距离为半径做圆周运动，这种运动称为刚体绕定轴转动，简称转动。这条直线称为刚体的固定转轴。

在工程实际中绕固定轴转动的物体很多，如齿轮、电动机的转子、卷扬机的鼓轮、定滑轮以及如图 4-5 所示在圆弧槽平面内运动的杆 AB 等，都是绕定轴转动的刚体。所不同的是前几种转动刚体的固定轴在刚体上，而图 4-5 所示杆 AB 的固定轴是过 O 点垂直于纸面的直线，不在刚体上。

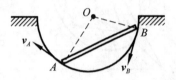

图 4-5　杆 AB 在圆弧槽内运动

为了确定转动刚体的位置，取其转轴为 z 轴，如图 4-6 所示。由于轴承对刚体的约束，刚体在 z 轴上的各点始终不动。因此，只要能确定刚体内不在转轴上的任一点 M 在某瞬时的位置，就可决定刚体在该瞬时的位置。通过轴线作一固定平面 P_0，此外，通过轴线再作一动平面 P，动平面与刚体固结，随刚体一起转动。动点 M 的位置可由两平面的夹角 φ 来确定，夹角 φ 称为刚体的转角。转角 φ 是代数量，其符号规定如下：自 z 轴正端往负端看，从固定平面起，按逆时针转动时，φ 取正值；反之取负值。并用弧度（rad）表示。

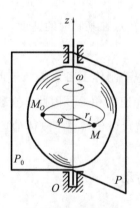

图 4-6　转动刚体

当刚体转动时，转角 φ 是时间的单值连续函数，即

$$\varphi = f(t) \tag{4-1}$$

式（4-1）称为刚体的转动方程。

刚体转动的快慢程度用角速度 ω 来度量。由点的速度与运动方程的关系可知，刚体的瞬时角速度 ω 等于转角 φ 对时间的一阶导数，即

$$\omega = \frac{\mathrm{d}\varphi}{\mathrm{d}t} \tag{4-2}$$

角速度是代数量，正负号规定如下：自 z 轴正端往负端看，按逆时针转向定义为正；反之为负。其单位为弧度/秒（rad/s）。

工程上常用转速 n 来表示转动的快慢程度。所谓转速，就是每分钟内所转过的转数，即 r/min，它与角速度 ω 的关系为

$$\omega = \frac{2\pi n}{60} = \frac{\pi n}{30} \mathrm{rad}/s \tag{4-3}$$

刚体的角速度变化的快慢用角加速度 α 来度量。显然，刚体的角加速度 α 等于刚体的角速度 ω 对时间的一阶导数，或转角 φ 对时间的二阶导数，即

$$\alpha = \frac{\mathrm{d}\omega}{\mathrm{d}t} = \frac{\mathrm{d}^2\varphi}{\mathrm{d}t^2} \tag{4-4}$$

角加速度是代数量，当 α 与 ω 同号时，则刚体转动是加速的；当 α 与 ω 异号时，则刚体转动是减速的。其单位为弧度/秒^2（rad/s^2）。

4.2　点的合成运动

在研究点的运动和刚体的两种基本运动时，都是以地球或其他相对于地球不动的物体为参考体而建立参考系的，因此，运动的相对性问题就不引人注意。然而，在生活或工程实际中，往往需要在相对于地球运动的参考系中来观察物体的运动。

1. 静坐标系和动坐标系

描述任何物体的运动，都是相对于某一参考系而言的。同一物体相对于不同的参考系所得到的运动描述是不相同的。

以图 4-7 所示的压气机中沿叶片管道流动的气体为例，讨论同一点相对于不同的

参考系的运动，以及这些运动之间的联系。

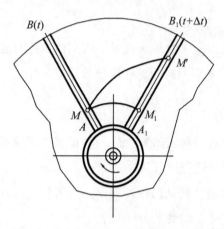

图 4-7　压气机中沿叶片管道流动的气体

设在瞬时 t，叶片管道在 AB 位置，某气体分子（动点）在 M 处，在瞬时 $t+\Delta t$，管道已随转轮转至 A_1B_1 位置，同时，该气体分子运动到 M' 处。相对于地面而言，该气体分子沿其轨迹曲线从 M 运动到 M'，但相对于叶片或转轮而言，该分子则是沿直线管道从 M_1 点运动到 M' 点（在瞬时 t，M_1 与 M 重合为一点）。由此可见，气体分子相对于地面与相对于转轮，其运动是不同的。

在工程实际中，常将地球视为静止不动的。将固结于相对地球静止不动的物体上的坐标系称为静坐标系，以 $Oxyz$ 坐标系表示；而将固结于相对地球运动物体（如图 4-8 中的转轮）上的坐标系称为动坐标系，以 $O'x'y'z'$ 坐标系表示。

2. 绝对运动、相对运动和牵连运动

动点相对于静坐标系的运动称为绝对运动。将动点在绝对运动中的运动轨迹、运动速度和加速度分别称为动点的绝对轨迹、绝对速度和绝对加速度。如图 4-7 所示的例子中，气体分子 M 点的绝对运动轨迹是由 M 点运动到 M' 点所经历的曲线 MM'。

动点相对于动坐标系的运动称为相对运动。而将动点在相对运动中的运动轨迹、运动速度和加速度分别称为动点的相对轨迹、相对速度和相对加速度。如在图 4-7 所示的例子中，气体分子 M 点的相对运动轨迹是沿管道的一条直线 $\overline{M_1M'}$。

显然，若转轮不转，管道无运动，则无论从地面上的观察者来看，还是从转轮上的"观察者"看来，气体分子 M 都是沿不动的管道 AB 运动的。这时分子相对于固结在地面上的坐标系的运动与相对于固结在转轮上的坐标系的运动是相同的。

但只要转轮相对于地面是运动的，则动点 M 分别相对于它们两者的运动便不相同，其原因就在于管道的运动势必影响分子 M 的运动。可见，管道（或者说转轮）相对于地面的运动连累了动点 M。这种动点受到牵连的运动，称为牵连运动。一般地讲，牵连运动就是动坐标系相对于静坐标系的运动。

由于坐标系应与参考体相固结，所以动坐标系的运动就是与之相固结的动参考体的运动，因而牵连运动就可以是平动、定轴转动或者其他的更为复杂的运动。当参考体做定轴转动和其他更复杂的运动时，其上各个点的运动轨迹各不相同，在某瞬时，各个点的速度、加速度也是不相同的，因此可定义在某瞬时时，动坐标系上与动点相重合的点（牵连点）相对于静坐标系运动的轨迹、位移、速度和加速度，分别称为该瞬时动点的牵连轨迹、牵连位移、牵连速度和牵连加速度。

3. 运动的合成与分解

从以上讨论可知，动点的绝对运动可以看作由相对运动和牵连运动复合而成的，因此称为合成运动。反之，也可以把一个运动分解为两个分运动（即相对运动和牵连运动）。这就是运动的合成与分解。

在对运动进行分解或合成时，应先选好静、动坐标系，然后分清楚什么是绝对运动、相对运动和牵连运动。例如，在研究向前滚动的车轮边缘上一点的运动时，若将静、动坐标系分别与地面和车身固结（如图 4-8 所示），则该点的绝对运动为沿旋轮线的运动，相对运动为以轮心为圆心的圆周运动，而动坐标系 $O'x'y'$（随同车身）的平动是牵连运动。又如，在研究图 4-9 所示车刀刀尖的运动时，若将静、动坐标系分别与地面和旋转着的工件相固结，则刀尖的绝对运动是沿平行于工件转轴的直线运动，刀尖的相对运动为沿工件表面上所车螺纹的运动，而动坐标系 $O'x'y'$（随同工件）的转动是牵连运动。

应用合成运动的概念，可以解决两方面的问题。一方面是在某些实际工程问题中，需要研究点和刚体相对于不同参考系的运动；另一方面，可以将一个复杂的实际运动分解为两种简单运动的组合。这种处理运动学问题的方法，常常可以使一些复杂的问题得到简化。

4. 点的速度合成定理

设在某运动刚体上固结一坐标系，一动点 M 在此坐标系中沿相对轨迹 AB 运动，

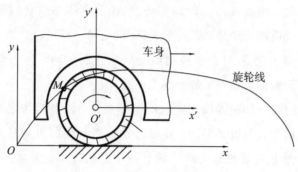

图 4-8 车轮与地面固结

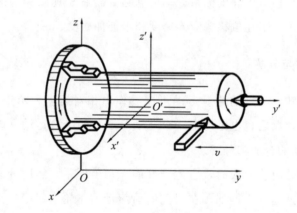

图 4-9 车刀刀尖的运动

如图 4-10 所示。如在瞬时 t，动点位于 M 点，且与刚体上的 M 点相重合。经过时间间隔 Δt 后动点运动到 M' 点处。在时间间隔 Δt 内，曲线 AB 运动到 $A'B'$ 处，刚体上在瞬时 t 与动点相重合的 M 点也被带到 M_1 处。在 Δt 时间内，动点 M 相对于静坐标系运动的轨迹曲线是 MM'，即 MM' 是动点的绝对轨迹；而该动点相对于固结于刚体上的动参考系的运动轨迹为 M_1M'，即动点的相对轨迹；矢量 $\boldsymbol{MM'}$ 称为动点的绝过位移，以 $\boldsymbol{r}_a$ 表示；$\boldsymbol{M}_1\boldsymbol{M}'$ 称为动点的相对位移，以 $\boldsymbol{r}_r$ 表示；而 $\boldsymbol{MM}_1$ 称为瞬时 t 动坐标系上与动点相重合点（牵连点）的位移，称为动点的牵连位移，以 $\boldsymbol{r}_e$ 表示。

从图 4-10 中可见动点的绝对位移是牵连位移和相对位移的矢量和，即

$$\boldsymbol{r}_a = \boldsymbol{r}_r + \boldsymbol{r}_e \tag{4-5}$$

将等式两边同时除以时间间隔 Δt，并取极限得

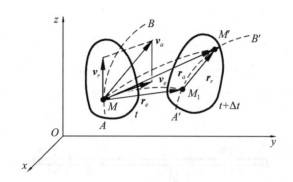

图 4-10 速度的合成

$$\lim_{\Delta t \to 0} \frac{r_a}{\Delta t} = \lim_{\Delta t \to 0} \frac{\boldsymbol{r}_e}{\Delta t} + \lim_{\Delta t \to 0} \frac{\boldsymbol{r}_r}{\Delta t} \qquad (4\text{-}6)$$

式 (4-6) 中，$\lim\limits_{\Delta t \to 0} \dfrac{\boldsymbol{r}_a}{\Delta t}$ 称为动点在瞬时 t 的绝对速度，用 v_a 表示，其方向沿动点绝对轨迹曲线 MM' 在 M 点的切线方向。

$\lim\limits_{\Delta t \to 0} \dfrac{\boldsymbol{r}_r}{\Delta t}$ 是在瞬时 t 动参考系上和动点相重合的点（牵连点）的速度，即动点在瞬时 t 的牵连速度，用 v_e 表示，其方向沿该牵连点运动轨迹 MM_1 在点 M 的切线方向。

$\lim\limits_{\Delta t \to 0} \dfrac{\boldsymbol{r}_r}{\Delta t}$ 称为动点 M 在瞬时 t 的相对速度，用 v_r 表示，其方向沿曲线 AB 在 M 点的切线方向。于是式 (4-6) 可写为

$$v_a = v_e + v_r \qquad (4\text{-}7)$$

即在任一瞬时动点的绝对速度等于它的牵连速度和相对速度的矢量和，这称为速度合成定理。式 (4-7) 是速度合成定理的表达式。该式是一个矢量表达式。由矢量加法可知，并从图 4-10 中也可看出，如通过 M 点，画出牵连速度和相对速度矢量，并以此为邻边构成平行四边形，则绝对速度 v_a 一定是位于以牵连速度 v_e 和相对速度 v_r 为邻边的平行四边形的对角线上，绝对速度的大小等于该平行四边形的对角线的长度。

应注意到在推导速度合成定理时，并未限制动参考系的运动形式，因此速度合成定理适用于牵连运动为任何形式的运动。

需要指出的是，由于动点相对于动坐标系运动，所以，在不同的瞬时，动点与动坐标系上的重合点是不相同的，因此，动点的牵连点具有瞬时性，相应地，动点的牵

连速度和牵连加速度也具有瞬时性。正确理解和掌握牵连运动的概念是掌握合成运动的关键。

例 4-1 图 4-11 所示曲柄滑道机构中，杆 BC 为水平，而杆 DE 保持铅垂。曲柄 OA 长 $r=0.1\mathrm{m}$，并以匀角速度 $\omega=20rad/s$ 绕 O 轴转动，通过滑块 A 而使杆 BC 沿水平直线往复运动。求当曲柄与水平线的交角为 $\varphi=30°$ 时，杆 BC 的速度。

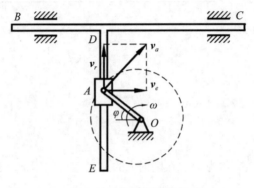

图 4-11 曲柄滑道机构

解 分析系统的运动可知，本题是属于机构传动的问题。由于 OA 杆做定轴转动，套筒 A 铰接于杆 OA 上，随杆 OA 一起运动，杆 DE 与杆 BC 刚接于 D，套筒 A 带动杆 DE 做水平往复的运动，也就是杆 BC 的运动。

已知 $OA=0.1\mathrm{m}$，$\omega=20rad/s$，选取 OA 上的 A 点为动点，动坐标系固结在 DE 杆上，静坐标系固结在地面上，则套筒 A 的绝对运动为以 O 为圆心的圆周运动。绝对速度 $\boldsymbol{v}_a$ 沿圆周轨迹的切线，大小为：

$$\boldsymbol{v}_a=OA\cdot\omega=0.1\times20=2\ (\mathrm{m/s})$$

套筒 A 的相对运动为沿 DE 杆的直线运动，$\boldsymbol{v}_r$ 沿 DE 的直线；牵连运动为 DE 杆的水平往复平动，根据平动刚体的运动特征，在某瞬时，DE、BC 杆上各点的速度相同，可知套筒 A 的牵连速度就等于 BC 杆的速度，即：

$$\boldsymbol{v}_e=\boldsymbol{v}_{BC}$$

根据速度合成定理，$\boldsymbol{v}_a=\boldsymbol{v}_e+\boldsymbol{v}_r$，作出动点 A 的速度矢量平行四边形，如图 4-11 所示。由图中几何关系可得

$$\boldsymbol{v}_e=\boldsymbol{v}_a\sin\varphi=OA\omega\cdot\sin\varphi=2\ \sin\varphi$$

当 $\varphi=30°$ 时

$$v_{BC} = v_e = 2 \sin30° = 1(\text{m/s})$$

此即为 BC 杆的速度大小。

应用点的速度合成定理解题的方法和步骤可归纳如下：

（1）分析物体的运动情况，根据题意恰当地选取动点、动参考系和静参考系。动点是运动过程中的研究对象，它必须是一个确定的点，即在运动过程中，研究对象不变。同时，应使所选动点相对于动参考系有运动且相对轨迹要明确、简单，这样才能使点的运动得到有效的分解。

在一般的机构传动问题中，通常选取主动件与从动件的连接点或接触点为动点。当主动件上的连接点被选为动点，并且动点相对于从动件的运动轨迹较容易观察和分析时，宜将动参考系固结在从动件上。反之亦然。

另一种情况是若某动点 P 相对于另一个运动着的物体 E 运动，且动点 P 的相对运动（或绝对运动）轨迹已知，物体 E 的运动已知，但 P 点与 E 物体无直接接触，如果选择 P 点为动点，动参考系固结在 E 物体上，讨论动点的绝对运动（或相对运动），这种情况下动坐标系上与动点相重合的点应是在 E 物体（动坐标系）的扩展部分上。

（2）分析三种运动和三种速度。动点的绝对运动和相对运动都是指点的运动，它们的轨迹可能是直线或曲线。若知道轨迹，则动点的绝对速度和相对速度方位就可以确定。而牵连运动则是指动参考系的运动，即刚体的运动。牵连速度是动参考系上与动点相重合之点（牵连点）的速度，具有瞬时性。因此必须弄清动参考系的运动形式，如平动、定轴转动或其他形式的运动，才便于确定牵连速度。

（3）应用点的速度合成定理求解未知量。因速度合成定理的表达式公式（4-7）是一矢量式，含有 v_a、v_e、v_r 的大小和方向这六个量，必须分析在 v_a、v_e、v_r 的大小和方向这六个量中，哪些是已知的，哪些是未知的。若已知其中任意四个量，便可求出其余两个未知量来。具体计算可采用几何法或解析法。用几何法作速度平行四边形时，必须注意 v_a 一定位于以相对速度和牵连速度为邻边所构成的平行四边形的对角线上；若三种速度的方位都已确定，则用解析法较为方便。解算时选择适当的投影轴，根据合矢量投影定理，将公式（4-7）等式两端分别向所选投影轴投影，即可求得所需求解的未知量。或者也可以直接利用三种速度矢量所构成的平行四边形的几何关系求解。

4.3　刚体的平面运动

前两节已分别讨论了刚体的两种基本运动并介绍了关于运动合成与分解的概念，在此基础上，本节将研究在工程中经常遇到的刚体的另一种较为复杂的运动——刚体的平面运动。

4.3.1　刚体的平面运动及其分解

刚体运动时，若刚体内任一点到某一固定平面的距离保持不变，则这样的运动称为刚体的平面运动，简称平面运动。显然，做平面运动的刚体上的任一点都在与某固定平面平行的平面内运动。如图 4-12 所示的行星齿轮机构中的行星轮 B 的运动、曲柄连杆机构中的连杆 AB 的运动和沿直线轨道滚动的车轮的运动等刚体的运动，它们既不是平动，也不绕某个固定点转动，它们运动的共同特点是：在整个运动过程中，刚体总保持在它自身原来所在的平面内运动。这些刚体的运动都是平面运动。

设图 4-13 所示为一做平面运动的刚体，在空间找一个固定平面 P_0，由上述平面运动的定义可知，当刚体做平面运动时，刚体上所有与空间某固定平面 P_0 距离相等之点所构成的平面图形 S 就恒保持在它自身所在的平面 P 内运动，且平面 P 与 P_0 平行。在图 4-13 中，可以看出刚体做平面运动的特征。特征之一是平面图形 S 上任一点 M 与固定平面 P_0 上的垂点 M_0 之间的距离始终保持不变；特征之二是刚体上任一垂直于平面图形 S 的直线段 M_1M_2 在运动的过程中始终做平动。因此，刚体的平面运动可以看成是有很多个与 P_0 平面平行的平面图形做相同的运动组成，只要求得其中某一个平面图形 S 的运动，就可得到整个刚体的运动。由此可知刚体的平面运动可以简化为平面图形 S 在其自身所在的平面内的运动来研究。

研究平面图形 S 在它自身所在的平面 P 内的运动时，可在平面图形 S 所在的平面 P 上建立固定坐标系 xOy，如图 4-14 所示。在任一瞬时，平面图形 S 的位置可由其上任选的直线段 $O'M$ 的位置所确定。而直线段 $O'M$ 的位置可由线段 $O'M$ 上任一点的坐标和线段 $O'M$ 与某固定轴之间的夹角来确定。因此，可选择直线段 $O'M$ 上的 O' 点的坐标 $(x_0，y_0)$，以及线段 $O'M$ 与静坐标系的 x 坐标轴 Ox 之间的夹角 φ，即可确定平

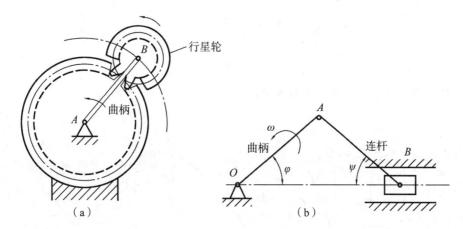

图 4-12　行星齿轮机构

面图形 S 的位置。

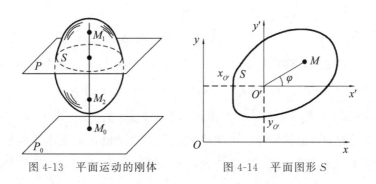

图 4-13　平面运动的刚体　　　图 4-14　平面图形 S

O' 点是在平面图形上任选的点，称为基点。当刚体做平面运动时，基点 O' 的坐标 $(x_{0'}, y_{0'})$ 以及线段 $O'M$ 与轴 Ox 之间的夹角 φ 均随时间而不断变化，都是时间 t 的单值连续函数，即

$$x_{0'} = f_1(t), \quad y_{0'} = f_2(t), \quad \varphi = f_3(t) \tag{4-8}$$

式（4-8）就是刚体做平面运动的运动方程。

以沿平直道路只滚不滑的车轮为例。设轮心 C 以匀速 v_0 前进，若以 C 为基点建立如图 4-15 所示的平动坐标系 $Ox'y'$，且令半径 CM 在初瞬时位于静坐标轴 y 上，则此车轮的运动方程为

$$\begin{cases} v_c = v_0 t \\ v_c = R \\ \varphi = \dfrac{v_c t}{R} \end{cases} \tag{4-9}$$

式中，R 为车轮半径，φ 为车轮的转角。

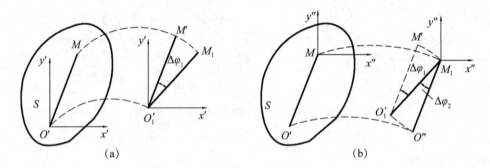

图 4-15　平面图形点的运动轨迹

由图 4-14 可以看出：图形 S 在运动过程中，若 φ 角保持不变，只是基点的坐标 $(x_{0'},\ y_{0'})$ 随时间变化，则图形 S 上任一直线段 $O'M$ 在运动过程中保持与原来位置平行，即图形只随着通过基点建立的平动坐标系在平面 P 内平动；若 $(x_{0'},\ y_{0'})$ 保持不变，即基点 O' 的位置不变，只是 φ 角随时间的变化而变化，则图形 S 以过其点 O' 且垂直于该平面的轴做定轴转动。由此可见，平面运动包含了刚体基本运动的两种形式：平动和定轴转动，或者说，平面运动由平动和转动复合而成。故可用有关运动的分解与合成的理论和方法研究刚体的平面运动。

为了便于用类似于点的合成运动的方法来研究刚体的平面运动，在图形上任选基点 O'，并以 O' 点为坐标原点建立跟随基点运动的平动坐标系 $x'O'y'$。令平动坐标系 $x'O'y'$ 的坐标轴 $O'x'$ 和 $O'y'$ 分别与固定坐标系 xOy 的坐标轴 Ox 和 Oy 轴平行，则无论平面图形怎么运动，坐标轴 $O'x'$ 和 $O'y'$ 的方向始终保持不变，并分别与坐标轴 Ox 和 Oy 保持平行，如图 4-14 所示。因此，坐标系随基点 O' 点做平动，而平面图形 S 又相对于动坐标系绕基点 O' 转动。由此可知，平面图形 S 的绝对运动可看成跟随基点 O' 的平动（即随动坐标系的牵连运动）和绕基点 O' 的转动（即相对于动坐标系原点的转动为相对运动）的合成。

首先讨论随基点的平动，即牵连运动。基点位置的选择是任意的，如图 4-15 所示，在平面图形上任选 O' 点或者 M 点作为基点都是可以的，但由于 O' 和 M 这两点的运动状态不同，所以分别以这两个点建立的两个平动坐标系 $x'O'y'$ 和 $x''My''$ 分别随基点 O' 或者 M 的平动状态也不相同。如果 O' 点为基点，则平面图形上各点的轨迹均为与 O' 点的运动轨迹相平行的曲线，各点的牵连速度和牵连加速度均分别是基点 O' 的速度 $\boldsymbol{v}_{O'}$ 和加速度 $\boldsymbol{a}_{O'}$；但如果以 M 点为基点，则平面图形上各点的轨迹均为与 M 点的运动轨迹相平行的曲线，各点的牵连速度和牵连加速度分别是基点 M 的速度 $\boldsymbol{v}_M$ 和加速度 $\boldsymbol{a}_M$，如图 4-15 所示。从图 4-15 中可以看到，平面图形 S 上不同的两个点 O' 和 M 运动的轨迹是不相同的，且在任一瞬时都有：

$$\boldsymbol{v}_{O'} \neq \boldsymbol{v}_M，\boldsymbol{a}_{O'} \neq \boldsymbol{a}_M$$

即在选择不同的点作为基点，研究平面图形上其他点的运动时，牵连速度和牵连加速度不相同。一般选择基点时，总是选择平面图形上运动已知的点，或者是运动分析较为容易的点。

再讨论绕基点的转动，即相对运动。从图 4-15 可以看出，如果以 O' 点为基点，在时间间隔 Δt 内，图形绕基点 O' 逆时针转过了 $\Delta\varphi_1$；如果以 M 点为基点，在相同的时间间隔内，图形绕基点 M 也是逆时针方向转动，转过了 $\Delta\varphi_2$；$\Delta\varphi_1$ 和 $\Delta\varphi_2$ 大小相等，转向相同，即相对于两个不同的平动坐标系，图形上任一直线段 $O'M$ 在相同的时间间隔内绕基点转动的转角完全相同。即有

$$\Delta\varphi_1 = \Delta\varphi_2$$

由于 $\omega = \lim\limits_{\Delta t \to 0} \dfrac{\Delta_\varphi}{\Delta t}$，$\alpha = \lim\limits_{\Delta t \to 0} \dfrac{\Delta_\omega}{\Delta t}$，有

$$\omega = \omega_1 = \omega_2，\qquad \alpha = \alpha_1 = \alpha_2$$

因此，平面图形绕基点转动的角速度和角加速度也不受基点选择的影响。综上所述可知，平面图形随同基点平动（牵连运动）的速度和加速度与基点位置的选择有关，选择不同的基点，平面图形随基点平动的速度和加速度不相同；而图形绕基点转动的加速度和角加速度则与基点的选择无关，无论选择哪一点作为基点，平面图形绕基点转动的角速度都相同，都等于平面图形自身运动的角速度，角加速度也等于平面图形自身运动的角加速度。

4.3.2 平面图形上各点的速度

本节讨论平面图形内各点的速度。前面已经得出平面图形的运动可分解为跟随基

点的平动和绕基点的转动两部分，如果在平面图形上任找一点作为基点，以基点为坐标原点建立平动坐标系，则平面图形上任一点的运动也就可分解为跟随平动坐标系的运动（牵连运动）和相对于该坐标系的运动（相对运动）面部分，从而就可利用点的合成运动的概念来分析平面图形上任一点的运动，利用速度合成定理求出平面图形上任一点的速度。

1. 基点法

若已知在某瞬时平面图形 S 内某点 O' 速度为 v_o，图形运动的角速度为 ω，如图 4-16 所示。取 O' 点为基点，建立平动坐标系 $x'O'y'$，利用点的合成运动的概念分析平面图形上任一点 M 的速度，则 M 点的绝对速度由牵连速度和相对速度合成。由速度合成定理有：

$$v_M = v_e + v_r \tag{4-10}$$

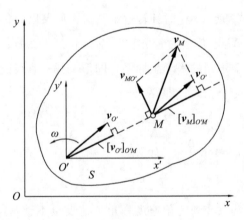

图 4-16　平面图形 S 的运动

因为动坐标系随基点平动，其上各点的速度均与基点速度 v_o 相同，故 M 点的牵连速度 $v_e = v_{o'}$。又因为平面图形相对于动坐标系转动，M 点相对于基点 O' 做圆周运动，所以 M 点的相对速度就是图形绕 O' 点转动时 M 点的速度，以 $v_{MO'}$ 表示，$v_{MO'}$ 应垂直于连线 $O'M$，且其指向与图形的转向相对应。其大小为

$$v_{MO'} = \omega \cdot \overline{O'M} \tag{4-11}$$

式中，ω 是平面图形的角速度。若以速度 $v_{o'}$ 和 $v_{MO'}$ 为边作出速度矢量合成的平行四边形，则 M 点的绝对速度就应该由平行四边形的对角线确定，即有

$$\boldsymbol{v}_M = \boldsymbol{v}_{O'} + \boldsymbol{v}_{MO'} \tag{4-12}$$

即平面图形内任一点的速度等于基点的速度和该点以基点为圆心相对于基点做圆周运动的速度的矢量和。由于基点的选择是任意的，所以公式（4-12）指明了平面图形内任意两点的速度之间的基本关系。

2. 速度投影定理

将式（4-12）所表示的各速度矢量投影到 $O'M$ 两点的连线上，如图 4-17 所示，并注意到 $\boldsymbol{v}_{MO'}$ 总是垂直于线段 $O'M$ 的，它在此线段上投影为零，得到

$$[\boldsymbol{v}_M]_{O'M} = [\boldsymbol{v}_O]_{O'M} \tag{4-13}$$

即平面运动刚体内任意两点的速度在此两点连线上的投影相等，这称为速度投影定理。实际上，此定理是刚体内任意两点之间距离保持不变这一性质的必然结果。因为两点的速度在此两点连线上的投影若不相等，则两点间距离必然改变，刚体不变形的性质将遭到破坏。

3. 瞬时速度中心

在用式（4-12）求图形上任一点的速度时将会发现，在平面图形或平面图形的延伸平面内存在一点 C，它在某瞬时速度等于零。这样的点称为平面图形的瞬时速度中心，简称速度瞬心。

利用速度瞬心的概念求平面运动刚体上任一速度的方法称为瞬时速度中心法。在求解平面运动刚体上任一点的速度时，以瞬心 C 点为基点，可以使得求解大大简化。如图 4-17 所示，求平面图形上任一点 A 或 B 的速度，以瞬心 C 为基点，则 A 和 B 点的速度大小分别等于

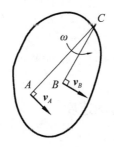

图 4-17　平面刚体上的运动

$$\begin{cases} v_A = v_C + \overline{AC} \cdot \omega = \overline{AC} \cdot \omega = v_{AC} \\ v_B = v_C + \overline{BC} \cdot \omega = \overline{BC} \cdot \omega = v_{BC} \end{cases} \qquad (4\text{-}14)$$

从式（4-14）可以看出，速度 v_A、v_B 分别垂直于 A、B 两点到瞬心的连线，即有 $v_A \perp \overline{AC}$，$v_B \perp \overline{BC}$。A、B 两点是任意选取的计算点，同样以速度瞬心为基点，再计算其他点的速度可得到相同的规律。由此可知，平面图形内各点的速度垂直于该点与瞬时速度中心的连线，各点速度的大小与各点到瞬时速度中心的距离成正比。这一规律与刚体做定轴转动时的速度分布规律相同，因此，如果在平面图形上找到瞬时速度中心，就可以按照求定轴转动刚体上任意一点速度的方法，求出平面运动刚体上任一点的速度。即认为在该瞬时，平面运动刚体绕过速度瞬心 C 与图形平面垂直的 C_z 轴做瞬时转动，其上任一点的速度大小就等于该点到瞬心的距离乘以平面图形自身转动的角速度。C_z 轴称为刚体的瞬时转动轴，速度瞬心 C 也可看成是平面图形的瞬时转动中心。

4. 速度瞬心位置的确定

速度瞬心位置的确定是利用瞬时速度中心的概念求解平面图形上任意一点速度的关键。根据不同的已知条件，有各种求速度瞬心位置的方法。下面介绍几种确定速度瞬心位置的一般方法。

若已知某瞬时图形上任意两点 A、B 的速度方向，且它们互不平行，则可通过 A、B 两点分别作垂直于速度方向的垂线，两垂线的交点 C 就是图形在此瞬时的速度瞬心，如图 4-18 所示。

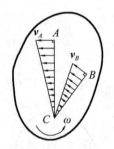

图 4-18 速度瞬心的确定

4.3.3 平面图形上各点的加速度

采用分析平面图形内任一点速度的基点法，分析平面图形内任一点的加速度。如已知在某瞬时平面图形 S 内某点 O' 的加速度 $a_{O'}$ 以及图形的角速度 ω 和角加速度 α（见

图 4-19），则可以 O' 为基点建立平动坐标系 $x'O'y'$，而将图形的运动分解为跟随基点 O' 的平动和相对于基点 O' 的转动。从而根据牵连运动为平动时的加速度合成定理可知，图形内任一点 M 的加速度 $\boldsymbol{\alpha}_M$ 为：

$$\boldsymbol{\alpha}_M = \boldsymbol{\alpha}_e + \boldsymbol{\alpha}_r = \boldsymbol{\alpha}_{O'} + \boldsymbol{\alpha}_{MO'} \tag{4-15}$$

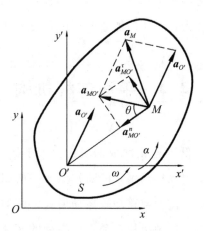

图 4-19 平面图形上的加速度

式（4-15）中，$\boldsymbol{\alpha}_{MO'}$ 为 M 点相对于基点 O' 的加速度。由于 M 点相对于基点 O' 作以基点为圆心的圆周运动，因而相对加速度 $\boldsymbol{\alpha}_{MO'}$ 可分解为沿相对轨迹的切向加速度 $\boldsymbol{\alpha}_{MO'}^{\tau}$ 和法向加速度 $\boldsymbol{\alpha}_{MO'}^{n}$。相对切向加速度 $\boldsymbol{\alpha}_{MO'}^{\tau}$ 沿相对轨迹的切向方向，因而垂直于连线 $O'M$，且其指向与角加速度的转向对应一致，而大小则为

$$\boldsymbol{\alpha}_{MO'}^{\tau} = O'M \cdot |\alpha| \tag{4-16}$$

而相对法向加速度 $\boldsymbol{\alpha}_{MO'}^{n}$ 则应沿相对轨迹的法线，且由 M 指向基点 O'，其大小为

$$\boldsymbol{\alpha}_{MO'}^{n} = O'M \cdot \omega^2 \tag{4-17}$$

显然，相对加速度 $\boldsymbol{\alpha}_{MO'}$ 的大小为

$$\boldsymbol{\alpha}_{MO'} = O'M \cdot \sqrt{\alpha^2 + \omega^2} \tag{4-18}$$

且当以 θ 表示 M 点的相对加速度 $\boldsymbol{\alpha}_{MO'}$ 与该点到基点的连线 MO' 之间所夹的锐角，则 $\boldsymbol{\alpha}_{MO'}$ 的方向可由下式确定：

$$\tan\theta = \frac{|\alpha|}{\omega^2} \tag{4-19}$$

由此可见，平面图形上任一点的相对加速度的大小与它到基点的距离成正比，而相对加速度与该点到基点的连线之间的夹角则与该点的位置无关，根据式（4-19）由

图形的角速度和角加速度所确定。根据这一性质可利用某一点的相对加速度而迅速求出其余各点的相对加速度。

故式（4-15）可改写为

$$\boldsymbol{\alpha}_M = \boldsymbol{\alpha}_{O'} + \boldsymbol{\alpha}_{MO'}^{\tau} + \boldsymbol{\alpha}_{MO'}^{n} \tag{4-20}$$

即平面图形内任一点的加速度等于基点的加速度与该点在相对于基点运动中的切向加速度和法向加速度（分别称为相对切向加速度和相对法向加速度）三者的矢量和。

4.4　平面连杆机构

平面连杆机构是由平面低副连接而成的机构。由于低副机构是面接触，压强低，磨损小，构成运动副（转动副和移动副）的圆柱面或平面制造方便，容易获得较高的精度，它们常用来实现转动、摆动或移动等运动形式之间的相互转换和动力传递，在实际中应用极为广泛。但是，这种机构运动副磨损后的间隙不能自动补偿，容易累积运动误差。另外，它们也不能用于准确地实现复杂的运动。

由低副所连接的两个构件之间的相对运动的关系，不会因为哪个构件是否固定而改变，这一特性称为低副运动的可逆性。

机构基本特性分析的任务是，根据机构运动的几何关系，确定机构的基本类型、传递与变换运动和力的特性。

在连杆机构的原动件运动规律保持不变的情况下，通过改变各个构件之间的相对长度，就可以使连杆上点的轨迹曲线或从动件实现不同的运动规律要求。机构运动设计的任务是，根据机构给定的构件尺寸参数和运动规律，确定未知构件的运动尺寸。

平面连杆机构具有以下显著的优点：

（1）由于两构件间是面接触，所以运动副元素所承受压力小，可以承受较大载荷，且便于润滑，磨损较小；

（2）由于两构件接触面是平面和圆柱面，加工制造比较方便，容易获得较高的精度；

（3）两构件之间的接触可以靠本身几何形状封闭；

（4）能较好地实现多种运动规律和轨迹的要求。

但是平面连杆机构本身也有其缺点，使其使用范围也受到一些限制。例如，为了满足实际生产的要求，需增加构件和运动副，使机构复杂，构件较多，而且运动积累误差较大，影响传动精度。另外，机构的设计方法也较复杂，不易精确地满足各种运动规律和轨迹的要求。

4.5　平面连杆机构的类型及转化

在平面连杆机构中，结构最简单且应用最广泛的是由 4 个构件所组成的平面四杆机构。其他多杆机构均可看成在此基础上依次增加构件而组成的。本节介绍的就是平面四杆机构的基本类型及转化。

4.5.1　平面四杆机构的基本类型

所有运动副都是转动副的四杆机构，称为铰链四杆机构，如图 4-20 所示。在铰链四杆机构中，固定不动的构件 4 是机架，与机架 4 相连的构件 1 和 3 称为连架杆，不与机架相连的构件 2 称为连杆。相对于机架能做整周转动的连架杆，称为曲柄，如构件 1；只能在一定角度范围内往复摆动的连架杆，称为摇杆，如构件 3。在铰链四杆机构中，按连架杆能否做整周转动，可将铰链四杆机构分为以下 3 种基本形式：

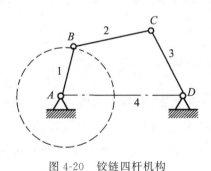

图 4-20　铰链四杆机构

1. 曲柄摇杆机构

在铰链四杆机构中，若一个连架杆为曲柄，另一个连架杆为摇杆，则此铰链四杆机构称为曲柄摇杆机构。

在曲柄摇杆机构中，当曲柄为主动件时，将主动曲柄的等速连续转动转化为从动摇杆的往复摆动，如图 4-21 所示的雷达天线俯仰角调整机构，就是曲柄摇杆机构的应用实例之一。其中，曲柄 1 为主动件，天线固定在摇杆 3 上。该机构将曲柄的转动转换为摇杆（天线）的俯仰运动。

在曲柄摇杆机构中，也可以以摇杆为主动件，曲柄为从动件，将主动摇杆的往复摆动转化为从动曲柄的整周转动，如图 4-22 所示的缝纫机脚踏驱动机构。脚踏板 1（摇杆）做往复摆动，通过连杆 2 使下带轮 3（固接在曲柄上）转动。

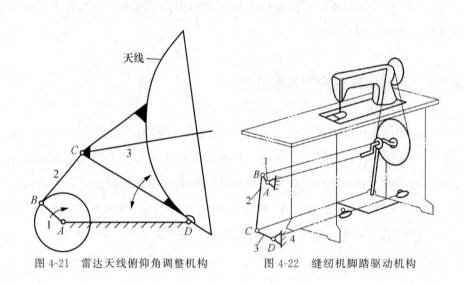

图 4-21　雷达天线俯仰角调整机构　　　图 4-22　缝纫机脚踏驱动机构

2. 双曲柄机构

在铰链四杆机构中，若两个连架杆都是曲柄，则此铰链四杆机构称为双曲柄机构。如图 4-23 所示。当两曲柄长度不等时，为不等曲柄机构。主动曲柄等速转动，从动曲柄一般为变速转动。如图 4-24 所示的惯性筛机构就是以双曲柄机构为基础扩展而成的。

在双曲柄机构中有一种特殊机构，连杆与机架的长度相等，两个曲柄长度相等且转向相同的双曲柄机构，称为平行四边形机构，如图 4-25 所示。

平行四边形机构有以下 3 个运动特点：

1）两曲柄转速相等

如图 4-26 所示的机车车轮联动机构就是利用了平行四边形机构的这一特性。

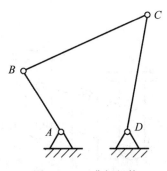

图 4-23 双曲柄机构

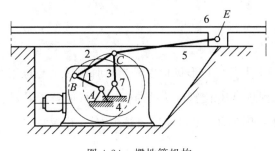

图 4-24 惯性筛机构

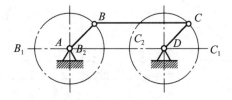

图 4-25 平行四边形机构

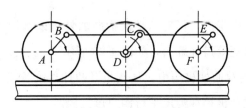

图 4-26 机车车轮联动机构

2）连杆始终与机架平行

如图 4-27 所示的天平机构，始终保证天平盘 1、2 处于水平位置。

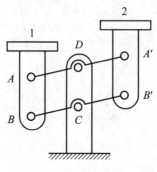

图 4-27　天平机构

3）运动的不确定性

如图 4-28 所示，在平行四边形机构中，当两曲柄转至与机架共线位置时，主动曲柄 AB 继续转动，如到达 AB_2 位置；从动曲柄 CD 可能按原转动方向转到 C_2D 位置，此时机构仍是平行四边形机构，也可能反向转到 $C'D$ 位置。

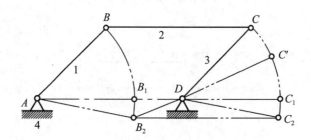

图 4-28　平行四边形机构

为了克服运动的不确定性，可对从动曲柄施加外力或利用飞轮及构件本身的惯性作用，也可采用辅助曲柄等措施解决，如图 4-29 所示。

在如图 4-30 所示的双曲柄机构中，虽然相对两杆件的长度分别相等，但 BC 杆件与 AD 杆件不平行，此种机构称为反平行四边形机构。

在反平行四边形机构中两曲柄 AB、CD 转动的角速度不相等且转向相反。车门启闭机构就是反平行四边形机构的应用实例。如图 4-31 所示，当主动曲柄 1 转动时，从动曲柄 3 做相反方向转动，从而使两扇车门同时开启或同时关闭。

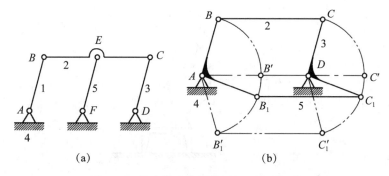

图 4-29 带有辅助构件的平行四边形机构

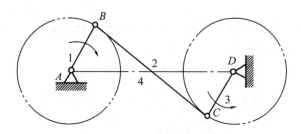

图 4-30 反平行四边形机构

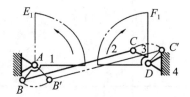

图 4-31 车门启闭机构

3. 双摇杆机构

在铰链四杆机构中，若两个连架杆均为摇杆，则此铰链四杆机构称为双摇杆机构。如图 4-32 所示的港口起重机机构，该机构可实现货物的水平移动，以减少功率消耗。

在双摇杆机构中，若两摇杆长度相等，则称为等腰梯形机构。等腰梯形机构的运动特性是两摇杆摆角不相等。如图 4-33 所示的车辆前轮转向机构，$ABCD$ 呈等腰梯形，构成等腰梯形机构。当汽车转弯时，为了保证轮胎与地面之间做纯滚动，以减轻

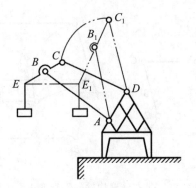

图 4-32   港口起重机机构

轮胎磨损，AB、DC 两摇杆摆角不同，使两前轮转动轴线交汇于后轮轴线上的 O 点，这时 4 个车轮绕 O 点做纯滚动。

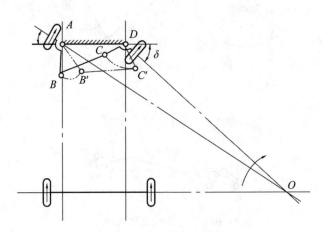

图 4-33   车轮前轮转向机构

4.5.2   平面四杆机构的转化

为了改善机构的受力状况及工作需要，在实际机器中，还广泛地采用多种其他型式的四杆机构。这些都可认为是由四杆机构的基本形式通过改变其构件的形状及相对长度，改变其某些运动副的尺寸，或者选择不同的构件作为机架等方法演化而得到的。

1. 改变构件的形状及运动尺寸的演化

在图 4-34（a）所示的曲柄摇杆机构中，摇杆上 C 点的轨迹为以 D 点为圆心、以 CD 长为半径的圆弧。现如图 4-34（b）所示，将摇杆 3 做成滑块形式，并使其沿圆弧导轨做往复移动，则 C 点的运动并没有发生变化。但此时铰链四杆机构已演化为曲线导轨的曲柄滑块机构。若将弧形槽的半径增至无穷大，则转动副 D 的中心移至无穷远处，弧形槽变为直槽。转动副 D 则转化为移动副，构件 3 由摇杆变成了滑块，于是曲柄摇杆机构就演化为曲柄滑块机构，如图 4-34（c）所示。此时移动方位线 mm 不通过曲柄回转中心，故称为偏置曲柄滑块机构。曲柄转动中心至其移动方位线 mm 的垂直距离称为偏距 e，当移动方位线 mm 通过曲柄转动中心 A（即 $e=0$）时，则称为对心曲柄滑块机构，如图 4-34（d）所示。曲柄滑块机构广泛应用于内燃机、空压机及冲床设备中。如图 4-35 所示的搓丝机构，曲柄 AB 做转动，带动板牙做相对移动，将板牙中的工件搓出螺纹。

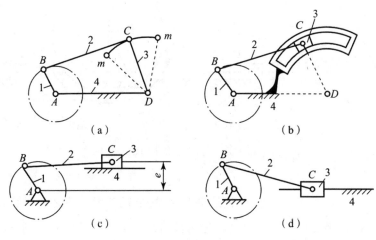

1—曲柄 2—连杆 3—摇杆 4—机架

图 4-34　四杆机构

2. 扩大转动副尺寸的演化

扩大转动副尺寸是一种常见并具有实用价值的演化。图 4-36（a）所示为曲柄滑块

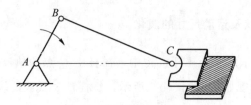

图 4-35 搓丝机构

机构，当曲柄尺寸较短时，往往因工艺结构和强度等方面的要求，需将回转副 B 扩大到包括回转副 A 而形成偏心圆盘机构，如图 4-36（b）所示。这种结构尺寸的演化不影响机构的运动性质，却可避免在尺寸很小的曲柄 AB 两端装设两个转动副而引起结构设计上的困难。同时盘状构件在强度方面优于杆状构件。因此，在一些传递动力较大、从动件行程很小的场合，广泛采用偏心盘机构，如剪床、冲床、颚式破碎机等。

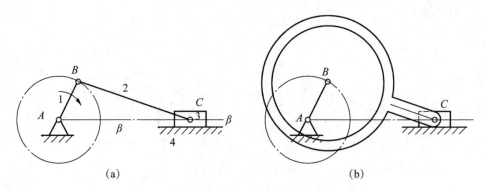

            （a）   （b）

图 4-36 扩大运动副尺寸演化的偏心轮机构

    同样，如图 4-37（a）所示，设将运动副 B 的半径扩大，使之超过构件 AB 的长度，将运动副 C 的半径也扩大，使之超过构件 AB 和 BC 的长度和，则它将演化成如图 4-37（b）所示的双重偏心机构。

    在图 4-38（a）所示曲柄摇杆机构中，取不同的构件为机架，可以获得不同类型的铰链四杆机构。例如，若取构件 2 为机架，则可演化为曲柄摇杆机构，如图 4-38（b）所示；若取构件 1 为机架，则可演化为双曲柄机构，如图 4-38（c）所示；若取构件 3 为机架，可演化为双摇杆机构，如图 4-38（d）所示。

    图 4-39 所示为含有移动副的四杆机构。若选用构件 4 作机架，则得到曲柄滑块机

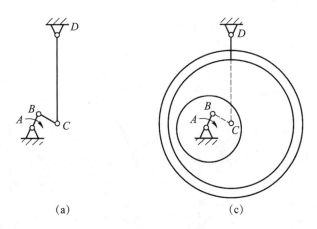

图 4-37 扩大转动副尺寸演化的双重偏心轮机构

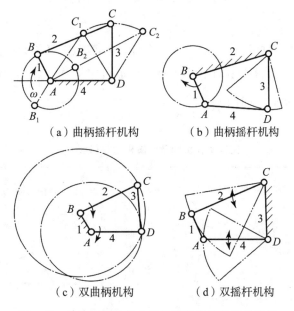

（a）曲柄摇杆机构　　　（b）曲柄摇杆机构

（c）双曲柄机构　　　（d）双摇杆机构

图 4-38 选取不同构件为机架演化的铰链四杆机构

构，如图 4-39（a）所示。若选用构件 1 作机架，则构件 3 以构件 4 为导轨做相对移动，构件 4 绕固定铰链转动，特将构件 4 称为导杆。含有导杆的四杆机构称为导杆机构，如导杆能做圆周回转运动，则称该机构为转动导杆机，如图 4-39（b）所示。如导杆只是在某个角度范围内摆动，则称该机构为摆动导杆机构。如选用构件 2 作机架，则得到曲柄摇块机构，滑块 3 绕固定铰链摇摆，如图 4-39（c）所示。若选用滑块为机架，则得到移动导杆机构，如图 4-39（d）所示。

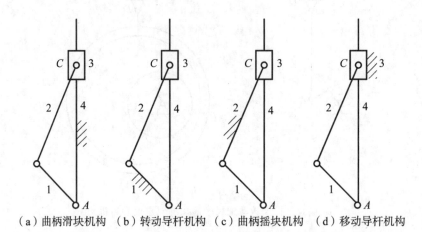

（a）曲柄滑块机构　（b）转动导杆机构　（c）曲柄摇块机构　（d）移动导杆机构

图 4-39　曲柄滑块机构的演化

　　综上所述，虽然四杆机构的型式多种多样，但其本质可认为是由最基本的铰链四杆机构演化而成，从而为认识和研究这些机构提供了方便。表 4-1 列出了常见的四杆机构的几种形式及它们之间的关系。

表 4-1　　　　　　　　　　　铰链四杆机构及其演化主要形式对比

固定构件	铰链四杆机构		含一个移动副的四杆机构	
1	曲柄摇杆机构		曲柄滑块机构	
2	双曲柄机构		转动导杆机构	

续表

固定构件	铰链四杆机构		含一个移动副的四杆机构	
3	曲柄摇杆机构	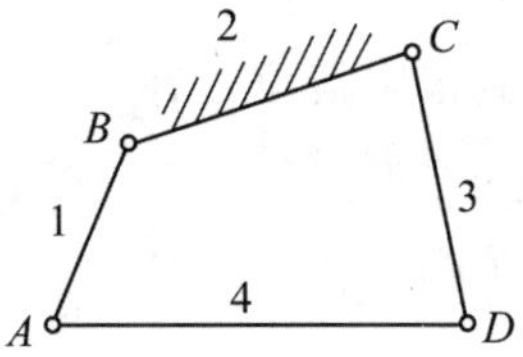	摇块机构	
			摆动导杆机构	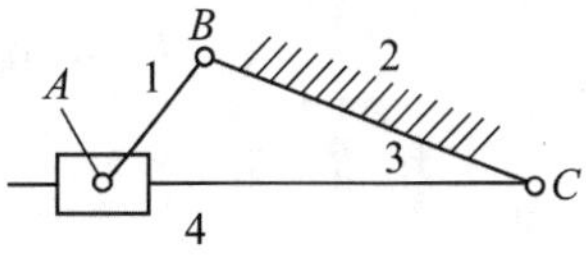
4	双摇杆机构	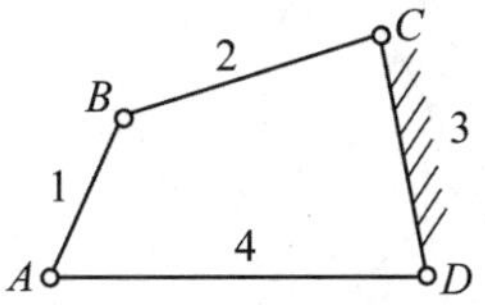	定块机构	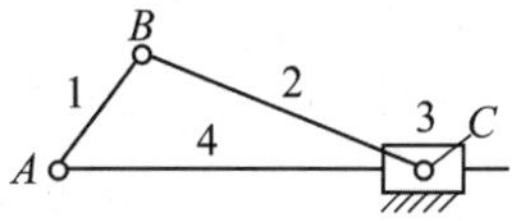

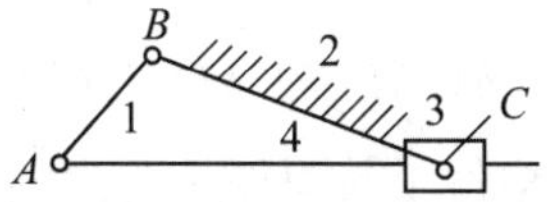

4.6　平面四杆机构的基本特征

由于平面连杆机构的功能主要是进行运动和动力的传递与变换，因此，除了需要了解连杆机构的类型外，还应进一步了解平面连杆机构的运动特性和传力特性。这是正确选择、合理使用乃至设计平面连杆机构的基础。下面以铰链四杆机构为例，来介绍平面连杆机构的一些基本特征。

1. 曲柄存在的条件

由前述可知，铰链四杆机构中能做整周转动的连架杆是曲柄，但曲柄是否存在取决于机构中各杆之间的相对尺寸关系以及选取哪个构件作为机架。也就是说，欲使铰链四杆机构存在曲柄，各杆的长度必须满足一定的条件，这就是曲柄存在条件。下面就来讨论铰链四杆机构曲柄存在的条件。

图 4-40 所示为铰链四杆机构，设构件 1、2、3 和 4 的长度分别为 a、b、c、d，并设 $a < d$。如果构件 1 是曲柄，则其能绕 A 点做整周转动，且必定能通过与构件 4 共线的两个位置 AB_1 和 AB_2。据此，可推导出构件 1 作为曲柄的条件。

在构件 1 与构件 4 两次共线的位置 AB_1 和 AB_2，形成了两个三角形 $\triangle B_1 C_1 D$ 和 $\triangle B_2 C_2 D$。根据三角形三条边的几何关系并考虑到极限情况，有

$$a + d \leqslant b + c \tag{4-21}$$

$$b \leqslant (d-a) + c，即 a + b \leqslant c + d \tag{4-22}$$

$$c \leqslant (d-a) + b，即 a + c \leqslant b + d \tag{4-23}$$

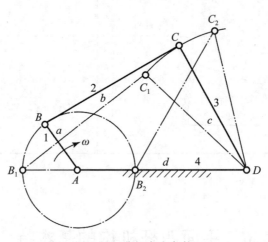

图 4-40　曲柄存在条件

将式（4-21）～式（4-23）两两相加，并整理得

$$\begin{cases} a \leqslant b \\ a \leqslant c \\ a \leqslant d \end{cases} \tag{4-24}$$

由此可知，在铰链四杆机构中，要使构件 1 成为曲柄，它必须是四杆中的最短杆，且最短杆与最长杆长度之和小于或等于其余两杆长度之和。考虑到更一般的情形，可将铰链四杆机构的曲柄存在条件概括为：

（1）连架杆与机架中必有一杆是最短杆；

（2）最短杆与最长杆长度之和必须小于或等于其余两杆长度之和。

根据曲柄存在条件，当铰链四杆机构的各构件长度不变，且满足第（2）项条件时，取不同构件作为机架，可以得到以下三种形式的铰链四杆机构：

（1）当以最短杆的相邻杆为机架（如构件 4 或构件 2）时，得到曲柄摇杆机构，如图 4-41（a）和图 4-41（b）所示。

（2）当以最短杆为机架（如构件 1）时，得到双曲柄机构，如图 4-41（c）所示。

（3）当以最短杆的相对杆（如构件 3）为机架时，得到双摇杆机构，如图 4-41（d）所示。

上述结论也称为格拉霍夫（Grashof）定理。需要说明的是，上述两个条件必须同时满足才能证明平面铰链四杆机构中存在曲柄。例如，当铰链四杆机构中最短杆与最长杆长度之和大于其余两杆长度之和时，则不论以哪一构件为机架，都不存在曲柄而只能得到双摇杆机构。但该双摇杆机构与上述双摇杆机构（图 4-41（d））的区别在于：图 4-41（d）所示的双摇杆机构中的连杆能做整周转动，而该双摇杆机构中的连杆只能做摆动。

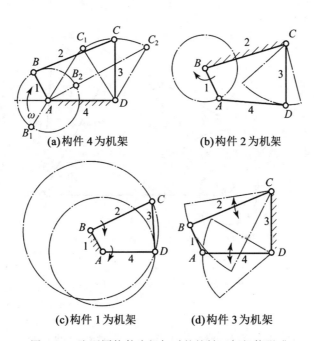

(a)构件 4 为机架　　　　　　(b)构件 2 为机架

(c)构件 1 为机架　　　　(d)构件 3 为机架

图 4-41　取不同构件为机架时的铰链四杆机构形式

2. 急回特性

图 4-42 所示为一曲柄摇杆机构，现设曲柄 AB 为主动件，摇杆 CD 为从动件。在主动曲柄 AB 以等角速度 ω 顺时针转动一周的过程中，曲柄 AB 与连杆 BC 会发生两次共线，即当曲柄 AB 转至 AB_1 位置时，与连杆 B_1C_1 重叠成一直线，此时从动摇杆 CD 处于左极限位置 C_1D；而当曲柄 AB 转至 AB_2 位置与连杆 B_2C_2 拉直成一直线时，从动摇杆 CD 处于右极限位置 C_2D。把从动摇杆处于左、右两极限位置时主动曲柄所对应位置所夹的锐角 θ 称为极位夹角；而从动摇杆两极限位置间的夹角 ψ 称为摇杆的摆角。

由图 4-42 可以看出，曲柄 AB 从 AB_1 位置转至 AB_2 位置时对应的转角 $\varphi_1 = 180° + \theta$，而摇杆由位置 C_1D 摆至 C_2D 位置时的摆角为 ψ，设完成该过程所需要的时间为 t_1，则 C 点的平均速度为

$$v_1 = \frac{\overline{C_1 C_2}}{t_1} = \frac{l_{CD}\varphi}{t_1} \tag{4-25}$$

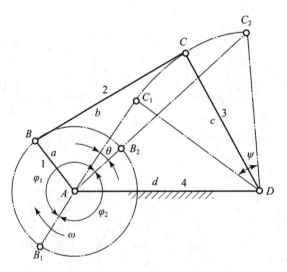

图 4-42　铰链四杆机构的急回特性

同理，曲柄 AB 从 AB_2 位置继续转至 AB_1 位置时对应的转角为 $\varphi_2 = 180° - \theta$，而摇杆则由 C_2D 位置摆回 C_1D 位置的摆角仍为 ψ，设完成该过程所需的时间为 t_2，则 C 点的平均速度为

$$v_2 = \frac{\overline{C_2\,C_1}}{t_2} = \frac{l_{CD}\varphi}{t_2} \tag{4-26}$$

显然，当曲柄等速转动时，虽然摇杆往复摆动的摆角均为 ψ，但由于相应的曲柄转角并不相等，故有 $t_1 > t_2$，$v_1 < v_2$。

由此可见，当曲柄等速转动时，摇杆往复摆动的平均速度并不相等。我们把摇杆的这种运动特性称为急回特性。通常，不同机构急回特性的相对程度用行程速比系数 K 来衡量，其定义为 v_1 与 v_2 之比，即

$$K = \frac{v_2}{v_1} = \frac{\dfrac{\overline{C_2\,C_1}}{t_2}}{\dfrac{\overline{C_1\,C_2}}{t_1}} = \frac{t_1}{t_2} = \frac{\varphi_1}{\varphi_2} = \frac{180° + \theta}{180° - \theta} \tag{4-27}$$

由于机构的急回特性可以节省空回行程（非工作行程）时间、提高生产率，因此在一些机器中得到了广泛的应用，如牛头刨床和摇摆式输送机等。当设计具有急回运动的机构时，通常按照给定的行程速比系数 K 先求出极位夹角。由式（4-27）可得极性夹角为

$$\theta = 180° \frac{K - 1}{K + 1} \tag{4-28}$$

由上述分析可知，曲柄摇杆机构有无急回特性取决于极位夹角 θ。只要机构的极位夹角 θ 不等于零，机构就有急回特性，而且 θ 越大，K 值就越大，而机构的急回特性也就越显著。

需要说明的是，对于其他类型的平面连杆机构，同样可以用式（4-27）来计算机构的行程速比系数 K。

3. 压力角和传动角

在实际应用中，不仅要求连杆机构能实现预期的运动，同时也希望机构运转灵活和效率高，也就是要求机构具有良好的传力性能。压力角（或传动角）是衡量连杆机构传力性能优劣的重要指标之一。图 4-43 所示为一曲柄摇杆机构，若忽略惯性力、重力以及运动副中摩擦力的影响，则主动曲柄 AB 通过连杆 BC 作用于从动摇杆 CD 上的力 F 沿杆 BC 方向。把力 F 与力作用点 C 的绝对速度 v_c 之间所夹的锐角 α 称为压力角。现将力 F 沿杆 BC 方向和垂直于 v_c 方向进行分解，得到切向分力 F_t 和法向分力 F_n。根据图中的几何关系，有

$$\begin{cases} \boldsymbol{F}_t = \boldsymbol{F}\cos\alpha \\ \boldsymbol{F}_n = \boldsymbol{F}\sin\alpha \end{cases} \tag{4-29}$$

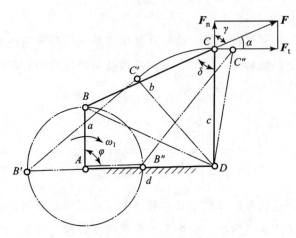

图 4-43 压力角和传动角

式中，$\boldsymbol{F}_t$ 称为有效分力，对从动件 CD 做有效功，产生回转力矩；而 $\boldsymbol{F}_n$ 称为有害分力，它不但不能做有用功，而且还增大了运动副 C、D 中的径向压力。

显然，压力角 α 越小，$\boldsymbol{F}_t$ 就越大，机构的传力性能也就越好。因此，压力角的大小可以作为判断连杆机构传力性能好坏的一个依据。

作用力 $\boldsymbol{F}$ 与法向分力 $\boldsymbol{F}_n$ 间所夹的锐角 γ 称为传动角。显然，α 与 γ 互为余角，即 $\gamma = 90° - \alpha$。由图 4-43 可知，当连杆 BC 与摇杆 CD 间的夹角 δ 为锐角时，$\gamma = \delta$；而当连杆 BC 与摇杆 CD 之间的夹角 δ 为钝角时，$\gamma = 180° - \delta$。也就是说，通过直接观察 δ 角的值，就可以知道传动角 γ 的大小。因此，传动角较压力角更为直观，故常用 γ 值来衡量机构的传力性能。γ 越大，α 就越小，机构的传力性能也就越好，反之就越差。

由于传动角 γ 的大小在机构运动过程中是不断变化的，因此，为了保证机构有良好的传力性能，设计时一般要求机构在一个运动循环中的最小传动角 γ_{min} 不能小于某一许用值。不同设备、不同使用场合，这个许用值会有所不同，通常 $\gamma_{min} \geqslant 40°$。在高速和传递功率大的场合（如颚式破碎机、冲床等），应使 $\gamma_{min} \geqslant 50°$。

由于传动角许用值的限制，在设计过程中就需要知道机构传动角的最小值。下面给出铰链四杆机构最小传动角的计算方法。在图 4-43 中，对于 $\triangle ABD$ 和 $\triangle BCD$，根据余弦定理，有

$$(BD)^2 = a^2 + d^2 - 2ad\cos\varphi \tag{4-30}$$

$$(BD)^2 = b^2 + c^2 - 2bc\cos\delta \tag{4-31}$$

联立求解，得

$$\cos\delta = \frac{b^2 + c^2 - a^2 - d^2 + 2ad\cos\varphi}{2bc} \tag{4-32}$$

对于给定的机构，杆长 a、b、c、d 均为已知，故 δ 仅取决于主动曲柄的转角 φ。当 $\varphi=0°$ 时，δ 取得最小值，对应图中 $AB''C''D$ 位置，即曲柄 AB 和机架 AD 重叠成一条直线；当 $\varphi=180°$ 时，δ 取得最大值，对应图中 $AB'C'D$ 位置，即曲柄 AB 和机架 AD 拉直成一条直线。再根据前面所述，当 $\delta \leqslant 90°$ 时，有 $\gamma_{min}=\delta_{min}$。当 $\delta > 90°$ 时，有 $\gamma_{min}=180°-\delta_{min}$。也就是说，$\gamma_{min}$ 只可能出现在 φ 取得最值的两个位置（$\varphi=0°$ 或 $\varphi=180°$）。因此，只要比较这两个位置传动角的值，即可得到机构的最小传动角 γ_{min}。

由此可得出结论：机构的最小传动角 γ_{min} 可能发生在主动曲柄与机架二次共线的位置之一处。在进行连杆机构设计时，必须检验是否满足最小传动角的基本要求。

4. 死点位置

在图 4-44 所示的曲柄摇杆机构中，设摇杆 CD 为主动件。若不计惯性力、重力和运动副中摩擦力的影响，在连杆 BC 与从动曲柄 AB 出现两次共线的位置，主动件 CD 通过连杆 BC 传给曲柄 AB 的力必通过铰链中心 A，此时 $\gamma=0°$（或 $\alpha=90°$）。也就是说，不管作用力有多大，由于对 A 点的力矩为零，都不能驱动曲柄 AB 转动，因而出现"顶死"现象。通常把机构这样的位置称为死点位置。显然，四杆机构中是否存在死点位置，不但取决于从动件与连杆是否有共线情况，也与机构中哪个构件为主动件有关。例如，如果曲柄为主动件，则曲柄摇杆机构就无死点位置。

死点位置对于传动机构是不利的，应该采取措施使机构能顺利通过死点位置。对于连续运转的机器，可以利用从动件的惯性来通过死点位置，例如前文中图 4-22 所示的缝纫机踏板机构就是借助带轮惯性通过死点位置的。也可以用机构错位排列的方法来通过死点位置，即将两组或两组以上的机构组合起来，并使各组机构的死点位置相互错开。如图 4-45 所示的蒸汽机车车轮联动机构就是用这种方法来通过死点位置的，其中，两组曲柄滑块机构 EFG 和 $E'F'G'$ 的曲柄位置相互错开 $90°$。

需要注意的是，机构存在死点位置并非都是不利的。在工程实际中，也有不少场合可利用机构的死点来实现一定的工作要求。

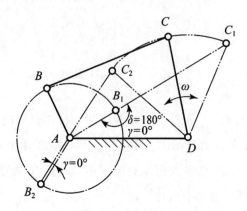

图 4-44 死点位置

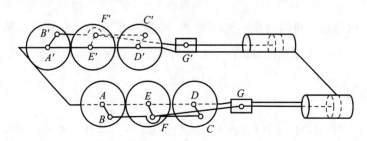

图 4-45 蒸汽机驱动轮联动机构

4.7 平面四杆机构的设计

平面连杆机构的设计是指根据机构的运动要求合理设计出机构运动简图的尺寸参数，它涉及构件的强度、材料、结构、工艺、公差、热处理以及运动副的具体结构等问题。而且，为使设计更为合理，有时还需考虑几何条件和动力条件（如最小传动角 γ_{min}）等。

4.7.1 平面四杆机构设计的基本问题与设计方法简介

尽管生产实践中的要求多种多样，给定的条件也各不相同，但平面连杆机构的设计基本可归纳为以下两类问题。

1. 实现给定运动规律的四杆机构设计

实现给定的运动规律通常可分为按照给定连杆的一系列位置设计四杆机构、按照给定连架杆的一系列位置设计四杆机构和按照给定行程速比系数设计四杆机构三类。

1）按照给定连杆的一系列位置设计四杆机构

此类设计问题要求所设计机构能够导引一个刚体（连杆）通过一系列给定位置，因此也称刚体导引机构的设计。例如，如图4-46（a）所示铸造车间砂糖翻转机构要求砂箱能依次通过Ⅰ、Ⅱ两个位置。由于砂箱与连杆固连，因此，砂箱的这两个位置靠连杆的两个位置来实现。

2）按照给定连架杆的一系列位置设计四杆机构

此类设计问题要求所设计机构的主动件和从动件的对应转角位置能满足某种给定的函数关系，因此也称为函数生成机构的设计。例如，如图4-46（b）所示机构就是按照主动件与从动件的转角位置 φ 和 ψ 之间的对应关系进行设计的。

3）按照给定行程速比系数设计四杆机构

此类设计问题是按照连架杆的两个极限位置和机构的急回特性要求来设计四杆机构，如图4-46（c）所示。

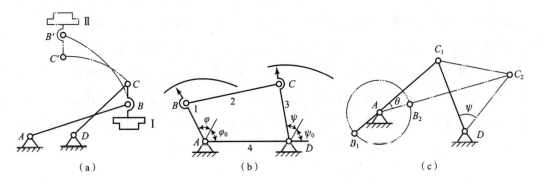

图 4-46　给定运动规律的四杆机构设计

2. 实现给定运动轨迹的四杆机构设计

此类设计问题要求所设计连杆机构中，连杆上某点的运动轨迹能与要求实现的运动轨迹一致，因此也称为轨迹生成机构的设计。例如，在如图 4-47 所示的机构中，连杆上 M 点可以实现图示要求的轨迹曲线。由于连杆通常做复杂的平面运动，其上不同位置点可描绘出各种各样的轨迹曲线。因此，轨迹生成机构设计的主要任务是根据给定要求轨迹曲线上的若干点，来设计能再现这些点的连杆机构。

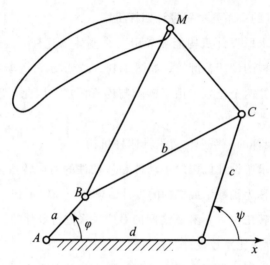

图 4-47   给定运动轨迹的四杆机构设计

平面连杆机构的设计方法通常有图解法、解析法和实验法 3 种。图解法应用运动几何学的原理进行求解，比较直观且简单易行，是连杆机构设计的一种基本方法，在某些设计问题上有时比解析法更方便有效，但缺点是设计精度低。解析法是通过建立数学模型进行求解，由于计算量大，通常需要编制程序并在计算机上求解，但设计精度高。近年来，随着计算机技术和数值方法的飞速发展，解析法的应用越来越广泛。实验法一般适用于运动要求比较复杂的连杆机构设计，或连杆机构的初步设计。本节主要介绍图解法。

4.7.2   图解设计方法

1. 按照给定连杆的一系列位置设计四杆机构

如图 4-48 所示，设连杆上两个活动铰链点 B、C 相对于连杆的位置已经确定，现要求所设计的机构在运动过程中连杆 BC 能占据预先给定的 3 个位置 B_1C_1、B_2C_2、B_3C_3。因此，设计的关键就是要确定两连架杆转动中心 A 和 D 的位置。根据铰链四杆机构中构件的运动特点，在连杆依次占据预定 3 个位置的过程中，B、C 两点的轨迹（$B_1B_2B_3$ 和 $C_1C_2C_3$）均为圆弧曲线，而两连架杆转动中心的位置 A 和 D 即为此两圆弧曲线的圆心。

因此，分别作 B_1B_2 和 B_2B_3 的垂直平分线 b_{12} 和 b_{23}，C_1C_2 和 C_2C_3 的垂直平分线 c_{12} 和 c_{23}，则 b_{12} 和 b_{23} 的交点即为转动副 A 的位置，而 c_{12} 和 c_{23} 的交点即为转动副 D 的位置。连接 AB_1 和 C_1D，则所求四杆机构在位置 1 的机构运动简图为 AB_1C_1D。由于 3 点可确定一个圆，因此，如果给定连杆的 3 个位置，则机构具有唯一解。但如果只给定连杆 BC 的两个位置，则两固定铰链点 A 和 D 的位置不能唯一确定，此时所设计的四杆机构具有无数多解。在这种情况下，通常可根据结构条件或其他辅助条件来确定固定铰链点 A、D 的位置。

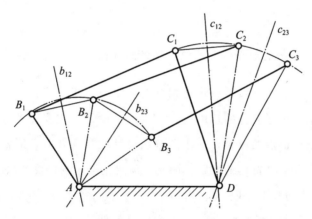

图 4-48 按连杆的三个位置设计四杆机构

在某些情况下，如图 4-49 所示，如果要求连杆依次占据给定的 4 个位置，由于连杆上活动铰链点的 4 个位置不可能总位于同一圆周上（特殊情况除外），因此，活动铰链点的位置就不能任意选定。但根据机构学的有关理论，当给定连杆平面上的 4 个位置时，总可以在连杆平面上找到这样一些点，它们的 4 个位置是位于同一圆周上的，因而可作为活动铰链中心，而该圆的圆心即为固定铰链的中心。因此，只要活动铰链点选择合适，给定连杆 4 个位置时的四杆机构设计问题是可以解决的。但是，当要求连杆依次占据 5 个位置时，在连杆平面上能找到可以作为活动铰链中心的点，也可能找不到这样的点。因此，是否能设计出使连杆能准确地占据预定的 5 个位置的四杆机构，答案是不肯定的。如果难以设计出连杆能准确地占据 5 个预定位置的四杆机构，则只能近似地加以满足。

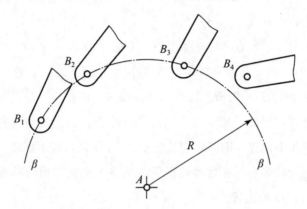

图 4-49 按连杆的四个位置设计四杆机构

2. 按照给定连架杆的一系列对应位置设计四杆机构

对于此类设计问题，一般是给定连架杆的两组或三组对应位置，而且两个固定铰链点的位置和其中一个连架杆的长度已知。因此，设计的主要任务就是找出另一个连架杆与连杆的活动铰链点的位置。在用图解法设计此类问题时，通常是将其转化为按给定连杆的位置设计四杆机构的问题。因此，需要先引入刚化反转法的基本原理。

1）刚化反转法的基本原理

如图 4-50 所示的四杆机构给出了两连架杆的两组对应位置 AB_1、DC_1 和 AB_2、DC_2，两连架杆的对应转角分别为 φ_1、ψ_1 和 φ_2、ψ_2。现设想将位于四杆机构的第二个位置 AB_2C_2D 刚化，并绕构件 DC 的转动中心 D 逆时针转过 $\psi_1 - \psi_2$ 角。显然，这并没有影响各构件间的相对位置关系，但此时构件 DC 已由 DC_2 位置转回到 DC_1 位置，而构件 AB 由 AB_2 运动到 AB_1 位置。因此，转化后，可以将此机构看成以 CD 为机架、以 AB 为连杆的四杆机构，从而将按两连架杆预定的对应位置设计四杆机构。

2）按照给定连架杆的三组对应位置设计四杆机构

如图 4-51（a）所示，已知构件 AB 和机架 AD 的长度，以及两连架杆的三组对应位置 AB_1、DE_1，AB_2、DE_2，AB_3、DE_3（相应的三组对应摆角 φ_1、ψ_1；φ_2、ψ_2；

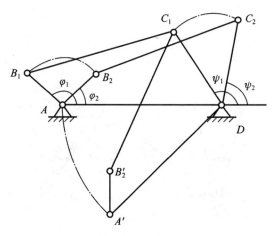

图 4-50 刚化反转法的原理

φ_3、ψ_3）。

根据反转法原理，此铰链四杆机构的设计问题可以转化为以构件 DC 为机架、以构件 AB 为连杆，并按照构件 AB 依次占据 3 个位置来设计该机构的问题。设计步骤如下：

（1）根据给定的已知条件画出两连架杆的三组对应位置 AB_1、DE_1，AB_2、DE_2，AB_3、DE_3，并连接 B_2E_2 和 B_3E_3，形成四边形 AB_2E_2D 和四边形 AB_3E_3D。

（2）作四边形 $A_2B_2'E_1D \cong AB_2E_2D$ 和四边形 $A_3B_3'E_1D \cong AB_3E_3D$（即相当于将平行四边形 AB_2E_2D 和四边形 AB_3E_3D 绕 D 点分别反转 $\psi_1-\psi_2$ 角和 $\psi_1-\psi_3$ 角），得到构件 AB 相对于构件 CD 运动时所占据的 3 个位置 A_1B_1、A_2B_2'、A_3B_3'。

（3）分别作 B_1B_2' 和 $B_2'B_3'$ 的垂直平分线 NC_1 和 MC_1，交点 C_1 即为所求活动铰链点。

（4）连接 AB_1、B_1C_1 和 C_1D，则 AB_1C_1D 即为所求铰链四杆机构在第一组对应位置时的机构运动简图。

显然，如果给定两连架杆的三组对应位置，则该机构具有唯一解。但如果只要求两连架杆依此占据两组对应位置，则有无穷多解。

3. 按给定行程速比系数设计四杆机构

对于此类设计问题，可根据实际需要和给定的行程速比系数 K 的数值，利用机构

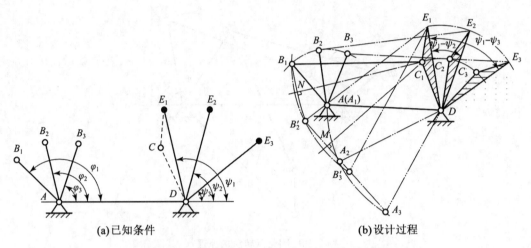

(a)已知条件　　　　　　　(b)设计过程

图 4-51　按两连架杆的三组对应位置设计四杆机构

在极限位置时的几何关系，并结合有关辅助条件来确定机构的尺寸参数。下面主要介绍几种常见的具有急回特性机构的图解设计方法。

1）曲柄摇杆机构

现已知摇杆的长度 l_{CD}、摇杆摆角 ψ 和行程速比系数 K，试设计此曲柄摇杆机构。事实上，此类设计问题的任务是确定固定铰链点 A 的位置，并得到其他 3 个构件的尺寸 l_{AB}、l_{BC} 和 l_{AD}。设计步骤如下：

（1）由式（4-28），根据给定的行程速比系数 K 计算极位夹角 θ。

（2）选取适当的长度比例尺 μ_1，按照给定条件作出固定铰链点 D 以及摇杆的两个极限位置 C_1D 和 C_2D。

（3）连接 C_1、C_2 并作 $C_1C_2 \perp C_2M$。

（4）作 $\angle C_2C_1N = 90° - \theta$，直线 C_1N 与 C_2M 交于 P 点。显然，$\angle C_1PC_2 = \theta$。

（5）作直角三角形 C_1PC_2 的外接圆，在圆弧 $\overparen{C_1PC_2}$ 上任取一点 A 并连接 AC_1、AC_2，均有 $\angle C_1AC_2 = \angle C_1PC_2 = \theta$。因此，曲柄 AB 的固定铰链点 A 应该在此圆弧上选取。

（6）由于摇杆在两极限位置时曲柄和连杆共线，因此有 $AC_1 = BC - AB$，$AC_2 = BC + AB$，联立求解可得

$$\begin{cases} AB = \dfrac{AC_2 - AC_1}{2} \\[3mm] BC = \dfrac{AC_2 + AC_1}{2} \end{cases} \tag{4-33}$$

当然，也可直接通过作图的方法得到 AB 和 BC。具体步骤是：以 A 为圆心、以 AC_2 为半径作圆弧交 AC_1 于 E 点。然后再以 A 为圆心、以 $EC_1/2$ 为半径作圆交 C_1A 于 B 点、交 C_2A 的延长线于 B_2 点，则铰链四杆机构 AB_1C_1D 即为所求（AB_2C_2D 为该四杆机构另一极限位置）。整个设计过程及设计结果如图 4-52 所示。

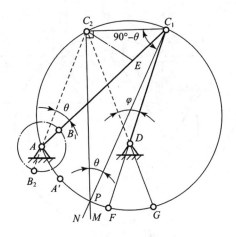

图 4-52 按 K 值设计曲柄摇杆机构

根据所选比例尺，曲柄 AB、连杆 BC、机架 AD 的实际长度为

$$\begin{cases} l_{AB} = \mu_l AB \\ l_{BC} = \mu_l BC \\ l_{AD} = \mu_l AD \end{cases} \tag{4-34}$$

需要注意的是，曲柄转动中心 A 可在圆弧 $\overset{\frown}{C_1PC_2}$ 上除劣弧段 $\overset{\frown}{FG}$ 外任意选取（注：如果 A 点选在劣弧段 $\overset{\frown}{FG}$ 上，则设计出的机构将不能满足运动连续性要求）。因此，在给定行程速比系数 K 时机构有无穷多解。而 A 点选取位置不同，机构传动角的大小也不一样。所以，为了获得较好的传力性能，也可按最小传动角或其他辅助条件来确定 A 点位置。

2）曲柄滑块机构

已知行程速比系数 K、行程 H 和偏距 e，试设计该曲柄滑块机构。

可采用与曲柄摇杆机构类似的作图方法和步骤，即，根据 K 计算极位夹角 θ；作直线段 $C_1C_2 = H$；作 $C_1C_2 \perp C_2M$；作 $\angle C_2C_1N = 90° - \theta$，直线 C_1N 与 C_2M 交于 P 点；过 P、C_1 及 C_2 三点作圆。则曲柄 AB 的固定铰链点 A 应在圆弧 $\overparen{C_1PC_2}$ 上。

然后，根据偏距条件，作一直线与导路 C_1C_2 平行，且距导路的距离为 e，则该直线与上述圆弧的交点即为曲柄 AB 的固定铰链点 A 的位置。A 点确定后，可用式（4-33）和式（4-34）求出曲柄的长度 l_{AB} 及连杆的长度 l_{BC}。整个设计过程及设计结果如图 4-53 所示。

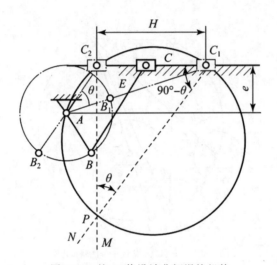

图 4-53　按 K 值设计曲柄滑块机构

3）导杆机构

如图 4-54 所示，已知行程速比系数 K 和摆动导杆机构中机架的长度 l_{AB}，试设计该导杆机构。

根据图 4-54 中的几何关系，导杆机构的极位夹角 θ 等于导杆的摆角 ψ，因此，此类设计问题的主要任务是确定曲柄的长度 l_{AB}。设计步骤如下：

（1）由式（4-28），根据给定的行程速比系数 K 计算极位夹角 θ（即摆角 ψ）。

（2）选取适当的长度比例尺 μ_l，按照给定条件作出固定铰链点 C 以及导杆的两个极限位置 Cm 和 Cn。

（3）作摆角 $\angle mCn$ 的角平分线 AC，并量取 $AC = l_{AC}/\mu_l$。

（4）过 A 点作导杆任一极限位置的垂线 AB_1（或 AB_2），曲柄长度为 $l_{AB} = \mu_l$

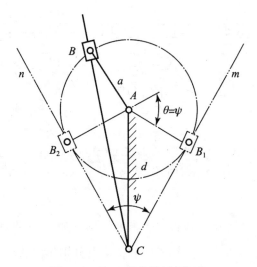

图 4-54　按 K 值设计导杆机构

AB_1。

　　由此可知，机构 AB_1C（或 AB_2C）即为所求导杆机构的一个极限位置。整个设计过程的结果如图 4-54 所示。

4. 按照给定运动轨迹设计四杆机构

　　四杆机构在运动时，连杆做平面运动，连杆上任一点的运动轨迹都是一条封闭曲线，该曲线称为连杆曲线。显然，连杆曲线的形状与连杆上点的位置以及各构件的相对尺寸有很大关系。也正是由于连杆曲线的多样性，才使其能在各种机械上得到越来越广泛的应用。如图 4-55 所示的步进式传送机构，即为应用连杆曲线（卵形曲线）来实现步进式传送工件的典型实例。

　　对丁按照给定运动轨迹设计四杆机构的问题，可采用实验法或图谱法来解决。

　　1）实验法

　　如图 4-56 所示，已知原动件 AB 的长度、固定铰链点 A 的位置以及连杆上一点 M 和给定轨迹。要求设计一平面四杆机构，使点 M 沿着给定的运动轨迹运动。

　　设计过程如下：

　　（1）除杆件 BM 外，在连杆上另外固接若干杆件 BC、BC'、BC''……当点 M 沿着预期的运动轨迹运动时，连杆上的这些固连杆件的端点 C、C'、C''……也将描绘出

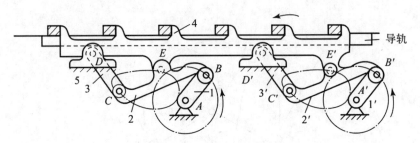

图 4-55 步进式传送机构

各自的轨迹。

（2）找出这些曲线中的圆弧或近似圆弧的轨迹（如 C 点的轨迹），其圆心 D 即可作为另一连架杆的固定铰链点 D，而 CD 和 AD 可分别作为从动连架杆和机架。

因此，机构 $ABCD$ 即为所求。整个设计过程及设计结果如图 4-56 所示。

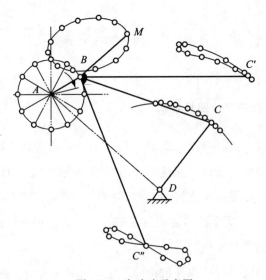

图 4-56 实验法示意图

2）图谱法

由于连杆曲线是高阶曲线，一般按给定的运动轨迹设计四杆机构是比较困难的。为了便于设计，也可采用汇编成册的连杆曲线图谱设计。设计时，只需要按给定的运动轨迹，从图谱中查出与其相近的曲线，即可得到四杆机构各杆的相对长度。这就是工程上常用的"图谱法"。例如，图 4-57（a）就是其中的一张图谱。图上的 β-β 曲线是连杆上 E 点在机构运动时所形成的连杆曲线。同时，图 4-57（a）中还给出了各杆长度与曲柄长度的比值，在设计中，如果给定的运动轨迹与图 4-57（a）中的 β-β 曲线相似，则可根据二者相差的倍数和提供的比值求出所设计四杆机构中各构件的实际尺寸，即可得到如图 4-57（b）所示的四杆机构。

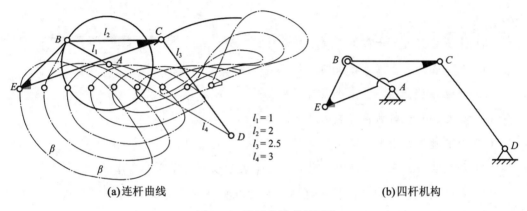

(a)连杆曲线　　　　　　　　　　　　　　(b)四杆机构

图 4-57　连杆曲线分析图谱

小　　结

　　本章内容较多，前一部分主要介绍了刚体，包括其基本运动、平面运动以及点的合成运动等。后一部分主要介绍了平面连杆机构，首先介绍了平面连杆机构的基本概念，其次介绍了平面连杆机构的三种基本类型：曲柄摇杆机构、双曲柄机构以及双摇杆机构，对其机构简图做了详细介绍并列举出了其在工程实践中的应用。为了改善机构的受力状况及工作需要，在实际机器中，还广泛地采用多种其他型式的四杆机构。这些都可认为是由四杆机构的基本形式通过改变其构件的形状及相对长度，改变其某些运动副的尺寸，或者选择不同的构件作为机架等方法演化而得到的。通过本章的学习，使得读者掌握平面机构的设计方法，为设计机构夯实了基础。

习　题

（1）什么情况下物体可以视为刚体？什么情况下则必须看成变形体？

（2）如果将两个力合成为一个合力，这两个力的大小一定小于由这两个力合成的合力吗？

（3）平面汇交力系平衡的充要条件是什么？

（4）平面图形上各点的速度的求解方法有哪几种？

（5）平面四杆机构的基本类型有哪几种？

（6）铰链四杆机构曲柄存在的条件是什么？

（7）行程速比系数的含义是什么？

（8）极位夹角、压力夹角和传动角的几何表示以及物理意义是什么？

（9）在铰链四杆机构中，只要符合曲柄存在的条件，则该机构一定有曲柄存在，该说法是否正确？

（10）在铰链四杆机构中，若以最短杆为原动件，则该机构即为曲柄摇杆机构，该说法是否正确？

（11）什么叫作平面机构的死点位置？

（12）曲柄滑块机构是否具有急回运动特性？在何种情况下出现死点位置？

（13）在图 4-58 所示铰链四杆机构中，机架 $l_{AD}=40\text{mm}$，两连架杆长度分别为 $l_{AB}=18\text{mm}$ 和 $l_{CD}=45\text{mm}$，则当连杆 l_{BC} 的长度在什么范围内时，该机构为曲柄摇杆机构？

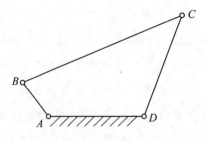

图 4-58　铰链四杆机构（题（13）图）

（14）图 4-59 所示铰链四杆机构中，已知各杆长度分别为 $l_{AD}=240\text{mm}$，$l_{AB}=600\text{mm}$，$l_{BC}=400\text{mm}$，$l_{CD}=500\text{mm}$，试问当分别以 BC 和 AD 杆为机架时，各得到什么机构？

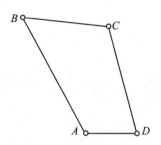

图 4-59　铰链四杆机构（题（14）图）

（15）图 4-60 所示铰链四杆机构中，各杆长度分别为 $l_{AB}=130\text{mm}$，$l_{BC}=150\text{mm}$，$l_{CD}=175\text{mm}$，$l_{AD}=200\text{mm}$。若取 AD 杆为机架，试判断此机构属于哪一种基本形式。

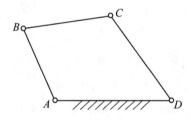

图 4-60　铰链四杆机构（题（15）图）

第5章

间歇运动机构

【知识目标】

（1）掌握棘轮机构的组成及工作原理；

（2）掌握槽轮机构的组成及工作原理。

【学习目标】

学习掌握棘轮机构和槽轮机构的组成分类、工作原理以及应用场合，能够根据工程需要选用合适的结构类别。

为了满足生产过程中提出的不同要求，需要在机械中采用各种类型的机构。如主动件连续运动、从动件周期性运动和停歇的机构称为间歇运动机构。间歇运动机构广泛应用于电子机械、轻工机械等设备中实现转位、步进、计数等功能。间歇运动机构的类型很多，本章主要介绍较为常用的棘轮机构和槽轮机构。

5.1 棘 轮 机 构

5.1.1 棘轮机构的组成及工作原理

如图 5-1 所示为机械传动系统中齿式棘轮机构的典型结构，常用的有外棘轮（图 5-1（a））和内棘轮（图 5-1（b））两种形式。

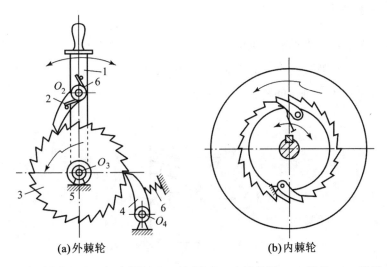

(a)外棘轮　　　　　　　(b)内棘轮

1—主动摆杆；2—主动棘爪；3—棘轮；4—止回棘爪；5—机架；6—弹簧

图 5-1　棘轮机构

齿式棘轮机构主要由主动摆杆 1、主动棘爪 2、棘轮 3、止回棘爪 4 和机架 5 等组成，通常以摆杆为主动件、棘轮为从动件。将棘轮 3 固定安装在机构的传动轴上，主动摆杆 1 空套在传动轴上，主动棘爪 2 通过转动副铰接在摆杆上。当主动摆杆 1 逆时针摆动时，主动棘爪 2 便借助弹簧或自重的作用插入棘轮 3 的齿槽内，推动棘轮同向转过一定角度，此时止回棘爪 4 依靠弹簧 6 与棘轮保持接触并在棘轮的齿背上滑过；当主动摆杆 1 顺时针摆动时，止回棘爪阻止棘轮顺时针方向转动，此时主动棘爪在棘轮的齿背上滑回原位，而棘轮静止不动。这样，当主动摆杆做连续的往复摆动时，从动棘轮便得到单向的间歇转动。主动摆杆的往复摆动可由连杆机构、凸轮机构、液压传动或电磁装置等来实现。

5.1.2　棘轮机构的常用类型及结构特点

棘轮机构根据其结构特点，可分为齿式棘轮和摩擦式棘轮两大类。齿式棘轮机构的棘轮内外缘或端面上加工有各种刚性轮齿，由棘爪推动棘齿实现棘轮的间歇转动。摩擦式棘轮机构是以偏心楔块代替齿式棘轮机构中的棘爪，利用棘爪和无齿摩擦轮间的摩擦力与偏心楔块的几何条件来实现摩擦轮的单向间歇转动的。

1. 齿式棘轮机构

按轮齿分布方式分为外棘轮机构和内棘轮机构（见图 5-1），其中，外棘轮机构应用最为广泛。当棘轮的直径变为无穷大时，棘轮变为棘条，由此棘轮的单向间歇转动变为棘条的单向间歇移动（见图 5-2），这被称为棘轮棘条机构。

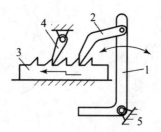

1—主动摆杆；2—主动棘爪；3—棘齿条；4—止回棘爪

图 5-2　单动式棘轮棘条机构

按工作方式的不同，棘轮机构又分为单动式棘轮机构和双动式棘轮机构。单动式棘轮机构的特点是摆杆向一个方向摆动时，棘轮沿同一方向转过某一角度；而摆杆反方向摆动时，棘轮静止不动，如图 5-2 所示。双动式棘轮机构（又称双棘爪机构）的特点是摆杆往复摆动时都能使棘轮沿单一方向转动，棘轮转动方向是不可改变的。如图 5-3 所示双动式棘轮机构中，安装两个主动棘爪 2 和 $2'$，主动摆杆改为绕 O_1 轴摆动，在主动摆杆向两个方向往复摆动时，分别带动两个棘爪沿同一方向间歇两次推动棘轮转动。双动式棘轮机构常用于载荷较大、几何尺寸受限、齿数较少、主动摆杆的摆角小于棘轮齿距角 $2\pi/z$ 的场合。棘爪的形状可制成直的（见图 5-1）或带钩头的（见图 5-3）。

按棘轮转向是否可调，棘轮机构又分为单向运动棘轮机构和双向运动棘轮机构。单向运动棘轮机构中的从动件均做单向间歇运动；双向运动棘轮机构的特点是棘轮可以沿顺时针和逆时针两个方向实现间歇转动。若将轮齿做成梯形或矩形，则通过棘爪绕其转动中心翻转的方式来改变棘轮的运动方向，构成双向运动棘轮机构。如图 5-4（a）所示双向运动棘轮机构，当棘爪 2 在实线位置时，棘轮 3 按逆时针方向做间歇运动；当棘爪 2 在虚线位置时，棘轮 3 按顺时针方向做间歇运动。图 5-4（b）所示为另一种双向运动棘轮机构，只需拔出销子，提起棘爪 2 绕自身轴线转 180°放下，即可改变棘轮 3 的间歇转动方向。双向运动棘轮机构的齿形一般采用矩形齿或对称梯形齿。

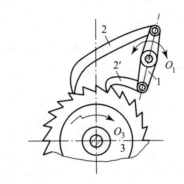

1—主动摆杆；2，2′—主动棘爪；3—棘轮

图 5-3 双动式棘轮机构

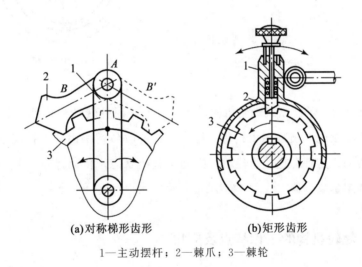

(a)对称梯形齿形　　(b)矩形齿形

1—主动摆杆；2—棘爪；3—棘轮

图 5-4 双向运动棘轮机构

2. 摩擦式棘轮机构

齿式棘轮机构中轮齿每次的转角不变，其大小为一个齿所对中心角的整数倍。若需无级变换棘轮的转角，就要采用一种无棘齿的摩擦式棘轮机构。摩擦式棘轮机构的传动过程如同齿式棘轮机构。图 5-5 所示为摩擦式棘轮机构，用偏心扇形楔块代替棘

爪，用摩擦轮 2 作为棘轮，当摆杆做逆时针转动时，利用楔块 1 与摩擦轮 2 之间的摩擦力作用楔紧摩擦轮，从而带动摩擦轮 2 和摆杆一起转动；当摆杆做顺时针转动时，楔块 1 与摩擦轮 2 之间产生滑动使摩擦轮静止不动。由于楔块 3 的自锁作用阻止摩擦轮反转，因此，摩擦轮 2 在摆杆不断做往复运动的情况下做单向的间歇运动。

图 5-5 所示为外接式摩擦棘轮机构，图 5-6 所示为内接式摩擦棘轮机构。

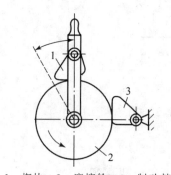

1—楔块；2—摩擦轮；3—制动棘爪

图 5-5　外接式摩擦棘轮机构

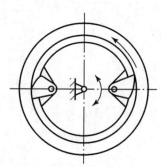

图 5-6　内接式摩擦棘轮机构

图 5-7 所示为滚子楔紧式棘轮机构，当构件 3 逆时针转动或构件 1 顺时针转动时，摩擦力的作用使滚柱 2 楔紧在由构件 1 与 3 形成的收敛楔槽内，保持同步转动；当构件 3 顺时针转动或构件 1 逆时针转动时则处于脱离状态，传动停止。此种机构可用作单向离合器和超越离合器。

5.1.3　棘轮机构的工作特点及应用

棘轮机构广泛应用于各类需要实现间歇运动的机构中，其优点是结构简单，制造方便，步进量易于调整，运动可靠，转角大小改变范围较大且方便准确；缺点是不能传递大的动力。

齿式棘轮机构动程可在较大范围内有级调节，动停时间比可通过选择合适的驱动机构来实现。但棘爪在齿面上滑行会引起较大的噪声、冲击和磨损，不宜高速运行，经常在低速运行、轻载和精度要求不高的场合用作间歇运动控制。

摩擦式棘轮机构克服了齿式棘轮机构冲击和噪声大的缺点，传动平稳，可实现棘轮转动角度的无级调节，但其接触表面间容易发生滑动，运动的准确性差，不适用于

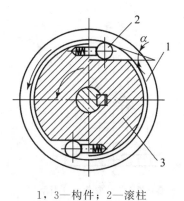

1，3—构件；2—滚柱

图 5-7 滚子楔紧式棘轮机构

精确传递运动的场合。

　　棘轮机构在工程中能满足进给、转位与分度、制动和超越等要求。图 5-8（a）所示为牛头刨床的示意图。为了实现工作台的双向间歇送进，由齿轮机构、曲柄摇杆机构和双向运动棘轮机构组成了工作台横向进给机构，如图 5-8（b）所示。

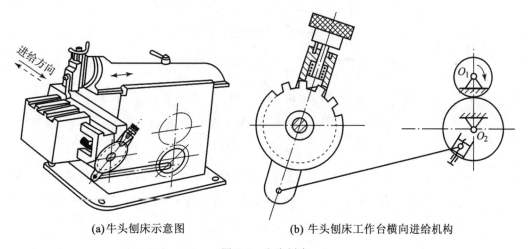

(a) 牛头刨床示意图　　　　　　(b) 牛头刨床工作台横向进给机构

图 5-8　牛头刨床

　　图 5-9 所示为棘条式千斤顶。

　　图 5-10 所示为卷扬机制动机构。卷筒 1、链轮 2 和棘轮 3 作为一体，杆 4 和杆 5 调整好角度后紧固为一体，杆 5 端部与链条导板 6 铰接。当链条 7 突然断裂时，链条导

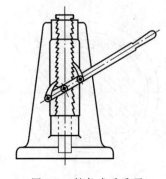

图 5-9　棘条式千斤顶

板 6 失去支撑而下摆，使杆 4 端齿与棘轮 3 啮合，阻止卷筒逆转，起制动作用。

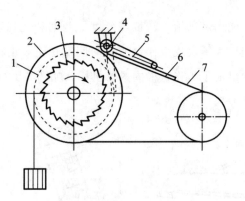

1—卷筒；2—链轮；3—棘轮；4，5—杆；6—链条导板；7—链条

图 5-10　卷扬机制动机构

　　图 5-11 所示为手枪盘分度机构，滑块 1 沿导轨 d 的上、下移动，通过棘爪 4 和棘轮 5 的间歇运动传递到手枪盘 3 上。当滑块 1 沿导轨 d 向上运动时，棘爪 4 使棘轮 5 转过一个齿距，并使与棘轮固接的手枪盘 3 绕 A 轴转过一个角度，此时挡销 a 上升使棘爪 2 在弹簧的作用下进入手枪盘 3 的槽中，使盘静止并防止反向转动。当滑块 1 向下运动时，棘爪 4 从棘轮 5 的齿背上滑过，在弹簧力的作用下进入下一个齿槽中，同时挡销 a 使棘爪 2 克服弹簧力绕 B 轴逆时针转动，手枪盘 3 解脱止动状态。

　　棘轮机构除常用于实现间歇运动外，还能实现超越运动。图 5-12 所示为自行车后轮轴上的棘轮机构。当脚蹬踏板时，经链轮 1 和链条 2 带动内圈具有棘齿的链轮 3 顺

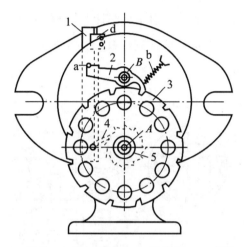

1—滑块；2，4—棘爪；3—手枪盘；4—棘轮

图 5-11　手枪盘分度机构

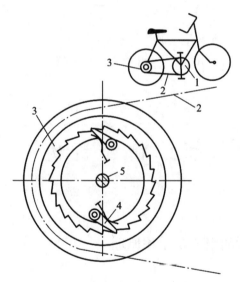

1—链轮；2—链条；3—带棘齿链轮；4—棘爪；5—后轮轴

图 5-12　超越式棘轮机构

时针转动，再通过棘爪 4 的作用，使后轮轴 5 顺时针转动，从而驱使自行车前进。自行车前进时，如果令踏板不动，因惯性作用后轮轴 5 便会超越链轮 3 而转动，棘爪 4 在棘轮齿背上滑过，从而实现不蹬踏板时的自由滑行。

图 5-13 所示为钻床中的自动进给机构。它以摩擦式棘轮机构作为传动中的超越离合器，实现自动进给和快慢速进给。由主动蜗杆 1 带动蜗轮 2，通过外环 5 使从动轮 7 和轴 3 与之同向同速转动，实现自动进给；当快速转动手柄 4 时，直接通过轮 7 使轴 3 做超越运动，实现快速进给。

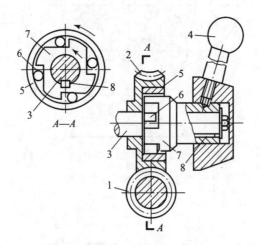

1—主动蜗杆；2—蜗轮；3—轴；4—手柄；5—外环；6—滚柱；7—从动轮

图 5-13　钻床中的自动进给机构

5.2　槽轮机构

5.2.1　槽轮机构的组成及工作原理

槽轮机构是一种最常用的间歇运动机构，又称为马耳他机构，如图 5-14 所示。槽轮机构是由带有圆柱销（拨销）的主动拨轮 1 和开有径向槽的从动槽轮 2 及其机架组成的。当拨轮 1 以等角速度 ω_1 做连续回转时，其上的拨销进入槽轮径向槽，带动从动槽轮 2 做时转时停的间歇运动。当拨销 A 尚未进入槽轮 2 的径向槽时，槽轮 2 的内凹锁止弧 β 被拨轮 1 的外凸圆弧 α 锁住，使得槽轮静止不动。

当拨销 A 开始进入槽轮的径向槽时，锁止弧 β 和圆弧 α 脱开，槽轮在拨销 A 的驱

动下沿与 ω_1 相反的方向转动；当拔销 A 开始脱离径向槽时，槽轮的另一内凹锁止弧又被拨轮上的外凸圆弧锁住，致使槽轮 2 又静止不动，直到圆柱拔销 A 再次进入槽轮 2 的另一径向槽时，槽轮重新被拔销驱动，开始重复上述运动循环，从而实现从动槽轮的单向间歇转动。

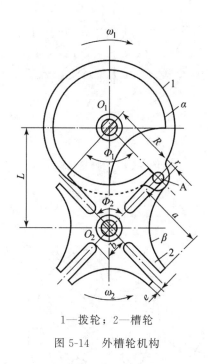

1—拨轮；2—槽轮

图 5-14　外槽轮机构

5.2.2　槽轮机构的常用类型及结构特点

槽轮机构主要分为传递平行轴运动的平面槽轮机构和传递相交轴运动的空间槽轮机构两大类。平面槽轮机构又分为外槽轮机构（见图 5-14）和内槽轮机构（见图 5-15）。外槽轮机构的槽轮与拨轮转向相反，而后者则转向相同。

空间槽轮机构如图 5-16 所示，从动槽轮 2 为半球状结构，槽和锁止弧均分布在球面上，主动拨轮 1 的轴线和销 A 的轴线均与槽轮 2 的回转轴线汇交于槽轮球心 O，故又称为球面槽轮机构。该机构的工作原理与平面槽轮机构相似，当主动轴做连续回转时，槽轮做间歇转动。

通常槽轮机构都具有几何上的对称性，但在一些特殊要求下也可将其设计成不对

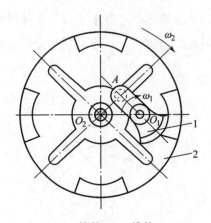

1—拨轮；2—槽轮

图 5-15 内槽轮机构

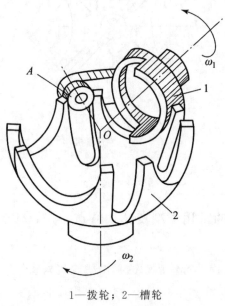

1—拨轮；2—槽轮

图 5-16 空间槽轮机构

称结构。如改变槽轮径向槽的尺寸和形状，槽轮机构演化为不等臂长的多销槽轮机构、偏置槽轮机构和曲线槽槽轮机构。如图 5-17 所示为不等臂长的多销槽轮机构，其径向槽的径向尺寸不同，拨轮上拨销不均匀分布，在槽轮转动一周的过程中，可以实现几个运动和停歇时间均不相同的运动要求。偏置槽轮机构中槽轮轮叶的两侧制成不等长，可以避免槽轮运动起始和终止瞬间的刚性冲击及机构工作时所出现的干涉现象。

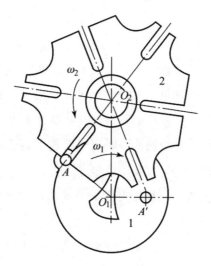

图 5-17　不等臂长多销槽轮机构

图 5-18 所示的曲线槽槽轮机构将直线槽轮改变为曲线槽轮，可改变槽轮的运动规律。

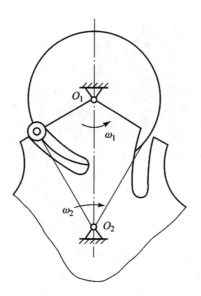

图 5-18　曲线槽槽轮机构

5.2.3　槽轮机构的工作特点及应用

槽轮机构的特点是结构简单、外形尺寸小、工作可靠、制造容易、机械效率高，并能较平稳、准确地进行间歇转位。在运动过程中，因槽轮的角速度不是常数，在转位开始和终止时，均存在角加速度，从而产生冲击。转速越高，槽轮槽数越少，冲击越严重。在每一个运动循环中，槽轮的转角与其径向槽数和拨轮上的拨销数有关，转角大小不能任意调节，因此，槽轮机构一般用于转速不是很高、转角不需要调节的自动机械和仪器仪表中，实现分度转位和间歇步进运动。

槽轮机构拨轮上的锁止弧定位精度有限，当要求精确定位时，还应设置定位销或附加精确定位装置。

内槽轮机构还具有结构紧凑、传动较平稳、槽轮停歇时间较短等特点。实际应用中要根据所需工作要求进行设计。

图 5-19 所示为电影放映机及自动照相机中常用的送片机构，图 5-20 所示为转塔自动车床用作转塔刀架的转位机构。此外，槽轮机构也常与其他机构组合，在自动生产线中作为工件传送或转位机构。

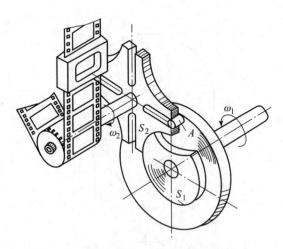

图 5-19　电影放映机及自助照相机送片机构

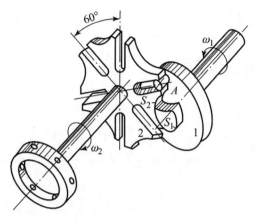

图 5-20　刀架转位机构

小　结

本章主要介绍了常见的两种间歇运动机构：棘轮机构和槽轮机构。重点要求掌握棘轮机构与槽轮机构的组成和工作原理，了解它们的分类，能够根据机械设备工作特点选用合适的间歇运动机构类型。

习　题

(1) 什么是间歇运动机构？常用的间歇运动机构有哪些？

(2) 棘轮机构除用来实现间歇运动的功能外，还可用来实现什么功能？

(3) 说明棘轮机构和槽轮机构的运动特点及其应用场合。

第 6 章

凸 轮 机 构

【知识目标】

(1) 掌握凸轮机构的组成、类型及应用;

(2) 掌握凸轮机构从动件的基本运动规律;

(3) 掌握凸轮轮廓的设计;

(4) 掌握凸轮机构的压力角与基圆半径的关系。

【学习目标】

学习掌握凸轮机构的工作原理和设计方法,掌握凸轮机构的运动方式,合理使用凸轮机构。

凸轮机构是机械中一种常用的高副机构,凸轮是一种具有曲线轮廓或凹槽的构件,一般做连续等速转动,从动件做连续或间歇往复运动或摆动。凸轮机构作为自动调节或控制的中枢,在自动化和半自动化机械中获得了广泛的应用。

6.1　凸轮机构的类型及应用

6.1.1　凸轮机构的组成

凸轮机构广泛应用于发动机、轻工、纺织、造纸和印刷等工业领域，特别是自动机械、自动控制装置和装配生产线上，是工程中常见的典型机构之一。

图 6-1 所示为内燃机配气机构，其中，构件 1 为凸轮，构件 2 为气阀，构件 3 为内燃机壳体。当凸轮 1 向径变化的轮廓曲线与气阀 2 相接触时，气阀 2 产生往复运动；而当以凸轮 1 的回转中心为圆心的圆弧段轮廓曲线与气阀 2 相接触时，气阀 2 将静止不动。因此，随着凸轮 1 的连续转动，气阀 2 可获得间歇的、有规律的运动，继而实现气阀有规律地开启和闭合。

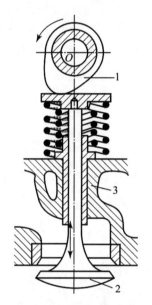

1—凸轮；2—气阀；3—内燃机壳体

图 6-1　内燃机配气机构

由上面的工程实例可知，凸轮机构是由凸轮、从动件和机架这三个基本构件所组成的一种高副机构。图 6-2 所示为三种不同类型的凸轮机构，其中构件 1 为凸轮，它是一个具有特定曲线轮廓的构件，可以为圆盘形、圆柱形或凹槽形，在机构运动过程中，通常为主动件，做连续等速地回转或往复移动。凸轮轮廓线与构件 2 通过高副接触，从而推动构件 2 做往复摆动或往复直线运动。构件 2 为从动件或者推杆。构件 3 为机架，在机构中用于支撑凸轮和从动件。

凸轮的轮廓曲线称为凸轮轮廓线。从动件的运动规律取决于凸轮轮廓线的形状，不同的凸轮轮廓线可以实现从动件按不同的运动规律运动。反之，当给定了从动件的运动规律时，也可以设计出能够满足要求的凸轮轮廓线。

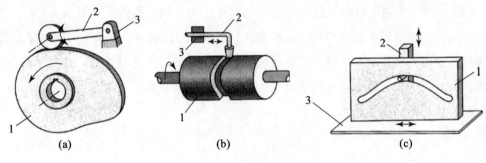

(a)　　　　　　　　(b)　　　　　　　　(c)

1—凸轮；2—从动件；3—机架

图 6-2　凸轮机构的组成

6.1.2　凸轮机构的分类

工程上所使用的凸轮机构的形式多种多样，一般情况下可按凸轮的形状和运动形式、从动件的形状和运动形式、凸轮与从动件维持高副接触的方式等对凸轮机构进行分类。

1. 按照凸轮的形状和运动形式分类

如图 6-3（a）和图 6-3（b）所示机构中，凸轮为具有变化向径的盘形构件，绕固定轴线回转，称为盘形凸轮。盘形凸轮是凸轮的最基本形式，其结构简单，应用最为广泛。如图 6-3（c）所示机构中，凸轮的运动形式为往复移动，称为移动凸轮。移动凸轮可看作转轴位于无穷远处的盘形凸轮。在这两种凸轮机构中，凸轮与从动件之间的相对运动均为平面运动，故称为平面凸轮机构。

如图 6-3（d）和图 6-3（e）所示机构中的凸轮与从动件之间的相对运动均为空间运动，称为空间凸轮机构。其中，图 6-3（d）所示为圆柱凸轮，可看作将移动凸轮卷成圆柱体演化而来；图 6-3（e）所示为圆锥凸轮，可看作将移动凸轮卷成圆锥体演化而来。

2. 按照从动件的形状和运动形式分类

按从动件的运动形式分类可分为直动从动件（图 6-4（a）～图 6-4（d））凸轮机

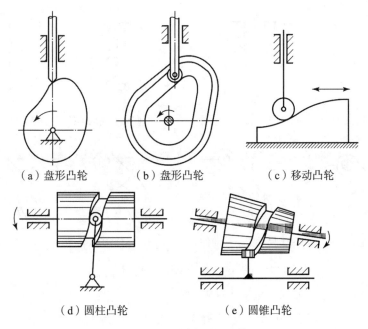

（a）盘形凸轮   （b）盘形凸轮   （c）移动凸轮

（d）圆柱凸轮   （e）圆锥凸轮

图 6-3   不同类型的凸轮

构和摆动从动件（图 6-4（e）～图 6-4（h））凸轮机构两大类。在直动从动件凸轮机构中，从动件做往复直线移动；在摆动从动件凸轮机构中，从动件做往复摆动。

按从动件的形状分类还可分为尖底从动件、滚子从动件、平底从动件及曲底从动件凸轮机构。

图 6-4（a）所示为直动尖底从动件，图 6-4（e）所示为摆动尖底从动件。尖底从动件的尖端能与任意形状的凸轮轮廓保持接触，从而使从动件实现任意的运动规律，但由于尖底从动件与凸轮轮廓线之间的摩擦为滑动摩擦，导致尖端极易磨损，故只适用于运动速度较小和传力不大的场合。

图 6-4（b）所示为直动滚子从动件，图 6-4（f）所示为摆动滚子从动件。滚子从动件是将尖底从动件的尖端改为滚子，从而使从动件与凸轮轮廓线之间由滑动摩擦变为滚动摩擦，以减少摩擦磨损，可以用来传递较大的动力，故滚子从动件凸轮机构比直动从动件凸轮机构的应用更为广泛。

图 6-4（c）所示为直动平底从动件，图 6-4（g）所示为摆动平底从动件。平底从动件与凸轮轮廓线之间为线接触，优点是受力平稳，在不计摩擦时凸轮对平底从动件

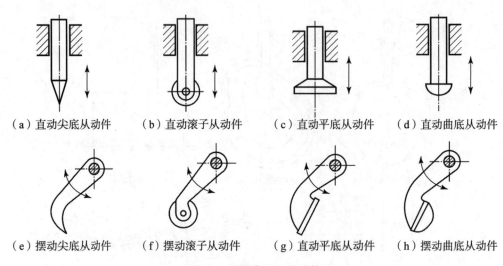

（a）直动尖底从动件   （b）直动滚子从动件   （c）直动平底从动件   （d）直动曲底从动件

（e）摆动尖底从动件   （f）摆动滚子从动件   （g）直动平底从动件   （h）摆动曲底从动件

图 6-4   不同类型的从动件

的作用力方向始终垂直于平底，传动效率高，并且凸轮与平底接触处易形成油膜，润滑状况较好，故平底从动件凸轮机构常用于高速场合，但要求与之配合的凸轮轮廓必须全部为外凸的形状。

图 6-4（d）所示为直动曲底从动件，图 6-4（h）所示为摆动曲底从动件。曲底从动件的端部为曲面，兼有尖顶与平底从动件的优点，因而曲底从动件凸轮机构在生产实际中的应用也较多。

在直动从动件凸轮机构中，若从动件的中心线通过凸轮的回转中心，则称为对心式凸轮机构，例如图 6-5（a）所示的对心式尖底直动从动件盘形凸轮机构；若从动件的中心线与凸轮的回转中心有一段距离 e，则称为偏置式凸轮机构，例如图 6-5（b）所示的偏置式滚子从动件盘形凸轮机构，距离 e 称为偏距。

3. 按照凸轮与从动件维持高副接触的方法分类

由于凸轮机构属于一种高副机构，因此，在机构运动过程中应设法使从动件与凸轮始终保持接触。使两者保持接触的方法通常称为封闭方式（或锁合方式），有力封闭型和形封闭型两类。

所谓力封闭型凸轮机构是利用从动件的重力、附加弹簧的弹性恢复力或者其他外力来使从动件与凸轮始终保持接触。图 6-6（a）所示为依靠从动件重力来保持高副接

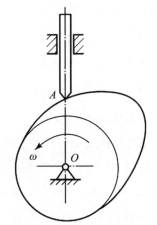
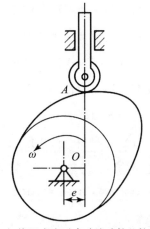

（a）对心式尖底直动从动件凸轮机构　　（b）偏置式滚子直动从动件凸轮机构

图 6-5　直动从动件凸轮机构

触的力封闭型凸轮机构；图 6-6（b）所示为利用弹簧的弹性力来保持高副接触的力封闭型凸轮机构。

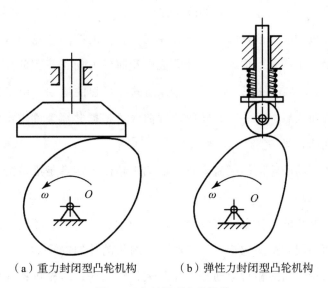

（a）重力封闭型凸轮机构　　（b）弹性力封闭型凸轮机构

图 6-6　力封闭型凸轮机构

所谓形封闭型凸轮机构是利用从动件与凸轮构成的高副元素的特殊几何形状来使

从动件与凸轮始终保持接触的。如图 6-7（a）所示的凹槽凸轮机构是利用凸轮端面上的沟槽和放于槽中的从动件滚子使得凸轮与从动件保持接触的。由于凸轮轮廓线制造在端面上，故这种凸轮又称为端面凸轮。端面凸轮的两轮廓线为等距曲线，其距离等于滚子直径。这种封闭方式结构简单，但其缺点在于加大了凸轮的尺寸和重量。凹槽凸轮机构中还有一种是反凸轮机构（见图 6-7（b）），即摆杆为主动件，凸轮为从动件，通过滚子与凸轮凹槽的接触，推动凸轮做上下往复的移动。

如图 6-7（c）～图 6-7（e）所示的凸轮机构是靠特殊结构进行封闭的。

等径凸轮机构（图 6-7（c））的从动件上装有两个滚子，凸轮轮廓线同时与两个滚子接触，由于两个滚子中间的距离始终保持不变，故可使凸轮轮廓线与从动件始终保持接触。等宽凸轮机构（图 6-7（d））的从动件被做成矩形框架形状，而凸轮轮廓线上任意两条平行切线间的距离都等于框架内侧的宽度，因此，凸轮轮廓线与从动件可始终保持接触。等径与等宽凸轮机构，其从动件运动规律的选择或设计会受到一定的限制，即当 180°范围内的凸轮轮廓线根据从动件的运动规律确定后，其余 180°内的凸轮轮廓线必须根据等宽或等径的原则来确定。

为了克服等宽、等径凸轮机构的上述不足，使从动件的运动规律可以在 360°范围内任意选取，可用两个固连在一起的凸轮控制一个具有两滚子的从动件，如图 6-7（e）所示的主回凸轮机构。在该机构中，安装在同一轴上的两个凸轮与双摆杆上的两个滚子同时保持接触，主凸轮 1 推动从动件完成沿逆时针方向正行程的摆动，另一个凸轮 $1'$ 称为回凸轮，推动从动件完成沿顺时针方向的反行程的摆动。由于只要设计出其中一个凸轮的轮廓曲线后，另一个凸轮的轮廓曲线可根据共轭条件求出，故主回凸轮机构又被称为共轭凸轮机构。

对于形封闭型的凸轮机构，需要较高的加工精度才能满足准确的形封闭条件，因而制造精度要求较高。

在凸轮机构型式的选择上，应综合考虑运动学、动力学、环境和经济等方面的因素。运动学方面的因素主要包括：工作所要求的从动件的输出运动是摆动的还是直动的；从动件和凸轮之间的相对运动是平面的还是空间的；凸轮机构在整个机械系统中所允许占据的空间大小；凸轮轴与摆动输出中心之间距离的大小。动力学方面的因素主要包括：工作中所需的凸轮运转速度的高低，以及加在凸轮与从动件上的载荷和被驱动质量的大小等。环境方面主要考虑的因素为环境条件及噪声清洁度等。经济方面

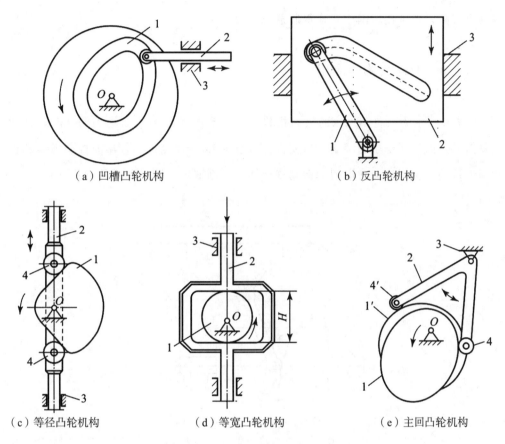

（a）凹槽凸轮机构 　　　　　　　　　　（b）反凸轮机构

（c）等径凸轮机构 　　　　（d）等宽凸轮机构 　　　　（e）主回凸轮机构

图 6-7　常用的形封闭型凸轮机构

需要考虑的因素是所选凸轮机构的加工成本和维护费用等。在满足运动学、动力学、环境和经济性要求的前提下，所选择的凸轮机构型式越简单越好。

6.1.3　凸轮机构的特点

凸轮机构的优点：

（1）设计简单，适应性强，可实现从动件的复杂运动规律要求；

（2）结构紧凑，控制准确有效，运动特性好，使用方便；

（3）性能稳定，故障少，维护保养方便。

凸轮机构的主要缺点是凸轮与从动件间为高副接触，压强较大，易被磨损，一般只用于传递动力不大的场合；凸轮机构的可调性差；凸轮轮廓曲线通常都比较复杂，精度要求高，加工比较困难，使得制造成本较高。

6.1.4 凸轮机构的应用

图 6-8 所示为一自动机床的进刀机构。当具有凹槽的圆柱凸轮 1 回转时，其凹槽的侧面通过嵌于凹槽中的滚子 3 迫使推杆 2 绕轴 Q 做往复摆动，从而控制刀架的进刀和退刀运动。至于进刀和退刀的运动规律如何，则取决于凹槽曲线的形状。

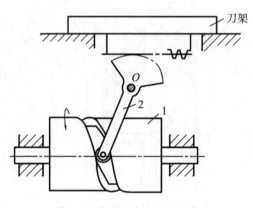

图 6-8　自动机床的进刀机构

图 6-9 所示为犁式卸料器的结构简图，主要应用在火电厂输煤车间卸煤和分煤作业上，其具有便于实现输煤系统自动化、减轻工人的劳动强度等优点。犁式卸料器滑床的升降主要是通过移动凸轮实现的。

图 6-10（a）所示为用于鱼雷中的凸轮式活塞发动机。其中，5 为活塞；4 为活塞杆（推杆）；3 为凸轮，其外形如图 6-10（b）所示，为凸棱式圆柱凸轮。推杆上有两个滚子卡在凸棱上构成几何封闭。利用了反凸轮机构，将活塞的直线运动变为凸轮的旋转运动，推杆通过滚子作用在凸轮上的力使凸轮回转，而凸轮作用在滚子上的反作用力则使推杆、活塞以及活塞缸 6 沿相反方向转动。再通过内外轴 2、1 带动鱼雷的两螺旋桨做不同方向的转动，推动鱼雷迅速前进。

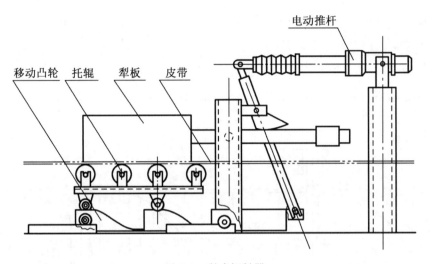

图 6-9 犁式卸料器

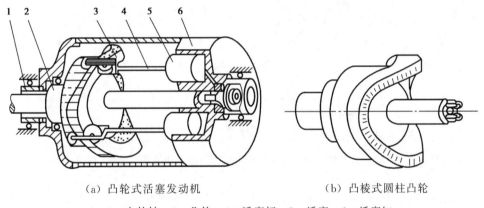

（a）凸轮式活塞发动机 　　　　　　（b）凸棱式圆柱凸轮

1，2—内外轴；3—凸轮；4—活塞杆；5—活塞；6—活塞缸

图 6-10 凸轮式活塞发动机

6.2 从动件的基本运动规律

6.2.1 凸轮机构中的基本名词术语

在进行从动件运动规律的选择与设计之前，需要了解凸轮机构的基本名词术语。

下面根据凸轮机构在一个周期内的运动过程（如图 6-11 所示），来介绍凸轮机构中的一些基本名词术语及其表示符号。

图 6-11 (a) 所示为对心直动尖底从动件盘形凸轮机构；图 6-11 (b) 所示为该凸轮机构的从动件位移曲线，其中横坐标代表凸轮的转角 φ，纵坐标代表从动件的位移 s。

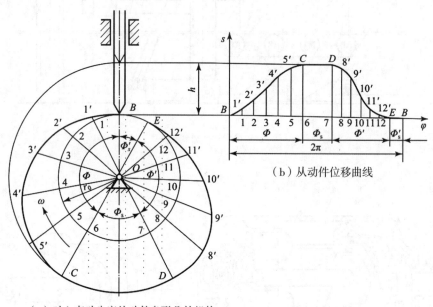

（a）对心直动尖底从动件盘形凸轮机构

（b）从动件位移曲线

图 6-11　对心盘形凸轮机构的运动过程

基圆：凸轮机构中，以凸轮的回转中心 O 为圆心、凸轮轮廓线的最小向径为半径所作的圆，称为凸轮的基圆，半径用 r_0 来表示。基圆是设计凸轮轮廓曲线的基准。

推程：当凸轮以等角速度 ω 顺时针转动时，推杆在凸轮轮廓线 BC 段的推动下，由最低位置被推到最高位置 C，对应从动件位移曲线中上升的那段曲线，相应地，从动件的运动是远离凸轮轴心的运动，我们将从动件的这一运动过程称为推程。

行程：从动件从距凸轮回转中心 O 的最近点 B 运动到最远点 C 所通过的距离。对于直动从动件凸轮机构，行程为从动件上升的最大距离，也称为升距，用 h 来表示；对于摆动从动件凸轮机构，从动件摆过的最大角位移称为摆幅，用 $\psi_{\max}$ 来表示。

推程运动角：在推程阶段相应的凸轮转角，称为推程运动角，用 Φ 表示。

远休止：当凸轮轮廓线上对应的圆弧段 $\overparen{CD}$ 与从动件接触时，从动件在距凸轮轴心的最远处静止不动，这一过程称为远休止。

远休止角：远休止过程对应凸轮所转过的角度，称为远休止角 Φ_s。

回程：当凸轮轮廓线上的曲线段 DE 与从动件接触时，引导从动件由最远位置返回到位移的起始位置，从动件的这一运动过程称为回程。

回程运动角：回程过程对应凸轮所转过的角度，称为回程运动角 Φ'。

近休止：当凸轮轮廓线上对应的圆弧段 $\overset{\frown}{EB}$ 与从动件接触时，从动件处于位移的起始位置静止不动，这一过程称为近休止。

近休止角：近休止过程对应凸轮所转过的角度，称为近休止角 $\Phi_s{}'$。

在凸轮顺序转过 Φ、Φ_s、Φ' 和 $\Phi_s{}'$ 角度的一个循环过程中，从动件依次做上升、停留、下降、停留运动，在一个运动循环周期中，推程运动角 Φ、远休止角 Φ_s、回程运动角 Φ' 和近休止角 $\Phi_s{}'$ 之和等于 $360°$。

凸轮转角：凸轮绕自身轴线转过的角度，称为凸轮转角，用 φ 来表示。一般地，凸轮转角从推程的起始点在基圆上开始度量，其值等于推程起点和从动件的导路中心线与基圆的交点所组成的圆弧对应的基圆的圆心角。

从动件位移：凸轮转过转角 φ 时，从动件运动的距离称为从动件的位移。对于直动从动件，位移用 s 表示；对于摆动从动件，位移为角位移，用 ψ 表示。

图 6-12 所示为偏置直动尖底从动件盘形凸轮机构的从动件位移 s 与凸轮转角 φ 之间的关系。开始时，从动件位于初始位置 A 点，当凸轮以 ω 的角速度逆时针开始转动时，随着凸轮的转动，向径逐渐增加的轮廓 AB 将从动件以一定的运动规律推到离凸轮回转中心最远点，即推程阶段。需要注意的是，在此阶段，推程运动角为 Φ，而不是 $\angle BOA$。

从动件的位移 s 与凸轮转角 φ 之间的对应关系用从动件的位移曲线来表示。横坐标表示凸轮转角 φ，由于大多数凸轮做等速转动，其转角与时间呈正比，因而从动件位移线图的横坐标也可代表时间 t。纵坐标为位移 s（直动从动件）或角位移 ψ（摆动从动件）。从动件的位移曲线反映了从动件的位移变化规律，通过位移的变化规律，还可求出速度 v、加速度 α 和跃度（即加速度变化率）j 随时间 t 和凸轮转角 φ 变化的规律，从而作出从动件速度、加速度和跃度线图。

位移曲线：反映了从动件的位移 s 随凸轮转角 φ 或时间 t 变化的规律；

速度曲线：反映了从动件的速度 v 随凸轮转角 φ 或时间 t 变化的规律；

加速度曲线：反映了从动件的加速度 α 随凸轮转角 φ 或时间 t 变化的规律；

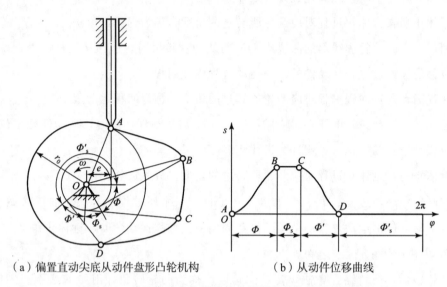

（a）偏置直动尖底从动件盘形凸轮机构　　　　（b）从动件位移曲线

图 6-12　偏置直动尖底从动件盘形凸轮机构的运动过程

跃度曲线：反映了从动件的跃度 j 随凸轮转角 φ 或时间 t 变化的规律。

它们统称为从动件的运动规律线图。在建立运动规律线图时，需注意：位移 s 的度量基准从推程的最低位置，即距回转中心最近点算起（不论推程、回程）；凸轮转角 φ 从推程的起始点在基圆上开始度量，其值等于行程起点和从动件的运动方向线与基圆的交点所组成的圆弧所对应的基圆的圆心角；初始条件为 $t=0$、$\varphi_0=0$、$s=0$（推程），$t=0$、$\varphi_h=0$、$s_h=h$（回程）。

从动件的运动规律是由凸轮轮廓曲线的形状所决定的。不同的凸轮轮廓曲线能够使从动件产生不同的运动规律。换言之，要使从动件实现某种运动规律，就要设计出与其相应的凸轮轮廓曲线，即两者之间存在着确定的依存关系。因此，在凸轮轮廓线设计之前，须根据工作要求和使用场合（如速度特性、加速度特性等要素）预先选择或设计出从动件在一个运动循环过程中的运动规律。

6.2.2　从动件常见的运动规律

从动件的运动规律是指从动件的位移、速度、加速度与凸轮转角（或时间）之间的函数关系。

凸轮一般为主动件，且做匀速回转运动。设凸轮的角速度为 ω，则从动件的位移 s、速度 v 和加速度 a 与凸轮转角 φ 之间的关系（即从动件运动规律的数学表达式）为

$$\begin{cases} s = f(\varphi) \\ v = \dfrac{\mathrm{d}s}{\mathrm{d}t} = \dfrac{\mathrm{d}s}{\mathrm{d}\varphi} \cdot \dfrac{\mathrm{d}\varphi}{\mathrm{d}t} = \dfrac{\mathrm{d}s}{\mathrm{d}\varphi}\,\omega = \omega\, f'(\varphi) \\ a = \dfrac{\mathrm{d}v}{\mathrm{d}t} = \omega^2\, f''(\varphi) \end{cases} \tag{6-1}$$

对于摆动从动件，上述公式同样成立，只需要把公式中的位移、速度和加速度替换为角位移、角速度和角加速度即可。

在高速重载情况下，有时也考虑加速度的变化率——跃度，即

$$j = \frac{\mathrm{d}a}{\mathrm{d}t} = \omega^3\, f^3(\varphi) \tag{6-2}$$

工程实际中对从动件的运动要求是多种多样的，经过长期的理论研究和生产实践，人们已经发现了多种具有不同运动特性的运动规律。下面介绍几种在工程实际中经常用到的运动规律的运动方程和运动规律曲线，包括多项式类的运动规律、三角函数运动规律以及组合型运动规律。

1. 多项式类运动规律

多项式类运动规律的一般形式如下：

$$\begin{cases} s = c_0 + c_1\varphi + c_2\varphi^2 + c_3\varphi^3 + \cdots + c_n\varphi^n \\ v = \omega(c_1 + 2c_2\varphi + 3c_3\varphi^2 + \cdots + nc_n\varphi^{n-1}) \\ a = \omega^2(2c_2 + 6c_3\varphi + \cdots + n(n-1)c_n\varphi^{n-2}) \end{cases} \tag{6-3}$$

式中，c_0，c_1，c_2，$\cdots$，c_n 为待定系数，可根据凸轮工作要求所决定的边界条件来确定。

1）等速运动规律

多项式类运动规律中的第一种情况是一次多项式运动规律，也叫等速运动规律，即对于上述多项式，令 $n=1$，则有

$$\begin{cases} s = c_0 + c_1\varphi \\ v = \dfrac{\mathrm{d}s}{\mathrm{d}t} = c_1\dfrac{\mathrm{d}\varphi}{\mathrm{d}t} = c_1\omega = 常数 \\ a = 0 \end{cases} \tag{6-4}$$

将推程阶段的边界条件：当凸轮转角 $\varphi=0$ 时，$s=0$；当 $\varphi=\Phi$ 时，$s=h$，代入式 6-4 中，解出 $c_0=0$，$c_1=h/\Phi$，则推程运动方程为

$$
\begin{cases}
s=\dfrac{h}{\Phi}\varphi, \\[2mm]
v=\dfrac{h}{\Phi}\omega, & \varphi \in [0,\ \Phi] \\[2mm]
\alpha=0
\end{cases}
\tag{6-5}
$$

同理，将回程阶段的边界条件：当 $\varphi=0$ 时，$s=h$；当 $\varphi=\Phi'$ 时，$s=0$，代入式 (6-4) 中，可解出 $c_0=0$，$c_1=-h/\Phi'$，则回程运动方程为

$$
\begin{cases}
s=h-\dfrac{h}{\Phi'}\varphi, \\[2mm]
v=-\dfrac{h}{\Phi'}\omega, & \varphi \in [0,\ \Phi'] \\[2mm]
\alpha=0
\end{cases}
\tag{6-6}
$$

可以看出，对于多项式类运动规律，当 $n=1$ 时，加速度为 0，从动件按等速运动规律运动。图 6-13 所示为推程时等速运动规律线图，由图可以看出，位移为凸轮转角的一次函数，位移曲线为一条斜线，速度是常数，且方向相反。运动开始和终止的瞬时，速度有突变，理论上加速度趋向无穷大，致使从动件突然产生非常大的惯性力，因而使凸轮机构瞬间受到极大的冲击，这种冲击称为刚性冲击。当加速度为正时，它将增大凸轮压力，使凸轮轮廓严重磨损；当加速度为负时，可能会造成用力封闭的从动件与凸轮轮廓瞬时脱离接触，并加大力封闭弹簧的负荷。因此，这种运动规律只适用于具有等速运动要求、从动件的质量不大或低速的场合。

2）等加速等减速运动规律

在多项式运动规律的一般形式中，令 $n=2$，则有

$$
\begin{cases}
s=c_0+c_1\varphi+c_2\varphi^2 \\
v=c_1\omega+2c_2\omega\varphi \\
\alpha=2c_2\omega^2
\end{cases}
\tag{6-7}
$$

此即为等加速等减速运动规律。从动件在一个行程 h 中先做等加速运动，后做等减速运动，且通常令两个过程加速度的绝对值相等。在此情况下，从动件在加速运动阶段和减速运动阶段所完成的位移当然也相等，即各为 $h/2$。

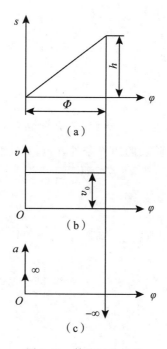

图 6-13 等速运动规律

在推程阶段的前半段，将边界条件：当 $\varphi = 0$ 时，$s = 0$，$v = 0$；当 $\varphi = \Phi/2$ 时，$s = h/2$，代入式（6-7），解得 $c_0 = 0$，$c_1 = 0$，$c_2 = 2h/\Phi^2$，则在推程前半段的运动方程为

$$\begin{cases} s = \dfrac{2h}{\Phi^2}\varphi^2, \\[2mm] v = \dfrac{4h\omega}{\Phi^2}\varphi, \quad \varphi \in \left[0, \dfrac{\Phi}{2}\right] \\[2mm] u = \dfrac{4h\,\omega^2}{\Phi^2} \end{cases} \tag{6-8}$$

可知，在推程前半段，加速度 $a = 4h\omega^2/\Phi^2 =$ 常数，从动件做等加速运动。

在推程阶段的后半段，将边界条件：当 $\varphi = \Phi/2$ 时，$s = h/2$，$v = 2h\omega/\Phi$；当 $\varphi = \Phi$ 时，$s = h$，$v = 0$，代入二项多项式运动方程中，解得 $c_0 = -h$，$c_1 = 4h/\Phi$，$c_2 = -2h/\Phi^2$，则推程后半段的运动方程为

$$\begin{cases} s = h - \dfrac{2h}{\Phi^2}(\Phi - \varphi)^2, \\[3mm] v = \dfrac{4h\omega}{\Phi^2}(\Phi - \varphi), \qquad \varphi \in \left[\dfrac{\Phi}{2}, \Phi\right] \\[3mm] \alpha = -\dfrac{4h\,\omega^2}{\Phi^2} \end{cases} \qquad (6\text{-}9)$$

可见，在推程后半段，加速度 $\alpha = -4h\omega^2/\Phi^2 =$ 常数，从动件做等减速运动。

同理，根据从动件在回程阶段的边界条件，可以解出从动件在回程阶段的运动方程。

等加速过程：

$$\begin{cases} s = h - \dfrac{2h}{\Phi'^2}\varphi^2, \\[3mm] v = -\dfrac{4h\omega}{\Phi'^2}\varphi, \qquad \varphi \in \left[0, \dfrac{\Phi'}{2}\right] \\[3mm] \alpha = -\dfrac{4h\,\omega^2}{\Phi'^2} \end{cases} \qquad (6\text{-}10)$$

等减速过程：

$$\begin{cases} s = \dfrac{2h}{\Phi'^2}(\Phi' - \varphi)^2, \\[3mm] v = -\dfrac{4h\omega}{\Phi'^2}(\Phi' - \varphi), \qquad \varphi \in \left[\dfrac{\Phi'}{2}, \Phi'\right] \\[3mm] \alpha = \dfrac{4h\,\omega^2}{\Phi'^2}, \end{cases} \qquad (6\text{-}11)$$

图 6-14 所示为等加速等减速运动规律线图。对于二次多项式运动规律而言，从动件按等加速等减速规律运动，其位移为关于凸轮转角的二次函数，位移曲线为抛物线；从加速度线图可以看出，在推程阶段起始点和终点以及中间点处，由于加速度发生突变，因而在从动件上产生的惯性力也发生突变，会导致凸轮机构产生冲击。然而由于加速度的突变为一个有限值，所引起的惯性力突变也是有限值，故对凸轮的冲击也是有限的，因此这种冲击称为柔性冲击。

3）五次多项式运动规律

在多项式运动规律的一般形式中，令 $n=5$，则有

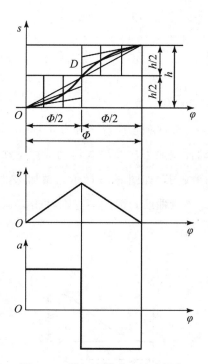

图 6-14 等加速等减速运动规律

$$\begin{cases} s = c_0 + c_1\varphi + c_2\varphi^2 + c_3\varphi^3 + c_4\varphi^4 + c_5\varphi^5 \\ v = \omega(c_1 + 2c_2\varphi + 3c_3\varphi^2 + 4c_4\varphi^3 + 5c_5\varphi^4) \\ a = \omega^2(2c_2 + 6c_3\varphi + 12c_4\varphi^2 + 20c_5\varphi^3) \end{cases} \quad (6\text{-}12)$$

将推程阶段的边界条件：当凸轮转角当 $\varphi = 0$ 时，$s = 0$，$v = 0$，$a = 0$；当 $\varphi = \Phi$ 时，$s = h$，$v = 0$，$a = 0$；代入式（6-12），解出 $c_0 = c_1 = c_2$，$c_3 = 10h/\Phi^3$，$c_4 = -10h/\Phi^4$，$c_5 = 6h/\Phi^5$，则推程运动方程为

$$\begin{cases} s = h\left(\dfrac{10}{\Phi^3}\varphi^3 - \dfrac{15}{\Phi^4}\varphi^4 + \dfrac{6}{\Phi^5}\varphi^5\right), \\ v = h\omega\left(\dfrac{30}{\Phi^3}\varphi^2 - \dfrac{60}{\Phi^4}\varphi^3 + \dfrac{30}{\Phi^5}\varphi^4\right), \quad \varphi \in [0, \Phi] \\ a = h\omega^2\left(\dfrac{16}{\Phi^3}\varphi - \dfrac{180}{\Phi^4}\varphi^2 + \dfrac{120}{\Phi^5}\varphi^3\right) \end{cases} \quad (6\text{-}13)$$

同理，可求出回程运动方程为

$$\begin{cases} s = h - h\left(\dfrac{10}{\Phi'^3}\varphi^3 - \dfrac{15}{\Phi'^4}\varphi^4 + \dfrac{6}{\Phi'^5}\varphi^5\right), \\[2mm] v = -h\omega\left(\dfrac{30}{\Phi'^3}\varphi^2 - \dfrac{60}{\Phi'^4}\varphi^3 + \dfrac{30}{\Phi'^5}\varphi^4\right), \quad \varphi \in [0, \Phi'] \\[2mm] a = -h\omega^2\left(\dfrac{16}{\Phi'^3}\varphi - \dfrac{180}{\Phi'^4}\varphi^2 + \dfrac{120}{\Phi'^5}\varphi^3\right) \end{cases} \quad (6\text{-}14)$$

位移方程式中只有 3、4、5 次项，所以又称为 3-4-5 次多项式运动规律。

由此，我们可得出从动件按照五次多项式运动规律运动时，位移、速度和加速度相对于凸轮转角的变化规律线图，如图 6-15 所示。由加速度线图可以看出，五次多项式运动规律的加速度曲线是连续曲线，因此不存在冲击，运动平稳性好，适用于高速凸轮机构。

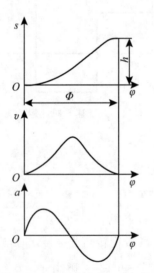

图 6-15   五次多项式运动规律

2. 三角函数运动规律

1）余弦加速度运动规律（简谐运动规律）

一个质点在圆周上做匀速运动，其在圆周任一直径上的投影所构成的运动称为简谐运动。当从动件按简谐运动规律运动时，其加速度方程为半个周期的余弦曲线，所以简谐运动规律又称为余弦加速度运动规律。

推程阶段的加速度方程为

$$\alpha = \alpha_0 \cos\left(\frac{\pi}{\Phi}\varphi\right), \ \varphi \in [0, \ \Phi] \tag{6-15}$$

对式（6-15）积分，即得速度和位移方程，然后由边界条件求出待定系数和积分系数，即得余弦加速度运动规律的运动方程。推程阶段为

$$\begin{cases} s = \dfrac{h}{2} - \dfrac{h}{2}\cos\left(\dfrac{\pi}{\Phi}\varphi\right), \\[2mm] v = \dfrac{\pi h\omega}{2\Phi}\sin\left(\dfrac{\pi}{\Phi}\varphi\right), & \varphi \in [0, \ \Phi] \\[2mm] \alpha = \dfrac{\pi^2 h \omega^2}{2\Phi^2}\cos\left(\dfrac{\pi}{\Phi}\varphi\right) \end{cases} \tag{6-16}$$

回程阶段为

$$\begin{cases} s = \dfrac{h}{2} + \dfrac{h}{2}\cos\left(\dfrac{\pi}{\Phi'}\varphi\right), \\[2mm] v = -\dfrac{\pi h\omega}{2\Phi'}\sin\left(\dfrac{\pi}{\Phi'}\varphi\right), & \varphi \in [0, \ \Phi'] \\[2mm] \alpha = -\dfrac{\pi^2 h \omega^2}{2\Phi'^2}\cos\left(\dfrac{\pi}{\Phi'}\varphi\right) \end{cases} \tag{6-17}$$

将余弦加速度运动规律推程阶段的运动线图表示在图 6-16 中，可以看出，在从动件运动的起始和终止位置，加速度曲线不连续，存在柔性冲击。但当从动件做无停歇的连续往复运动（图 6-13 中虚线所示）时，加速度曲线呈连续状态，从而避免了柔性冲击。

2）正弦加速度运动规律（摆线运动规律）

正弦加速度运动规律的加速度方程为整周期的正弦曲线，也称摆线运动规律。推程阶段的加速度方程为

$$\alpha = \alpha_0 \sin\left(\frac{\pi}{\Phi}\varphi\right), \ \varphi \in [0, \ \Phi] \tag{6-18}$$

采用与余弦加速度运动规律同样的方法得止弦加速度运动规律的运动方程。

推程阶段为

$$\begin{cases} s = \dfrac{h}{\Phi}\varphi - \dfrac{h}{2\pi}\sin\left(\dfrac{2\pi}{\Phi}\varphi\right), \\[2mm] v = \dfrac{h\omega}{\Phi} - \dfrac{h}{2\Phi}\cos\left(\dfrac{2\pi}{\Phi}\varphi\right), & \varphi \in [0, \ \Phi] \\[2mm] \alpha = \dfrac{2\pi h \omega^2}{\Phi^2}\sin\left(\dfrac{2\pi}{\Phi}\varphi\right) \end{cases} \tag{6-19}$$

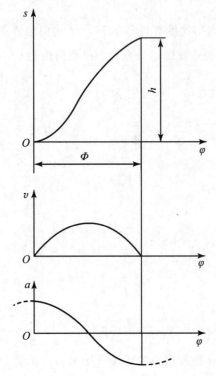

图 6-16　余弦加速度运动规律

回程阶段为

$$
\begin{cases}
s = h - \dfrac{h}{\Phi'}\varphi + \dfrac{h}{2\pi}\sin\left(\dfrac{2\pi}{\Phi'}\varphi\right), \\[2mm]
v = -\dfrac{h\omega}{\Phi'} + \dfrac{h}{2\Phi'}\cos\left(\dfrac{2\pi}{\Phi'}\varphi\right), \quad \varphi \in [0,\ \Phi'] \\[2mm]
\alpha = -\dfrac{2\pi h\,\omega^2}{\Phi'^2}\sin\left(\dfrac{2\pi}{\Phi'}\varphi\right)
\end{cases}
\tag{6-20}
$$

　　将正弦加速度运动规律推程过程的运动线图表示在图 6-17 中，由图可知，该规律可实现加速度处处连续变化，既无刚性冲击，也无柔性冲击。

6.2.3　改进型运动规律

　　单纯采用上述 5 种基本运动规律，往往难以满足工程需要。不过，可以以此为基

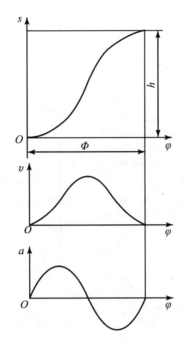

图 6-17　正弦加速度运动规律

础，根据需要采用组合方式构造出改进型运动规律。

　　组合构造是把若干个基本运动规律，按照一定的连接条件，分段组合在一起。比如，等加速等减速运动规律具有 α_{max} 最小的优点，但却存在柔性冲击。为消除这种柔性冲击，可在其加速度突变处插入正弦加速度曲线而构成所谓的"改进梯形运动规律"，如图 6-18 所示。

　　再如，当工作过程要求从动件在某区间内必须匀速运动时，为改善等速运动规律存在的刚性冲击，可将等速运动规律在其推程（回程）两端与正弦加速度运动规律组合起来，构成所谓的"改进等速运动规律"，如图 6-19 所示。

6.2.4　从动件运动规律的选择及设计原则

　　从动件的最大速度 v_{max} 直接影响着从动件系统所具有的最大动量 mv_{max}。一般而言，最大速度 v_{max} 越大，从动件系统的最大动量也越大，对负载的承受能力越低。因此，当从动件系统的重量较大时，应选择 v_{max} 较小的运动规律。

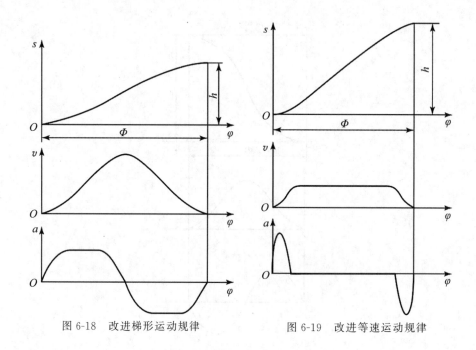

图 6-18 改进梯形运动规律 图 6-19 改进等速运动规律

从动件的最大加速度 a_{max} 直接决定着从动件系统的最大惯性力 ma_{max}。从动件在运动过程中的最大加速度 a_{max} 越大，从动件系统的最大惯性力也越大，造成作用在凸轮与从动件之间的接触应力越大，对构件的强度和耐磨性要求也越高。因此，当凸轮所需运转速度较高时，从动件应选用最大加速度 a_{max} 值尽可能小的运动规律。

表 6-1 列出了常用运动规律的基本特性指标。

表 6-1　　　　　　　　　　　**基本运动规律特性比较**

运动规律名称	最大速度 v_{max} ($h\omega/\Phi$)	最大加速度 a_{max} ($h\omega^2/\Phi^2$)	冲击情况	应用范围（推荐）
等速	1.00	∞	刚性	低速轻载
等加速等减速	2.00	4.00	柔性	中速轻载
五次多项式	1.88	5.77	无	高速中载
余弦加速度	1.57	4.93	柔性	中速轻载
正弦加速度	2.00	6.28	无	高速轻载

6.3 凸轮轮廓线设计

凸轮轮廓线设计的主要任务是根据给定或设计的从动件位移曲线和其他设计条件画图作出凸轮轮廓线（图解法），或者建立起凸轮轮廓线与凸轮转角的函数关系（解析法）。无论采用哪种方法，它们所依据的基本原理都是相同的。

6.3.1 凸轮轮廓线设计的基本原理

1. 相对运动原理

在凸轮机构中，凸轮转角 φ 与从动件位移 s 存在着对应关系。当给整个凸轮机构加上一个绕凸轮回转中心 O 的反转运动，且使反转角速度的大小等于凸轮的角速度，即给整个凸轮机构加上一个公共角速度 "$-\omega$" 时，凸轮与从动件之间的相对运动关系仍保持不变，但凸轮静止不动，成为机架，而从动件位置沿 "$-\omega$" 方向相对变化。这就是凸轮机构的相对运动原理，也称反转法原理。

凸轮机构的种类多样，反转法原理适用于各种凸轮轮廓曲线的设计。

图 6-20 所示为直动从动件和摆动从动件盘形凸轮机构的反转示例。对于直动从动件盘形凸轮机构，从动件一方面随导路绕 O 点以角速度 $-\omega$ 转动，同时又沿其导路方向按预期的运动规律做相对移动。由于从动件的尖底在相对运动中始终与凸轮轮廓曲线保持接触，因此从动件尖底在由反转和相对移动组成的复合运动中的轨迹便形成了凸轮的轮廓曲线，如图 6-20（a）所示。而对于摆动从动件凸轮机构，从动件一方面随导路绕 O 点以角速度 $-\omega$ 转动，同时又绕其摆动中心按预期的运动规律做相对摆动。从动件的尖底在反转和相对摆动的复合运动中的轨迹便形成了凸轮的轮廓曲线，如图 6-20（b）所示。

2. 理论廓线与实际廓线

在凸轮机构中，当从动件与凸轮之间做相对运动时，从动件上的参考点（尖底从动件的尖端、滚子从动件的滚子中心、平底从动件在初始位置与凸轮轮廓线的接触点）

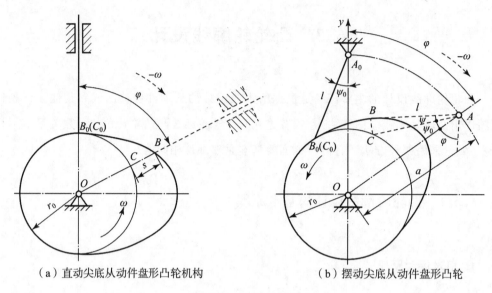

（a）直动尖底从动件盘形凸轮机构　　　（b）摆动尖底从动件盘形凸轮

图 6-20　反转法原理

的复合运动轨迹称为理论廓线。理论廓线上的基圆半径用 r_0 表示。

对于尖底从动件，实际廓线与理论廓线重合；对于滚子从动件，实际廓线是滚子圆族的包络线，与其理论廓线的关系为法向等距；对于平底从动件，实际廓线是平底直线族的包络线。

图 6-21 所示为直动滚子从动件盘形凸轮机构。该凸轮机构的实际廓线是以理论廓线上各点为圆心、滚子半径为半径的一系列滚子圆的包络线，且实际廓线与理论廓线是等距曲线，其法向距离等于滚子的半径。在滚子从动件盘形凸轮机构中，凸轮转角可在理论廓线的基圆上度量，从动件的位移也是导路的方向线与理论廓线基圆的交点至滚子中心的距离。

6.3.2　图解法设计凸轮轮廓线

1. 偏置直动尖底从动件盘形凸轮轮廓线的设计

已知凸轮的基圆半径为 r_0，偏距为 e，凸轮以等角速度 ω 顺时针方向转动，从动件的位移曲线如图 6-22（a）所示。

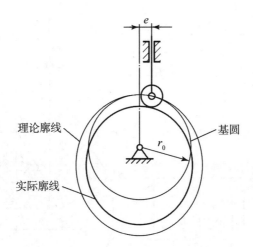

图 6-21 直动滚子从动件盘形凸轮机构

根据反转法原理，该凸轮轮廓曲线的设计步骤如下：

（1）选取适当的比例尺 μ_l，等分位移曲线。

（2）选取相同的比例尺 μ_l，以 O 点为圆心、r_0 为半径作基圆，根据从动件的偏置方向画出从动件的起始位置线，该位置线与基圆交点为 B_0，即为从动件尖底的初始位置。

（3）以 O 点为圆心、偏距 e 为半径作偏距圆，该圆与从动件的起始位置线相切于 K_0 点。

（4）由 K_0 点开始，沿着 $-\omega$ 方向，将偏距圆分成与位移曲线图 6-21（a）的横坐标相对应的区间和等份，得到一系列分点 K_0，K_1，K_2，$\cdots$，K_{13}。过各个分点作偏距圆的切线，即代表从动件在反转过程中所依次占据的位置线，其与基圆的交点分别为 C_0，C_1，C_2，$\cdots$，C_{13}。

（5）在上述从动件的位置线上，从基圆起向外截取线段，使线段长度分别等于图 6-21（a）图中相应的纵坐标值，即 $C_1B_1 = 11'$，$C_2B_2 = 22'$，$\cdots$，得到一系列点 B_1，B_2，$\cdots$，B_{13}，这些点代表反转过程中从动件尖底所占据的位置。

（6）将从动件尖底所占据的位置连成光滑的曲线，即为所求的凸轮轮廓曲线，如图 6-22（b）所示。

2. 偏置直动滚子从动件盘形凸轮轮廓线的设计

图 6-23（a）所示为从动件位移曲线。采用反转法给整个机构绕凸轮转动中心 O

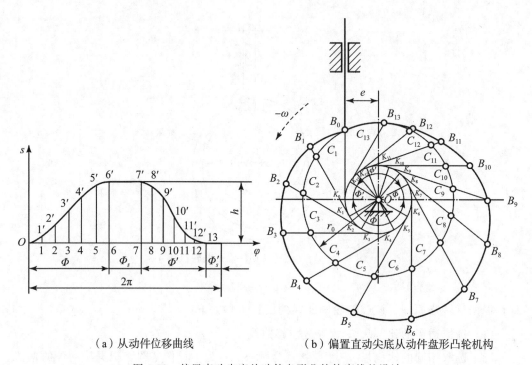

（a）从动件位移曲线　　　　（b）偏置直动尖底从动件盘形凸轮机构

图 6-22　偏置直动尖底从动件盘形凸轮轮廓线的设计

点加上一个公共角速度 $-\omega$，使凸轮静止不动，从动件以 $-\omega$ 的角速度绕 O 点转动，且从动件上的滚子在反转过程中始终与凸轮的廓线保持接触，滚子中心走过的轨迹为一条与凸轮轮廓线法向等距的曲线 η。根据从动件的位移曲线求出曲线 η，即可通过 η 和滚子半径 r_r 作出凸轮的实际廓线。具体作图步骤如下：

（1）将滚子中心假想为尖底从动件的尖点，按照偏置直动尖底从动件盘形凸轮轮廓线的设计方法求出曲线 η，即凸轮机构的理论廓线。

（2）以凸轮理论廓线上各点为圆心、滚子半径 r_r 为半径，作一系列滚子圆，然后求其内包络线 η' 或外包络线 η''，即为该凸轮的实际廓线，如图 6-23（b）所示。

3. 直动平底从动件盘形凸轮轮廓线的设计

图 6-24（a）所示为从动件位移曲线。凸轮轮廓线设计的基本思路与上述尖底从动件和滚子从动件盘形凸轮轮廓线的设计相似，不同的是将平底从动件在初始位置与凸轮轮廓线的接触点作为假想的尖点，通过反转法得到凸轮的轮廓曲线。具体设计步骤

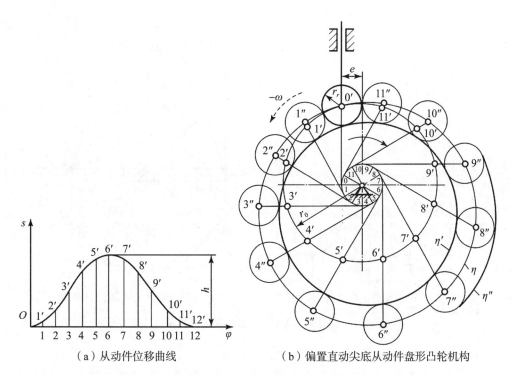

（a）从动件位移曲线　　　（b）偏置直动尖底从动件盘形凸轮机构

图 6-23　偏置直动滚子从动件盘形凸轮轮廓线的设计

如下：

（1）以平底与导路中心线的交点 B_0 作为假想的尖底从动件的尖点，按照尖底从动件盘形凸轮的设计方法，求出该尖点反转后的一系列位置 B_1，B_2，B_3，…，B_8 各点。

（2）过 B_1，B_2，B_3，…，B_8 各点，作出一系列代表平底的直线，即代表反转过程中从动件平底依次所占据的位置。

（3）通过作这些直线的包络线，即可求得凸轮的实际廓线，如图 6-24（b）所示。

需要注意的是，从动件平底上与凸轮轮廓线相切的点是随凸轮运动位置变化而不断变化的。为保证在所有位置从动件的平底与凸轮之间都能够保持接触，凸轮的所有廓线都必须是外凸的，并且平底左、右两侧的宽度应分别大于导路中心线至左、右最远切点的距离 b' 和 b''。

4. 摆动尖底从动件盘形凸轮轮廓线的设计

已知凸轮的转动中心与从动件摆动中心之间的距离 $OA_0 = a$，凸轮的基圆半径为

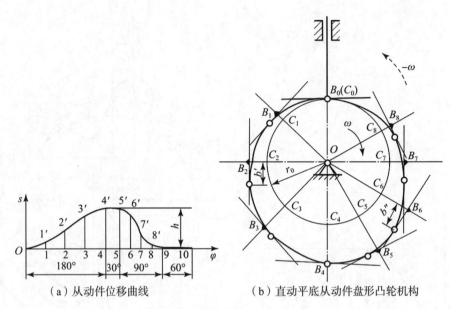

（a）从动件位移曲线　　　　（b）直动平底从动件盘形凸轮机构

图 6-24　直动平底从动件盘形凸轮轮廓曲线的设计

r_0，从动件的长度为 l，当凸轮以等角速度 ω 逆时针转动时，从动件的位移曲线如图 6-25（a）所示。

利用反转法，给整个机构绕凸轮转动中心 O 加一个公共角速度 $-\omega$，凸轮静止不动，从动件的摆动中心 A 将以角速度 $-\omega$ 绕 O 点转动，同时从动件将仍按照原有的运动规律绕 A 点摆动。凸轮轮廓线的设计步骤如下：

（1）选取适当的比例尺 μ_l，将从动件位移曲线上横坐标分成 10 份，须注意，这里的纵坐标为从动件的摆角 ψ，因此，纵坐标的比例尺是 1mm 代表多少度。

（2）以 O 点为圆心、r_0 为半径作基圆，根据已知的中心距 a，确定从动件摆动中心 A 点的初始位置 A_0。以 A_0 为圆心、从动件长度 l 为半径作圆弧，交基圆于 C_0 点，C_0 点为从动件尖底的初始位置，$A_0 C_0$ 为从动件的初始位置。

（3）以 O 点为圆心、$OA_0 = a$ 为半径作圆，并从 A_0 点开始，沿着 $-\omega$ 方向将该圆分成与位移曲线中横坐标相对应的区间等分，得到反转过程中从动件摆动中心 A 的一系列位置 A_1，A_2，A_3，$\cdots$，A_9。

（4）以 A_1，A_2，A_3，$\cdots$，A_9 为圆心，以从动件长度 l 为半径作圆弧，交基圆于 C_1，C_2，C_3，$\cdots$，C_9。以 $A_1 C_1$，$A_2 C_2$，$A_3 C_3$，$\cdots$，$A_9 C_9$ 为一边，分别作射线

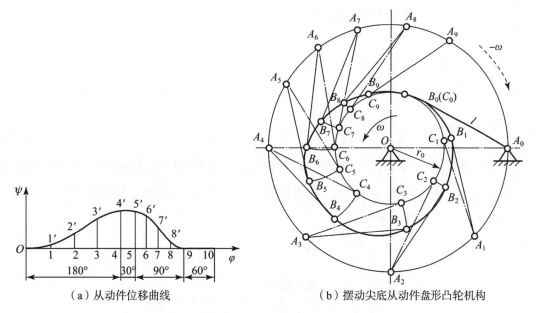

（a）从动件位移曲线　　　　（b）摆动尖底从动件盘形凸轮机构

图 6-25　摆动尖底从动件盘形凸轮轮廓线的设计

A_1B_1，A_2B_2，A_3B_3，…，A_9B_9，交以 A_1，A_2，A_3，…，A_9 为圆心，以 A_1C_1，A_2C_2，A_3C_3，…，A_9C_9 为半径的圆弧于 B_1，B_2，B_3，…，B_9 点，使 $\angle C_1A_1B_1$，$\angle C_2A_2B_2$，…，$\angle C_9A_9B_9$ 分别等于从动件位移曲线中对应的角位移，线段 A_1B_1，A_2B_2，A_3B_3，…，A_9B_9 为复合运动中从动件所依次占据的位置，B_1，B_2，B_3，…，B_9 为从动件尖底的运动轨迹点。

（5）将点 B_1，B_2，B_3，…，B_9 连成光滑的曲线，即为所求的凸轮轮廓线，如图 6-25（b）所示。

从图 6-25（b）中可以看出，求得的凸轮轮廓曲线与线段 AB 在某些位置会相交，因此，在考虑凸轮机构的具体结构时，应将从动件做成弯杆形式，以避免机构运动过程中凸轮与从动件发生干涉。

如果采用滚子、平底或曲底从动件来代替尖底从动件，则在设计凸轮轮廓线时，可把滚子的转动中心、平底与凸轮相切的接触点或曲底的曲率中心作为尖底从动件的尖底来设计凸轮轮廓曲线，即将上述连接 B_1，B_2，B_3，…，B_9 各点所得的光滑曲线作为凸轮的理论廓线，过这些点作一系列滚子圆、平底或曲底，然后画出它们的包络线，即可求得凸轮的实际廓线。

6.3.3 解析法设计凸轮轮廓线

凸轮轮廓线解析设计的基本要求是建立凸轮轮廓线的解析方程，并精确地计算出凸轮轮廓线上各点的坐标值。下面以几种常用的盘形凸轮机构为例进行说明。

1. 直动滚子从动件盘形凸轮

选取直角坐标系 xOy，如图 6-26 所示，B_0 点为从动件处于起始位置时滚子中心所处的位置。当凸轮转过角度 φ 后，从动件对应的位移为 s。根据反转法原理可知，此时滚子中心 B 点的直角坐标为

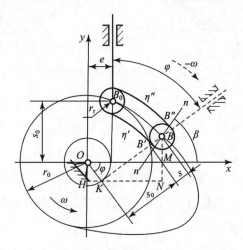

图 6-26 直动滚子从动件盘形凸轮

$$\begin{cases} x = KH + KN = (s_0 + s)\sin\varphi + e\cos\varphi \\ y = BN - MN = (s_0 + s)\cos\varphi - e\sin\varphi \end{cases} \tag{6-21}$$

式中，e 为偏距，$s_0 = (r_0{}^2 - e^2)^{1/2}$。

式（6-21）为凸轮理论廓线的方程式。

由高等数学知识可知，曲线上任意一点的法线斜率与该点的切线斜率互为负倒数，所以理论廓线上 B 点处的法线 nn 的斜率为

$$\tan\beta = -\mathrm{d}x/\mathrm{d}y = (\mathrm{d}x/\mathrm{d}\varphi)/(-\mathrm{d}y/\mathrm{d}\varphi) \tag{6-22}$$

式中，$\mathrm{d}x/\mathrm{d}\varphi$ 和 $\mathrm{d}y/\mathrm{d}\varphi$ 可由式（6-21）求得。

当 β 求出后，实际廓线上对应的 B' 点的坐标则为

$$\begin{cases} x' = x \mp r_r \cos\beta \\ y' = y \mp r_r \sin\beta \end{cases} \tag{6-23}$$

式中，$\cos\beta$ 和 $\sin\beta$ 可由式（6-22）求得，即

$$\cos\beta = - (\mathrm{d}y/\mathrm{d}\varphi) / \sqrt{(\mathrm{d}x/\mathrm{d}\varphi)^2 + (\mathrm{d}y/\mathrm{d}\varphi)^2}$$

$$\sin\beta = (\mathrm{d}x/\mathrm{d}\varphi) / \sqrt{(\mathrm{d}x/\mathrm{d}\varphi)^2 + (\mathrm{d}y/\mathrm{d}\varphi)^2}$$

将 $\cos\beta$ 和 $\sin\beta$ 代入式（6-23），可得

$$\begin{cases} x' = x \pm r_r \dfrac{\mathrm{d}y/\mathrm{d}\varphi}{\sqrt{\left(\dfrac{\mathrm{d}x}{\mathrm{d}\varphi}\right)^2 + \left(\dfrac{\mathrm{d}y}{\mathrm{d}\varphi}\right)^2}} \\[4ex] y' = y \pm r_r \dfrac{\mathrm{d}x/\mathrm{d}\varphi}{\sqrt{\left(\dfrac{\mathrm{d}x}{\mathrm{d}\varphi}\right)^2 + \left(\dfrac{\mathrm{d}y}{\mathrm{d}\varphi}\right)^2}} \end{cases} \tag{6-24}$$

式中，上面一组加减号表示一条内包络廓线 η'，下面一组加减号表示一条外包络廓线 η''。

式（6-24）即为凸轮实际廓线的方程式。

2. 直动平底从动件盘形凸轮

选取直角坐标系 xOy，如图 6-27 所示，B_0 点为从动件处于起始位置时平底与凸轮轮廓线的接触位置。当凸轮转过角度 φ 后，从动件对应的位移为 s。根据反转法原理可知，此时从动件平底与凸轮在 B 点处相切。

由于 P 点为该瞬时从动件与凸轮的瞬心，因此，从动件在该瞬时的移动速度为

$$v = v_p = \overline{OP} \cdot \omega$$

即

$$\overline{OP} = \frac{v}{\omega} = \frac{\mathrm{d}s}{\mathrm{d}\varphi} \tag{6-25}$$

由图可知 B 点的坐标为

$$\begin{cases} x = OD + EB = (r_0 + s)\sin\varphi + \dfrac{\mathrm{d}s}{\mathrm{d}\varphi}\cos\varphi \\[2ex] y = CD - CE = (r_0 + s)\cos\varphi - \dfrac{\mathrm{d}s}{\mathrm{d}\varphi}\sin\varphi \end{cases} \tag{6-26}$$

式（6-26）即为凸轮实际廓线的方程式。

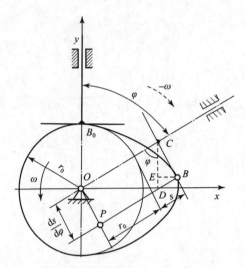

图 6-27   直动平底从动件盘形凸轮机构

3. 摆动滚子从动件盘形凸轮

已知摆动滚子从动件盘形凸轮机构的基本尺寸为从动件摆杆长 l、凸轮转动中心 O 与摆杆摆动轴心 A 之间的距离 a、基圆半径 r_0、滚子半径 r_r。如图 6-27 所示，选取直角坐标系 xOy，B_0 点为从动件处于起始位置时滚子中心的位置，摆杆与连心线 OA_0 之间的夹角为 ψ_0。当凸轮转角为 φ 时，从动件的角位移为 ψ。根据反转法原理可知，滚子中心在 B 点，其坐标为

$$\begin{cases} x = OD - CD = a\sin\varphi - l\sin(\varphi + \psi_0 + \psi) \\ y = AD + ED = a\cos\varphi - l\cos(\varphi + \psi_0 + \psi) \end{cases} \tag{6-27}$$

式（6-27）即为凸轮理论廓线方程。

6.4   凸轮机构基本尺寸的确定

前述凸轮轮廓线设计中，基圆半径 r_0、滚子半径 r_r 等基本结构参数都假设是给定的，而在实际设计中，这些参数均需设计者自行确定。下面仅就凸轮机构基本尺寸确定时应考虑的主要因素加以分析和讨论。

1. 凸轮机构的压力角

凸轮与从动件间正压力的方向线（即公法线 $n-n$）与从动件受力点速度的方向线所夹的锐角，称为凸轮机构的压力角，记为 α。图 6-28 给出了几种常见盘形凸轮机构的压力角示例。

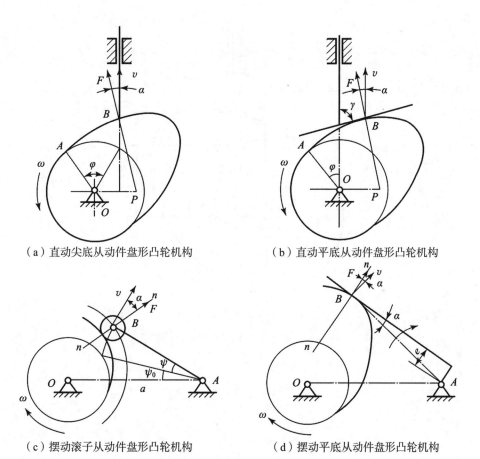

（a）直动尖底从动件盘形凸轮机构　　　（b）直动平底从动件盘形凸轮机构

（c）摆动滚子从动件盘形凸轮机构　　　（d）摆动平底从动件盘形凸轮机构

图 6-28　几种常见的盘形凸轮机构的压力角

压力角 α 是影响凸轮机构受力情况的一个重要参数。α 越大，力 F 在从动件运动方向的有效分力就越小，效率则随之降低。

工程上，为避免机械效率偏低，改善其受力情况，规定最大压力角 α 小于等于许用压力角 $[\alpha]$，即 $\alpha_{\max} \leqslant [\alpha]$。在实际应用中，推程许用压力角一般规定为：直动从动件取 $[\alpha] = 30° \sim 35°$；摆动从动件取 $[\alpha] = 30° \sim 45°$。回程时，形封闭凸轮机构，回程与推程许用压力角取同值；力封闭凸轮机构，回程许用压力角可取为 $[\alpha] = 70° \sim 80°$。

2. 凸轮压力角与基圆半径的关系

在图 6-29 中，点 P 为凸轮和从动件在图示位置的速度瞬心，故有

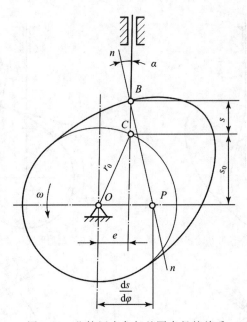

图 6-29 凸轮压力角与基圆半径的关系

$$\omega \, \overline{OP} = \frac{\mathrm{d}s}{\mathrm{d}t} = \frac{\mathrm{d}s}{\mathrm{d}\varphi} \cdot \frac{\mathrm{d}\varphi}{\mathrm{d}t} = \frac{\mathrm{d}s}{\mathrm{d}\varphi}\omega$$

即

$$\overline{OP} = \frac{\mathrm{d}s}{\mathrm{d}\varphi} = \frac{v}{\omega}$$

由图 6-29 可得

$$\tan\alpha = \frac{|\,\mathrm{d}s/\mathrm{d}\varphi - e\,|}{s + \sqrt{r_0{}^2 - e^2}} \tag{6-28}$$

或者
$$r_0 = \sqrt{\left(\frac{|\,\mathrm{d}s/\mathrm{d}\varphi - e\,|}{\tan\alpha} - s\right)^2 + e^2} \tag{6-29}$$

由此可知，基圆半径 r_0 与压力角 α 相互制约。当从动件运动规律及偏距 e 选定后，

减小基圆半径会使压力角增大。

3. 按许用压力角确定最小基圆半径

由前述可知，若从受力和效率的角度讲，压力角 α 越小越好；若从结构紧凑的角度讲，则基圆半径 r_0 越小越好，但减小 r_0 会使 α 增大，这是一对矛盾，必须适当兼顾。设计上通常采用下述原则处理：根据凸轮机构的最大压力角 α_{max} 不超过其许用压力角 $[\alpha]$ 为先决条件，来确定出最小的基圆半径。

根据这一原则，在式（6-29）中令 $\alpha = [\alpha]$，则有

$$|r_0| = \sqrt{\left(\frac{|ds/d\varphi - e|}{\tan|\alpha|} - s\right)^2 + e^2} \tag{6-30}$$

式中，s 及 $ds/d\varphi$ 是凸轮转角 φ 的函数，当取一定的转角间隔（即步长）计算时，所得出的 $[r_0]$ 实际上是个数列，该数列中必然有个最大的 $[r_0]$，将其记为 $[r_0]_{max}$。只要 $r_0 \geqslant [r_0]_{max}$，则在整个区间内的压力角就不超过许用值。为使基圆半径尽可能地小，不妨取等号，这时的 r_0 是在一定偏距下满足 $\alpha_{max} = [\alpha]$ 条件的最小基圆半径，即

$$r_{0min} = [r_0]_{max} \tag{6-31}$$

4. 运动失真及滚子半径的确定

凸轮轮廓线从几何上讲不外乎由内凹和外凸两部分曲线所构成。图 6-30（a）所示为内凹廓线，η 为理论廓线，η' 为实际廓线。设理论廓线在某点的曲率半径为 ρ，实际廓线在对应点的曲率半径为 ρ'，则由图 6-30（a）可看出，二者与滚子半径 r_r 间的关系为 $\rho' = \rho + r_r$。这样，不论滚子半径大小如何，ρ' 恒大于零。

图 6-30（b）所示为外凸的廓线，由图可看出，$\rho' = \rho - r_r$。当 $r_r < \rho$ 时，$\rho' > 0$，实际廓线为光滑曲线；当 $r_r = \rho$ 时，$\rho' = 0$，实际廓线出现如图 6-30（c）所示的尖点，极易磨损；当 $r_r > \rho$ 时，$\rho' < 0$，实际廓线出现图 6-30（d）所示的交叉，交叉部分在实际制造中将被切去，致使从动件不能按预期的运动规律运动，这种现象称为运动失真。

由高等数学知识可得，理论廓线上任意点的曲率半径的计算公式为

$$\rho = \frac{(\dot{x}^2 + \dot{y}^2)^{3/2}}{\dot{x}\,\ddot{y} - \dot{y}\,\ddot{x}} \tag{6-32}$$

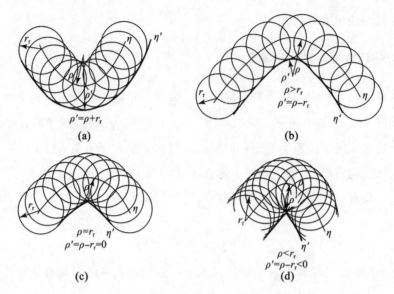

图 6-30 凸轮实际廓线形状与滚子半径的关系

式中，
$$\dot{x} = \frac{\mathrm{d}x}{\mathrm{d}\varphi}, \quad \dot{y} = \frac{\mathrm{d}y}{\mathrm{d}\varphi}, \quad \ddot{x} = \frac{\mathrm{d}^2 x}{\mathrm{d}\varphi^2}, \quad \ddot{y} = \frac{\mathrm{d}^2 y}{\mathrm{d}\varphi^2}$$

当用计算机进行辅助设计时，可以逐点用数值解法计算 ρ 值，最后找出最小值 $\rho_{\min}$。

工程设计上，通常按 $r_r \leqslant 0.8 \rho_{\min}$ 来确定滚子半径。同时还规定，实际廓线的最小曲率半径 $\rho'_{\min}$ 一般不应小于 $1 \sim 5 \mathrm{mm}$。当不能满足此要求时，要设法修改其设计，如适当减小 r_r 或增大 r_0，或修改从动件的运动规律，以避免实际廓线过于尖凸。

5. 平底长度的确定

在设计平底从动件盘形凸轮机构时，为了保证机构在运转过程中从动件平底与凸轮轮廓线始终正常接触，还必须确定平底的长度。由图 6-31 可知，平底长度 l 理论上应满足以下条件，即

$$l = 2\,\overline{OP}_{\max} + \Delta l = 2\left(\frac{\mathrm{d}s}{\mathrm{d}\varphi}\right)_{\max} + \Delta l \tag{6-33}$$

式中，Δl 为附加长度，由具体结构而定，一般取 $\Delta l = 5 \sim 7\mathrm{mm}$。

6. 偏距的设计

从动件的偏置方向直接影响凸轮机构压力角的大小，因此，在选择从动件的偏置

方向时，应注意尽可能减小凸轮机构在推程阶段的压力角。由式（6-29）可知，增大偏距 e 既可使压力角减小，也可使压力角增大，取决于凸轮的转动方向和从动件的偏置方向。从动件偏置方向的原则是：若凸轮逆时针回转，则应使从动件轴线偏于凸轮轴心右侧；若凸轮顺时针回转，则应使从动件轴线偏于凸轮轴心左侧。

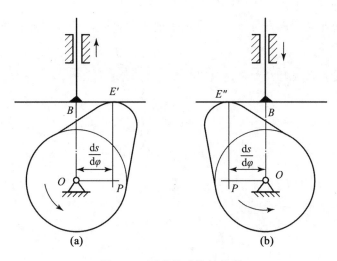

图 6-31　平底从动件的长度

小　结

本章主要介绍了凸轮机构的应用及分类、从动件推杆的常用运动规律、设计凸轮轮廓曲线的方法以及凸轮机构的压力角与基圆半径等。通过本章的学习，了解了凸轮机构的运动方式，为设计凸轮机构打下了理论基础。

习　题

(1) 凸轮机构的类型有哪些？在选用凸轮机构的类型时应考虑哪些因素？

(2) 从动件常用的运动规律有哪些？它们的特点和适用场合是什么？

(3) 滚子从动件盘形凸轮的基圆半径如何度量？

(4) 平底垂直于导路的直动从动件盘形凸轮机构的压力角等于多少？设计凸轮机

构时，对压力角有什么要求？

（5）凸轮机构常用的四种从动件运动规律中，哪种运动规律有刚性冲击？哪些运动规律有柔性冲击？哪种运动规律没有冲击？如何来选择从动件的运动规律？

（6）工程上设计凸轮机构时，其基圆半径一般如何选取？

（7）凸轮的理论廓线与实际廓线有什么区别和联系？

（8）什么是凸轮的压力角？当压力角超过许用值时，可采取何种措施来减小推程压力角？

（9）什么是运动失真？如何避免出现运动失真？

第 7 章

螺 纹 连 接

【知识目标】

掌握摩擦的基础理论、螺纹连接的基本知识、预紧与防松、结构设计及强度计算，重点掌握螺栓组连接的结构设计。

【学习目标】

学习掌握螺纹连接的基本概念和设计计算，为螺纹连接件的选用和计算打下理论基础。

机械连接是指实现机械零件之间互相连接功能的方法。机械连接分为两大类：机械动连接，即被连接的零件之间可以有相对运动的连接，如各种运动副；机械静连接，即被连接零件之间不允许有相对运动的连接。除有特殊说明之外，一般的机械连接是指机械静连接。

机械静连接又可分为两类：可拆连接，即不损坏连接中的任一零件就可把连接件拆开的连接，包括螺纹连接、键连接和销连接；不可拆连接，即必须破坏连接件某一部分才能拆开的连接，包括铆钉连接、焊接和黏接等。另外，过盈连接既可做成可拆连接，也可做成不可拆连接。

螺纹连接是利用具有螺纹的零件所构成的可拆连接，由于结构简单，装拆方便，工作可靠，并且大多数连接零件已标准化，所以在机器和设备的各零部件间的连接中得到广泛应用。本章主要讨论摩擦及其分类、螺纹连接的基本知识、预紧与防松、结构设计和强度计算，重点内容为螺栓组连接的结构设计。

7.1 摩 擦

两个物体表面在外力作用下发生相互接触并有相对运动（或运动趋势）时，在接触面之间产生的切向运动阻力称为摩擦力。这种在两物体接触区产生阻碍运动并消耗能量的现象，称为摩擦。摩擦会造成能量损耗和零件磨损，在一般情况下是有害的，因此应尽量减少摩擦。但有些情况下却要利用摩擦来工作，如螺纹连接的自锁、带传动、摩擦制动器等。

摩擦可以根据以下 3 类标准进行划分：

1. 按摩擦副运动状态分

（1）静摩擦：两物体表面产生接触，有相对运动趋势但尚未产生相对运动时的摩擦。

（2）动摩擦：两相对运动表面之间的摩擦。

2. 按相对运动的位移特征分

（1）滑动摩擦：两接触物体接触点具有不同速度和方向即具有相对滑动或有相对滑动趋势时的摩擦。

（2）滚动摩擦：两接触物体接触点的速度的大小和方向相同即具有相对滚动或有相对滚动趋势时的摩擦。

（3）自旋摩擦：两接触物体环绕其接触点处的公法线进行相对旋转时的摩擦。

上述摩擦方式的叠加，就构成了复合方式的摩擦，如滑动滚动摩擦等。

3. 按表面润滑状态分

（1）干摩擦：两摩擦表面之间无任何润滑剂或保护膜的摩擦，如图 7-1（a）所示。干摩擦状态产生较大的摩擦功耗及严重的磨损，因此应严禁出现这种摩擦。

干摩擦常用摩擦定律表达摩擦力 F、法向力 F_N 和摩擦系数 f 之间的关系：

$$F = f \cdot F_N \tag{7-1}$$

摩擦定律具有简单、实用等特点。在工程上，除流体摩擦外，其他几种摩擦和固体润滑都能近似地应用该定律进行计算。摩擦定律只适用于粗糙表面，两个粗糙表面接触时接触点互相啮合，摩擦力就是啮合点间切向阻力的总和。表面越粗糙，摩擦力越大。然而摩擦定律不能解释光滑表面间的摩擦现象，表面粗糙度值越低，接触面积越大，摩擦力也越大，且滑动速度大时还与速度有关。

因此，古典的摩擦定律有一定的局限性，目前又出现了几种理论来阐明摩擦的本质，但尚未形成统一的定论，目前比较通用的有粘着理论、分子－机械理论等。

(2) 边界摩擦（即边界润滑）：两摩擦表面被吸附在表面的边界膜（油膜厚度小于 $1\mu m$）隔开，使其处于干摩擦与液体摩擦之间的状态，摩擦性质取决于边界膜和表面吸附性质的摩擦，如图 7-1（b）所示。

(3) 流体摩擦（即流体润滑）：两摩擦表面不直接接触，被油膜（油膜厚度一般在 $1.5\sim2\mu m$ 以上）隔开，以流体层隔开相对运动表面时的摩擦，即由流体的黏性阻力或流变阻力引起的摩擦，如图 7-1（c）所示。

(4) 混合摩擦（即混合润滑）：在工程实践中，存在很多摩擦副处于干摩擦、边界摩擦与流体摩擦的混合状态，称为混合摩擦，其摩擦系数比边界摩擦的小得多，但仍有微凸体的直接接触，如图 7-1（d）所示。

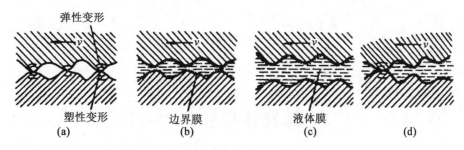

图 7-1 摩擦副的表面润滑状态

由于边界摩擦、流体摩擦、混合摩擦都必须在一定的润滑条件下才能实现，因此这三种摩擦又分别称为边界润滑、流体润滑和混合润滑。

表 7-1 所示为各种摩擦状态下的摩擦系数。

表 7-1   不同摩擦状态下的摩擦系数

摩擦状态	摩擦系数
干摩擦（表面无润滑）	
相同金属：黄铜-黄铜；青铜-青铜	0.80~1.50
异种金属：铜铅合金-钢；轴承合金-钢	0.15~0.30
非金属：橡胶-其他材料	0.60~0.90
非金属：聚四氟乙烯-其他材料	0.04~0.12
边界润滑	
矿物油湿润金属表面	0.15~0.30
加油性添加剂的油润滑：钢-钢；尼龙-钢	0.05~0.10
加油性添加剂的油润滑：尼龙-尼龙	0.10~0.20
流体润滑	
液体动力润滑	0.01~0.001
液体静力润滑	0.001~0.0000001
固体润滑	
石墨、二硫化钼润滑	0.06~0.20
铅膜润滑	0.08~0.20
滚动润滑	
圆柱在平面上纯滚动	0.001~0.00001
一般滚动轴承	0.01~0.001

7.2 螺纹连接的基本知识

1. 螺纹的形成

如图 7-2 所示，将一与水平面倾斜角为 λ 的直线绕在圆柱体上，即可形成一条螺旋线。如果用一个平面图形（三角形、梯形或矩形等）沿着螺旋线运动，并保持此平面图形始终在通过圆柱轴线的平面内，则此平面图形的轮廓在空间的轨迹便形成螺纹。

根据平面图形的形状，螺纹的牙形有矩形（图 7-3（a））、三角形（图 7-3（b））、梯形（图7-3（c））和锯齿形（图7-3（d））等。根据螺旋线的绕行方向，螺纹分为右旋螺纹（图7-4（a））和左旋螺纹（图7-4（b））；根据螺旋线的数目，螺纹又可以分为单线螺纹（图7-4（a））和双线或双线以上的多线螺纹（图7-4（c））。

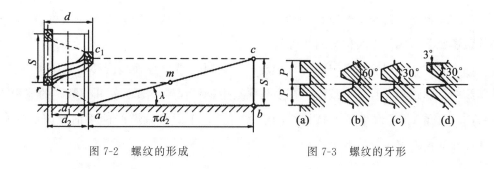

图7-2 螺纹的形成   图7-3 螺纹的牙形

2. 螺纹的主要参数

螺纹有外螺纹和内螺纹之分，共同组成螺旋副。如图7-5所示，在圆柱体外表面上形成的螺纹称为外螺纹，在圆柱体孔壁上形成的螺纹称为内螺纹。起连接作用的螺纹称为连接螺纹，起传动作用的螺纹称为传动螺纹。螺纹又分为米制和英制（螺距以每英寸牙数表示）两类。我国除管螺纹外，多采用米制螺纹。

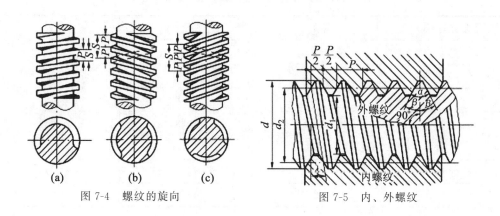

图7-4 螺纹的旋向   图7-5 内、外螺纹

以三角螺纹为例，圆柱普通螺纹有以下主要参数：

（1）大径 d、D：与外螺纹的牙顶（或内螺纹牙底）相重合的假想圆柱面的直径，这个直径是螺纹的公称直径（管螺纹除外）。

（2）小径 d_1、D_1：与外螺纹的牙底（或内螺纹牙顶）相重合的假想圆柱面的直径，常用作危险剖面的计算直径。

（3）中径 d_2、D_2：假想的与螺栓同心的圆柱直径，此圆柱周向切割螺纹，使螺纹在此圆柱面上的牙厚和牙间距相等。

（4）螺距 p：相邻两螺牙在中径线上对应两点间的轴向距离，是螺纹的基本参数。

（5）线数 n：螺纹的螺旋线根数。沿一条螺旋线形成的螺纹称为单线螺纹，沿 n 条等距螺旋线形成的螺纹称为 n 线螺纹。

（6）导程 s：螺栓在固定的螺母中旋转一周时，沿自身轴线所移动的距离。在单头螺纹中，螺距和导程是一致的；在多头螺纹中，导程等于螺距 p 和线数 n 的乘积。

（7）升角 λ：螺纹中径上螺旋线的切线与垂直于螺纹轴心线的平面之间的夹角，因此由几何关系可得：

$$\tan\lambda = \frac{s}{\pi d_2} = \frac{np}{\pi d_2} \tag{7-2}$$

（8）牙形角 α、牙形斜角 β：在轴向截面内，螺纹牙两侧边的夹角为牙形角 α，牙形侧边与螺纹轴线的垂线之间的夹角为牙形斜角 β。其中，对称螺纹的牙形斜角为 $\beta = \frac{\alpha}{2}$。

部分常用粗牙普通螺纹的基本尺寸见表 7-2，其中括号内为第二系列。

表 7-2 　　　　　　　　　　部分常用粗牙普通螺纹的基本尺寸（单位：mm）

公称直径 d	螺距 p	中径 d_2	小径 d_1
6	1	5.35	4.92
8	1.25	7.19	6.65
10	1.5	9.03	8.38
12	1.75	10.86	10.11
[14]	2	12.70	11.84
16	2	14.70	13.84
[18]	2.5	16.38	15.29

3. 常用螺纹的类型和特点

常用螺纹的类型主要有：三角形螺纹、矩形螺纹、梯形螺纹、锯齿形螺纹、管螺纹。其中，除矩形螺纹外都已标准化，尺寸可以查阅有关标准。表 7-3 列出了常用螺纹的类型和特点。

表 7-3		常用螺纹的类型和特点
螺纹类型	牙形	特　　点
普通螺纹		牙形为等边三角形，牙形角为 60°，外螺纹牙根允许有较大的圆角，以减少应力集中。同一公称直径的螺纹，可按螺距大小分为粗牙螺纹和细牙螺纹。一般的静连接常采用粗牙螺纹。细牙螺纹自锁性能好，但不耐磨，常用于薄壁件或者受冲击、振动和变载荷的连接中，也可用于微调机构的调整螺纹。
非螺纹密封的管螺纹		牙形为等腰三角形，牙形角为 55°，牙顶有较大的圆角。管螺纹为英制细牙螺纹，公称直径是管子的公称通径。 适用于管接头、旋塞、阀门用附件。
用螺纹密封的管螺纹		牙形为等腰三角形，牙形角为 55°，牙顶有较大的圆角。螺纹分布在锥度为 1∶16 的圆锥管壁上。包括圆锥内螺纹与圆锥外螺纹和圆锥外螺纹与圆柱内螺纹两种连接形式。螺纹旋合后，利用本身的变形来保证连接的紧密性。 适用于管接头、旋塞、阀门及附件。
矩形螺纹		牙形为正方形。传动效率高，但牙根强度低，螺旋副磨损后，间隙难以修复和补偿。矩形螺纹无国家标准，应用较少，目前逐渐被梯形螺纹所取代。
梯形螺纹		牙形为等腰梯形，牙形角为 30°，传动效率低于矩形螺纹，但工艺性好，牙根强度高，对中性好。梯形螺纹是最常用的传动螺纹。
锯齿形螺纹		牙形为不等腰梯形，工作面的牙形角为 3°，非工作面的牙形角为 30°。外螺纹的牙根有较大的圆角，以减少应力集中。 适用于承受单向载荷的螺旋传动。

　　注：公称直径相同的普通螺纹有不同大小的距离，其中螺距最大的称为粗牙螺纹，其他的称为细牙螺纹。普通粗牙螺纹常用尺寸（包括 d、p、d_1、d_2）可查有关手册。

4. 螺纹连接的基本类型与标准螺纹连接件

1）螺纹连接的基本类型

螺纹连接的基本类型有普通螺栓连接、双头螺栓连接、螺钉连接和紧定螺钉连接，如表 7-4 所示。

表 7-4　　　　　　　　　　　　　　**螺纹连接的基本类型、特点与应用**

类型	结构图	尺寸关系	特点与应用
普通螺栓连接		普通螺栓的螺纹余量长度 L_1 为： 静载荷 $L_1 \geqslant (0.3 \sim 0.5)d$； 变载荷 $L_1 \geqslant 0.75d$； 铰制孔用螺栓连接 $L_1 \approx d$。 螺纹伸出长度： $a = (0.2 \sim 0.3)d$。 螺纹轴线到边缘的距离： $e = d + (3 \sim 6)\,\mathrm{mm}$。 螺栓孔直径 d_0： 普通螺栓：$d_0 = 1.1d$； 铰制孔用螺栓：d_0 按 d 查标准。	结构简单，装拆方便，对通孔加工精度要求低，应用最广泛。
双头螺栓连接		螺纹拧入深度 H 为： 钢或青铜：$H \approx d$； 铸铁：$H = (1.25 \sim 1.5)d$； 铝合金：$H = (1.5 \sim 2.5)d$。	通常用于被连接件之一太厚不便穿孔、结构要求紧凑或者经常装拆的场合。
螺钉连接		参考双头螺栓连接尺寸取值	通常用于被连接件之一较厚不便加工通孔的场合。

续表

类型	结构图	尺寸关系	特点与应用
紧定螺钉连接	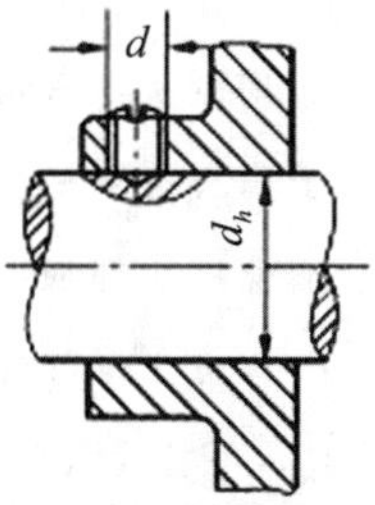	$d = (0.2 \sim 0.3)\, d_h$，当力和转矩大时取较大值。	螺钉的末端顶住被连接零件的表面或者顶入该零件的凹坑中，将零件固定以传递不大的载荷。

2）标准螺纹连接件

螺纹连接件的结构形式和尺寸已经标准化，设计时按有关标准选用即可。常用螺纹连接件的类型、结构特点和应用如表 7-5 所示。

表 7-5　　　　　　　　常用螺纹连接件的类型、结构特点及应用

类型	图例	结构特点及应用
六角头螺栓	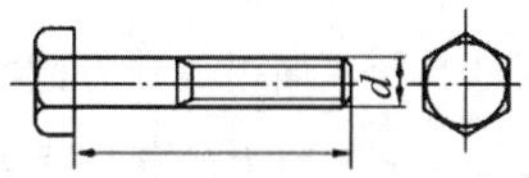	应用最广。螺杆可制成全螺纹或者部分螺纹，螺距有粗牙和细牙。螺栓头部有六角头和小六角头两种。其中小六角头螺栓材料利用率高、机械性能好，但由于头部尺寸较小，不宜用于装拆频繁、被连接件强度低的场合。
双头螺栓	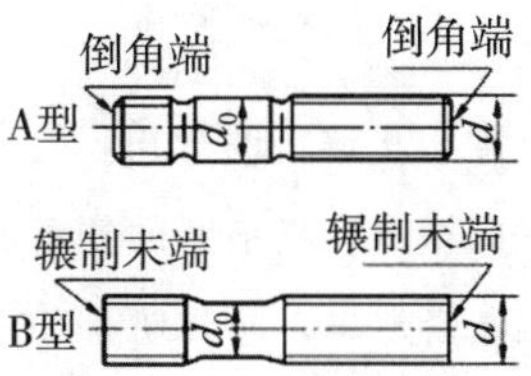	螺栓两头都有螺纹，两头的螺纹可以相同也可以不相同，螺栓可带退刀槽或者制成腰杆，也可以制成全螺纹的螺柱，螺柱的一端常用于旋入铸铁或者有色金属的螺纹孔中，旋入后不拆卸，另一端则用于安装螺母以固定其他零件。
自攻螺钉	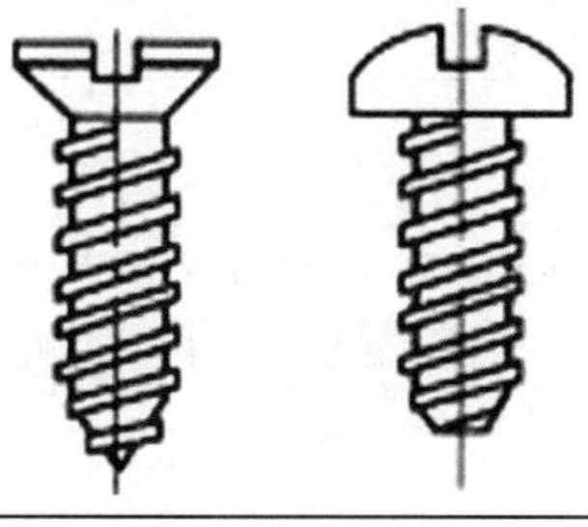	螺钉头部形状有圆头、六角头、圆柱头、沉头等。多用于连接金属薄板、轻合金或者塑料零件，螺钉在连接时可以直接攻出螺纹。

类型	图例	结构特点及应用
螺钉		螺钉头部形状有圆头、扁圆头、六角头、圆柱头和沉头等。头部的起子槽有一字槽、十字槽和内六角孔等形式。十字槽螺钉头部强度高、对中性好，便于自动装配。内六角孔螺钉可承受较大的扳手扭矩，连接强度高，可替代六角头螺栓，用于要求结构紧凑的场合。
紧定螺钉		紧定螺钉常用的末端形式有锥端、平端和圆柱端。锥端适用于被紧定零件的表面硬度较低或者不经常拆卸的场合；平端接触面积大，不会损伤零件表面，常用于顶紧硬度较大的平面或者经常装拆的场合；圆柱端压入轴上的凹槽中，适用于紧定空心轴上的零件位置。
六角螺母		根据螺母厚度不同，可分为标准型和薄型两种。薄螺母常用于受剪力的螺栓或者空间尺寸受限制的场合。
圆螺母		圆螺母常与止退垫圈配用，装配时将垫圈内舌插入轴上的槽内，将垫圈的外舌嵌入圆螺母的槽内，即可锁紧螺母，起到防松作用。常用于滚动轴承的轴向固定。
垫圈		保护被连接件表面不被擦伤，增大螺母与被连接件间的接触面积。斜垫圈用于支承倾斜面。

7.3 螺纹连接的预紧与防松

1. 螺纹连接的预紧

螺纹连接装配时，一般都要拧紧螺纹，使连接螺纹在承受工作载荷之前，预先受到力的作用，这就是螺纹连接的预紧，预加作用力称为预紧力。螺纹连接预紧的目的在于增加连接的可靠性、紧密性和防松能力。施加的预紧力要适当，预紧力过小，则连接不可靠；预紧力过大，则有可能拧断螺栓。

如图 7-6 所示，在拧紧螺母时，需要克服螺纹副间相对转动的阻力矩 T_1 和螺母与支承面之间的摩擦阻力矩 T_2，即拧紧力矩 $T = T_1 + T_2$。

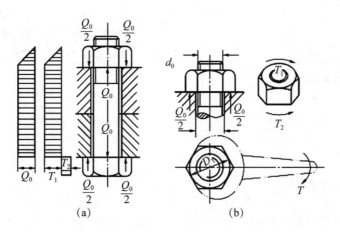

图 7-6 拧紧螺母时的力矩计算

对于 M10～M64 的粗牙普通螺栓，若螺纹连接的预紧力为 Q_0，螺栓直径为 d，则拧紧力矩 T 可近似按下式计算：

$$T = 0.2Q_0d \tag{7-3}$$

预紧力的具体数值应根据载荷性质、连接刚度等具体工作条件确定。对于重要的或有特殊要求的螺栓连接，预紧力的数值应在装配图上作为技术条件注明，以便在装配时加以保证。通常规定，拧紧后螺纹连接件的预紧应力不得超过其材料的屈

服极限 σ_s 的80%。对于一般连接用的钢制普通螺栓连接，其预紧力 Q_0 的大小按下式计算：

$$Q_0 = (0.5 \sim 0.7)\sigma_s A \tag{7-4}$$

式中，σ_s 为螺栓材料的屈服极限，A 为螺栓危险截面的面积，即 $A = \frac{\pi}{4}d_1^2$。

预紧力的大小与拧紧螺母或螺栓所需的拧紧力矩有关，要控制预紧力的大小就应控制拧紧力矩的大小，拧紧力矩的控制可以靠定力矩扳手或测力矩扳手来实现。

预紧力的控制方法有多种。对于一般的普通螺栓连接，预紧力凭装配经验控制；对于较重要的普通螺栓连接，可用测力矩扳手（如图7-7所示）或者定力矩扳手（如图7-8所示）来控制预紧力大小；对于预紧力控制有精确要求的螺栓连接，可采用测量螺栓伸长的变形量来控制预紧力大小；而对于高强度螺栓连接，可以采用测量螺母转角的方法来控制预紧力大小。

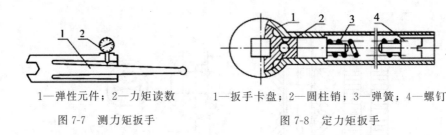

1—弹性元件；2—力矩读数
图7-7 测力矩扳手

1—扳手卡盘；2—圆柱销；3—弹簧；4—螺钉
图7-8 定力矩扳手

2. 螺纹连接的防松

松动是螺纹连接最常见的失效形式之一。在静载荷条件下，普通螺栓由于螺纹的自锁性，一般可以保证螺纹连接的正常工作。但是，在冲击、振动或者变载荷作用下，或者当温度变化很大时，螺纹副间的摩擦力可能减少或者瞬时消失，致使螺纹连接产生自动松脱现象，特别是在交通、化工和高压密闭容器等设备或装置中，螺纹连接的松动可能会造成重大事故。为了保证螺纹连接的安全可靠，许多情况下螺栓连接都采取一些必要的防松措施。

螺纹连接防松的本质就是防止螺纹副的相对运动。按照工作原理来分，螺纹防松有摩擦防松、机械防松、不可拆卸防松等多种方法。常用螺纹防松方法见表7-6。

表 7-6　　　　　　　　　　　　常用螺纹防松方法

防松方法	类型及特点		
摩擦防松	弹簧垫圈	弹性圈螺母	对顶螺母
	弹簧垫圈材料为弹簧钢，装配后垫圈被压平，其反弹力使螺纹副之间保持压紧力和摩擦力。	螺纹旋入处嵌入纤维或者尼龙来增加摩擦力。该弹性圈还可以防止液体泄漏。	利用两螺母的对顶作用使螺栓始终受附加拉力和附加摩擦力作用。结构简单，可用于低速重载场合。
机械防松	槽形螺母和开口销	圆螺母用带翅垫片	止动垫片
	槽形螺母拧紧后，用开口销穿过螺栓尾部小孔和螺母的槽，也可以用普通螺母拧紧后再配钻开口销孔。	使垫片内翅嵌入螺栓（轴）的槽内，拧紧螺母后将垫片外翅之一折嵌于螺母的一个槽内。	将垫片折边以固定螺母和被连接件的相对位置。
不可拆卸防松	冲点	焊接	涂黏合剂　黏合
	防松效果良好，但不可拆卸。		

7.4 螺栓组连接的结构设计

7.4.1 单个螺栓连接的强度计算

单个螺栓连接的强度计算是螺栓连接强度计算的基础。对单个螺栓连接而言，其受力的形式无非是受轴向力或受横向力。

在轴向力的作用下，螺栓杆和螺纹部分可能发生塑性变形或断裂；而在横向力的作用下，当采用配合螺栓时，螺栓杆和孔壁间可能发生压溃或螺栓杆被剪断等。根据统计分析，在静载荷作用下螺栓连接很少发生破坏，只有在严重过载的情况下才会发生。就破坏性质而言，约有90％的螺栓属于疲劳破坏。

因此，对于受拉螺栓，要保证螺栓的静力拉伸强度；对于受剪螺栓，其设计准则是保证被连接件的挤压强度和剪切强度。

螺栓连接的强度计算方法，对于双头螺柱和螺钉连接也适用。

1. 松螺栓连接强度计算

松螺栓连接装配时，螺母不需要拧紧。在承受工作载荷之前，螺栓不受力。这种连接的应用范围有限，如拉杆、起重吊钩等，如图7-9所示。

这种连接的强度计算只要保证螺栓的危险剖面上的工作应力不超过螺栓材料的许用应力就可以了。若螺栓承受的拉力为 Q，螺栓的危险剖面直径一般为螺纹牙根处直径 d_1，则

$$\sigma = \frac{Q}{A} = \frac{Q}{\frac{\pi}{4}d_1{}^2} \leqslant [\sigma] \tag{7-5}$$

式中，d_1 为螺栓危险截面的直径（即螺纹的小径），单位为 mm。$[\sigma]$ 为螺栓材料的许用应力，$[\sigma] = \frac{\sigma_s}{S}$，单位为 MPa；其中，$\sigma_s$ 为螺栓材料的屈服极限（如表7-7所示），S 为安全系数（如表7-8所示）。

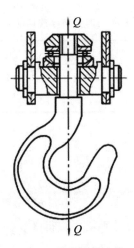

图 7-9　吊钩螺栓连接

表 7-7 **螺纹连接件常用材料的机械性能**

材料	抗拉强度极限 σ_b /MPa	屈服极限 σ_s /MPa	疲劳极限 σ_{-1} /MPa
10	340～420	210	160～220
Q235	410～470	240	170～220
35	540	320	220～300
45	610	360	250～340
40Cr	750～1000	650～900	320～440

表 7-8 **螺纹连接件的许用应力和安全系数**

连接情况	受载情况	许用应力 [σ] 和安全系数 S
松连接	轴向静载荷	$[\sigma] = \dfrac{\sigma_s}{S}$，$S = 1.2 \sim 1.7$（未淬火钢取较小值）
紧连接	轴向静载荷 横向静载荷	$[\sigma] = \dfrac{\sigma_s}{S}$，控制预紧力时，$S = 1.2 \sim 1.7$；不控制预紧力时，$S$ 查表 7-9
铰制孔用 螺栓连接	横向静载荷	$[\tau] = \dfrac{\sigma_s}{2.5}$，被连接件为钢时，$[\sigma_p] = \dfrac{\sigma_s}{1.25}$；被连接件为铸铁时，$[\sigma_p] = \dfrac{\sigma_s}{2 \sim 2.5}$
	横向变载荷	$[\tau] = \dfrac{\sigma_s}{3.5 \sim 5}$，$[\sigma_p]$ 按静载荷的 $[\sigma_p]$ 值降低 20%～30%

表 7-9　　　　　　　　　　　　　　不控制预紧力时紧螺栓连接的安全系数

材料	M6～M16	M16～M30	M30～M60
碳钢	4～3	3～2	2～1.3
合金钢	5～4	4～2.5	2.5

由此可得设计公式为

$$d_1 \geqslant \sqrt{\frac{4Q}{\pi [\sigma]}} \qquad\qquad (7\text{-}6)$$

计算得出 d_1 值后再从有关设计手册中查得螺纹的公称直径 d。

2. 紧螺栓连接强度计算

1）只受预紧力作用的紧螺栓连接

如图 7-10 所示的连接靠螺栓旋紧后使被连接件之间产生正压力，进而产生摩擦力来抵抗外横向载荷，通常采用普通螺栓，螺栓受旋紧螺母而产生的预紧力 Q_p 和螺纹副间的摩擦力矩 T_1 的作用。

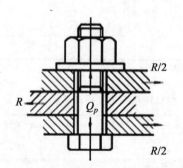

图 7-10　承受横向载荷的普通螺栓连接

每个螺栓的预紧力 Q_p 即每个螺栓作用于被连接件的压力，其大小为

$$Q_p fzm \geqslant KR \qquad\qquad (7\text{-}7)$$

考虑到紧螺栓连接时在受到预紧力拉伸作用的同时还要受到螺纹力矩产生的扭转作用，根据第四强度理论，将所受预紧力增大 30% 来考虑由此引起的扭转应力的影响。

因此螺栓危险剖面的拉伸强度条件为

$$\sigma = \frac{1.3Q_p}{\frac{\pi}{4}d_1^2} \leqslant [\sigma] \tag{7-8}$$

式中，Q_p 为单个螺栓的预紧力，单位为 N；R 为横向外载荷，单位为 N；f 为被连接零件表面的摩擦系数；z 为连接螺栓的个数；m 为接合面数（图 7-10 中，$m=2$）；K 为过载系数，通常取 $K=1.2$；$[\sigma]$ 为紧螺栓连接时的许用应力，单位为 MPa，如表 7-7、表 7-8 所示。

2）受预紧力和轴向工作载荷作用的紧螺栓连接

这类连接在拧紧后还要承受轴向工作载荷 Q_w。由于弹性变形的影响，螺栓所受的总拉力 Q 并不等于预紧力 Q_p 和工作载荷 Q_w 之和，还与螺栓的刚度 C_1、被连接件的刚度 C_2 等因素有关。这类螺栓也常用普通螺栓连接。

图 7-11 所示为单个螺栓连接的受力与变形情况。其中，图（a）为螺母刚好拧到与被连接件接触，此时螺栓与被连接件未受力，也不产生变形；图（b）是螺母已拧紧，但尚未承受工作拉力，螺栓仅受预紧力 Q_p 的作用，此时，螺栓产生伸长量 δ_1，被连接件产生压缩量 δ_2，但 $\delta_1 \neq \delta_2$，因为 $C_1 \neq C_2$；图（c）是螺栓受轴向工作载荷 Q_w 后的情况，这时，螺栓拉力增大到 Q，拉力增量为 $Q-Q_w$，伸长增量为 $\Delta\delta_1$，被连接件由于螺栓的继续伸长而放松，所受压力由 Q_p 减小到 Q_r（称为剩余预紧力），压缩减量为 $\Delta\delta_2$；图（d）为工作载荷过大时连接出现间隙。

因为连接件和被连接件变形的相互制约和协调，有 $\Delta\delta_1 = \Delta\delta_2$。

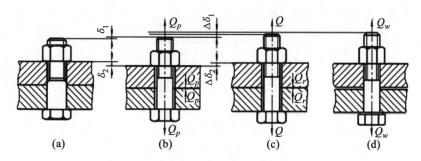

图 7-11 受轴向载荷时螺栓和被连接件的受力与变形情况

由上述分析可知，紧螺栓受轴向载荷后，被连接件反作用在螺栓上的力已不是原来的预紧力 Q_p，而是剩余预紧力 Q_r，螺栓所受的总拉力 Q 为轴向工作载荷与剩余预紧力之和

$$Q = Q_r + Q_w \tag{7-9}$$

或

$$Q = Q_p + \frac{C_1}{C_1 + C_2} Q_w \tag{7-10}$$

式中，$\dfrac{C_1}{C_1 + C_2}$ 为螺栓的相对刚度，与螺栓及被连接件的材料、结构、尺寸和垫片等有关，其值在 0～1 之间。若 C_2 很大，C_1 很小，则螺栓的相对刚度趋于零，这时，$Q = Q_p$；反之，则相对刚度趋于 1，这时，$Q = Q_p + Q_w$。由此可知，为了降低螺栓的受力，应使螺栓的相对刚度尽可能小一些。设计时可按表 7-10 查取。

表 7-10　　　　　　　　　　**螺栓的相对刚度**

被连接件（为钢时）所用垫片类别	$\dfrac{C_1}{C_1 + C_2}$
金属垫片（或无垫片）	0.2～0.3
皮革垫片	0.7
铜皮石棉垫片	0.8
橡胶垫片	0.9

同只受预紧力作用的紧螺栓连接相似，可得螺栓所受的当量拉力为

$$Q_v = 1.3Q \tag{7-11}$$

于是螺栓危险剖面的拉伸强度条件为

$$\sigma = \frac{Q_v}{\frac{\pi}{4} d_1^2} = \frac{1.3Q}{\frac{\pi}{4} d_1^2} \leqslant [\sigma] \tag{7-12}$$

或

$$d_1 \geqslant \sqrt{\frac{4 \times 1.3Q}{\pi [\sigma]}} \tag{7-13}$$

式中各符号的意义同前。

3）受剪的铰制孔螺栓连接

如图 7-12 所示，这种螺栓连接是利用配合螺栓抗剪来承受载荷 F 的。螺栓杆与螺栓孔壁间无间隙，接触表面受挤压；在连接接合面处，螺栓杆则受剪切。因此应分别按挤压强度和剪切强度条件计算。

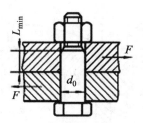

图 7-12　受剪紧螺栓连接

螺栓杆与孔壁间的挤压强度条件为

$$\sigma_p = \frac{F}{d_0 L_{\min}} \leqslant [\sigma_p] \tag{7-14}$$

螺栓杆的剪切强度条件为

$$\tau = \frac{F}{\frac{\pi}{4} d_0^2} \leqslant [\tau] \tag{7-15}$$

式中，F 为螺栓所受工作剪力，单位为 N；d_0 为螺栓剪切面直径（可取螺栓孔的直径），单位为 mm；$L_{\min}$ 为螺栓杆与孔壁挤压面的最小高度，单位为 mm，设计时应使 $L_{\min} \geqslant 1.25 d_0$；$[\sigma_p]$ 为螺栓或孔壁材料的许用挤压应力，单位为 MPa，见表 7-7、表 7-8。

例 1　如图 7-13 所示为汽缸盖螺栓连接，已知汽缸内径为 $D = 200\,\text{mm}$，汽缸内的气体工作压强为 $p = 1.2\,\text{MPa}$，缸盖与缸体之间采用橡胶垫圈密封。若 $D_0 = 260\,\text{mm}$，螺栓数目 $z = 10$，试确定螺栓直径并检查螺栓间距是否满足表 7-11 规定的数值及是否符合扳手空间要求。

表 7-11　　　　　　　　　　　　压力容器的螺栓间距

工作压强 p /MPa	$t_0 \leqslant$
$\leqslant 1.6$	$7d$
$1.6 \sim 10$	$4.5d$
$10 \sim 16$	$4d$
$16 \sim 20$	$3.5d$
$20 \sim 30$	$3d$

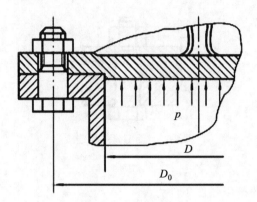

图 7-13   汽缸盖螺栓连接

解：(1) 确定每个螺栓所受的轴向工作载荷：

$$Q_w = \frac{p\pi D^2}{4z} = \frac{1.2 \times 3.14 \times 200^2}{4 \times 10} = 3770(\text{N})$$

(2) 计算每个螺栓所受的总拉力：

由于汽缸盖螺栓连接有密封要求，查表可知，$Q_r = (1.5 \sim 1.8)Q_w$，取 $Q_r = 1.8Q_w$，则每个螺栓所受总拉力为

$$Q = Q_w + Q_r = Q_w + 1.8Q_w = 2.8Q_w = 2.8 \times 3770 = 10556(\text{N})$$

(3) 计算螺栓公称直径：

螺栓材料选为 45 钢，查表可得 $\sigma_s = 360\text{MPa}$，若装配时不控制预紧力，则螺栓的许用应力与其直径有关，故采用试算法。试选螺栓直径 $d = 16\text{mm}$，查表可得 $S = 3$，则根据许用应力计算公式得

$$[\sigma] = \frac{\sigma_s}{S} = \frac{360}{3} = 120(\text{MPa})$$

求得螺栓小径

$$d_1 \geqslant \sqrt{\frac{4 \times 1.3Q}{\pi[\sigma]}} = \sqrt{\frac{4 \times 1.3 \times 10556}{\pi \times 120}} = 12.07(\text{mm})$$

查表得 M16 的螺栓直径 $d = 16\text{mm}$，$d_1 = 13.84\text{mm}$，故合适。

(4) 校验螺栓间距：

螺栓间距为

$$t_0 = \frac{\pi D_0}{z} = \frac{\pi \times 260}{10} = 81.68(\text{mm})$$

查表可知，当 $p \leqslant 1.6 \mathrm{MPa}$ 时，压力容器螺栓间距 $t_0 \leqslant 7d = 7 \times 16 = 112(\mathrm{mm})$，故满足紧密性要求。

查有关的设计手册，M16 的扳手空间 $d' = 48 \mathrm{mm}$。而 $t_0 > d'$，故能满足扳手空间要求。

若以上要求不能满足，则应重选螺栓个数，按上述步骤进行计算，直至合格为止。

7.4.2　螺栓组连接的结构设计

螺栓组连接结构设计的主要目的在于合理地确定连接接合面的几何形状和螺栓的布置形式，力求各螺栓和连接接合面间受力均匀，便于加工和装配。因此，设计时应综合考虑以下几个方面的问题。

（1）连接接合面的几何形状一般都设计成轴对称的简单几何形状（如图 7-14 所示），这样不但便于加工制造，而且使连接的接合面受力比较均匀。

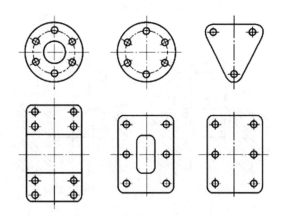

图 7-14　螺栓组连接接合面常用的形状

（2）螺栓的数目应取为易于分度的数目（如 3、4、6、8、12 等），以利于划线钻孔。同一组螺栓的材料、直径和长度应尽量相同，以简化结构和便于装配。

（3）应有合理的间距、边距和足够的扳手空间。如图 7-15 所示，布置螺栓时各螺栓轴线间以及螺栓轴线和机体壁间的最小间距，应根据扳手所需活动空间的大小来确定。

（4）避免螺栓承受偏心载荷。如图 7-16 所示，在铸、锻件等的粗糙表面上安装螺

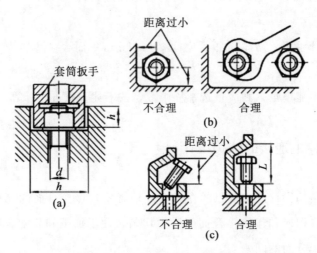

图 7-15   应留有足够的扳手空间

栓时，被连接件上的支承面应做成凸台（a）或沉头座（b）；当支承面为斜面时应采用斜面垫圈，以免引起偏心载荷而削弱螺栓的强度。

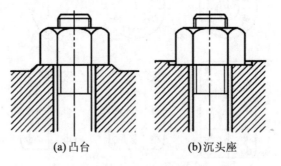

图 7-16   凸台和沉头座

（5）螺栓的布置应使各螺栓受力合理。对于配合螺栓连接，不要在平行于工作载荷的方向上成排地布置 8 个以上的螺栓，以免载荷分布过于不均。当螺栓连接承受弯矩或扭矩时，应使螺栓的位置适当靠近连接接合面的边缘，以减小螺栓的受力。

（6）采用合理的防松措施。一般的连接采用摩擦防松即可。对于重要的连接，应采取机械防松。不仅方法要合理，而且结构也要正确可靠。例如，使用串联钢丝防松时要注意钢丝的穿入方向。

7.4.3 提高螺栓连接强度的措施

这里所说的提高连接强度的措施主要针对承受轴向变载荷的普通螺栓,其主要失效形式是疲劳断裂。影响螺栓强度的主要因素有螺纹牙间的载荷分配、应力幅、应力集中、附加弯曲应力以及制造工艺等。下面分析各种因素对螺栓强度的影响及提高强度的相应措施。

1. 改善螺纹牙间的载荷分配

采用普通螺母时,由于螺栓和螺母的刚度以及变形性质不同,载荷在旋合的各圈螺纹牙之间不是均匀分配的,第一圈约承受 1/3 的载荷,以后逐圈减小,到第 8 圈几乎不再承受载荷,因此采用螺纹圈数多的厚螺母并不能提高其连接强度。

为了改善螺纹牙间的载荷分配不均的情况,可以采用悬置螺母(如图 7-17(a)所示)、环槽螺母(如图 7-17(b)所示)或内斜螺母(如图 7-17(c)所示)。

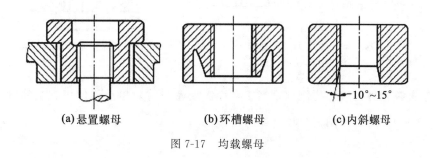

(a)悬置螺母　　　(b)环槽螺母　　　(c)内斜螺母

图 7-17　均载螺母

2. 减小螺栓的应力幅

对于受轴向变载荷的紧螺栓连接,应力变化幅度是影响其疲劳强度的重要因素。应力变化幅度越小,疲劳强度越高。减小螺栓的应力幅,即减小螺栓所受力 Q 的变化范围。如图 7-18 所示,通过减小螺栓的刚度 C_L 或增大被连接件的刚度 C_F,都可以减小应力幅。

为了减小螺栓的刚度,可以采用减小螺栓光杆直径的细长螺栓或空心螺栓(图 7-19 所示),或在螺母下安装弹性元件(图 7-20 所示)的方法来实现。

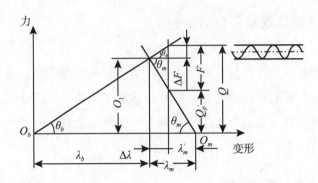

图 7-18   螺栓连接受力变形线图

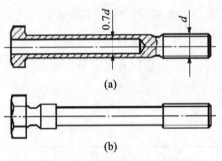

图 7-19   空心螺栓和细长螺栓

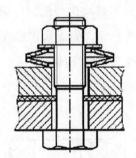

图 7-20   螺母下安装弹性元件

为使被连接件有较大的刚度，当接合面需要密封时，尽量不使用软垫片（如图 7-21（a）所示），而应改用密封环（如图 7-21（b）所示）。

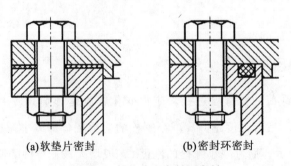

图 7-21   软垫片和密封环密封

3. 减小螺栓的应力集中

螺栓的螺纹牙根、螺纹收尾和螺栓头与螺杆的过渡圆角等处都会产生应力集中。应力集中越大,疲劳强度越低。为了减小应力集中,可通过采用较大的过渡圆角和卸载结构(图 7-22),或将螺纹收尾改为退刀槽的方法来实现。

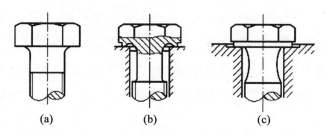

(a)   (b)   (c)

图 7-22 减小螺栓应力集中的方法

4. 避免附加弯曲应力

除制造和安装误差以及被连接件的变形等原因外,被连接件、螺栓头部和螺母的支承面倾斜,螺栓孔与支承面不垂直等原因都会引起附加弯曲应力。如图 7-23 所示,几种减小或避免弯曲应力的措施有:采用斜垫片的布置(图 7-23(a));采用凸台的设计(图 7-23(b));采用沉头座的设计(图 7-23(c));采用球面垫片的布置(图7-23(d))。

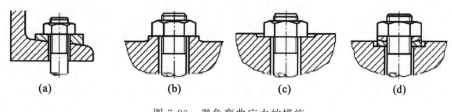

(a)   (b)   (c)   (d)

图 7-23 避免弯曲应力的措施

5. 采用合理的制造工艺

采用合理的制造工艺方法,也可以提高螺栓的疲劳强度,例如采用冷墩、滚压或利用氮化和氰化的热处理工艺，可以极大地提高螺栓的疲劳强度（滚压可以提高 30%～40%，如果经过热处理再滚压甚至可以提高 70%～100%）。

小 结

本章主要介绍了螺纹连接的基本知识，以使读者了解螺纹连接的预紧与防松，掌握螺栓组的结构连接设计。通过本章的学习，读者应了解螺纹的形成、常用螺纹的类型和特点，掌握螺纹的主要参数、标准螺纹件设计等内容。还应了解螺纹连接件常用材料的机械性能、螺纹连接件的许用应力和安全系数。最后还应掌握螺栓组的连接结构设计等内容。

习 题

(1) 摩擦的定义及摩擦按表面润滑状态可以划分为哪几类？

(2) 常用螺纹有哪几类？

(3) 螺纹连接有哪些基本类型？分别适用于什么场合？

(4) 何谓螺纹连接的预紧？预紧的目的是什么？

(5) 普通螺纹分为粗牙和细牙螺纹，细牙螺纹有什么特点？用于何处？

(6) 常用的螺纹连接的防松方法有几种类型？其防松原理分别是什么？

(7) 受拉螺栓的松连接和紧连接有何区别？设计计算公式是否相同？

(8) 影响螺栓连接强度的主要因素有哪些？可以采用哪些措施提高螺栓连接强度？

(9) 如图 7-24 所示，带式运输机的凸缘连轴器用 4 个普通螺栓连接，$D_0 = 120mm$，传递扭矩 $T = 180N \cdot m$，接合面摩擦系数为 $f = 0.16$，试计算螺栓的直径。

(10) 如图 7-25 所示，液压油缸的缸体与缸盖用 8 个双头螺栓连接，油缸内径 $D = 250mm$，缸体内部的油压为 $p = 1.0MPa$，螺栓材料为 35 号钢，采用石棉铜皮垫，试计算螺栓的直径。

(11) 分析指出图 7-26 所示的螺纹连接结构中的错误，并简单说明错误的原因。

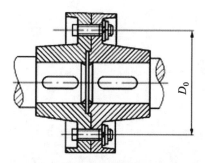

图 7-24 凸缘连轴器

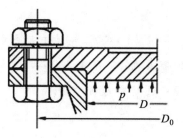

图 7-25 液压油缸盖

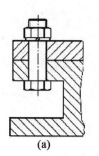 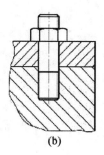 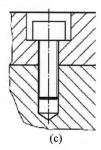

(a)　　　　　(b)　　　　　(c)

图 7-26 螺纹连接结构示意图

第 8 章

带 传 动

【知识目标】

(1) 掌握带传动的类型、特点和应用场合；

(2) 分析带传动的工作情况；

(3) 掌握普通 V 带传动的设计计算；

(4) 熟悉带传动的使用维护与张紧措施。

【学习目标】

(1) 了解带传动的概念，学习掌握带传动的类型、特点和应用场合；

(2) 学习掌握带传动的受力分析及应力分布情况；

(3) 学习掌握带传动的主要失效形式、设计准则及参数计算；

(4) 了解带传动的使用维护标准，学习掌握带传动的张紧措施。

8.1 传 动 形 式

原动机和工作机之间传递能量并进行能量分配，改变转速或运动形式，实现停歇、接合、分离、制动或反转的装置称为传动装置，如图 8-1 所示。传动装置按原理可以分为机械传动、流体（液体、气体）传动、电力传动。

传动装置在整个机器中起着重要作用，在机器的总重量和总成本

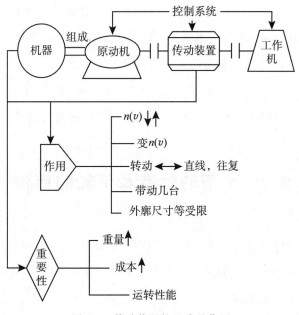

图 8-1 传动装置的组成及作用

中占有很大比例,而且直接影响着机器的运转性能。

常用机械传动的类型如图 8-2 所示,它们的特点、传动效率、传动比、应用场合

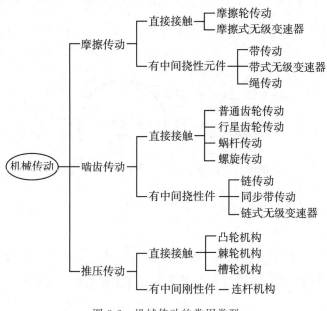

图 8-2 机械传动的常用类型

等见本书相应的章节和《机械设计手册》等，本章主要介绍机械传动中的带传动，叙述带传动的工作原理、标准规范、传动结构、工作能力分析和设计计算方法。

设计机械传动时，在所传递的功率、传动比和工作条件确定后，不同的机械传动类型有不同的优缺点，需要根据其传动效率的高低、外廓尺寸的大小、质量的轻重、运动性能的优劣及与生产条件的适应性等，选择合适的机械传动类型。

8.2　V 带的标准及带轮的结构

带传动是通过中间挠性件（带）把主动轴的运动和动力传给从动轴的一种机械传动形式，常用于两轴相距较远的场合。与其他机械传动相比，带传动结构简单、成本低廉，是一种应用很广的机械传动。

8.2.1　带传动的类型和特点

摩擦型带传动通常由主动轮、从动轮和张紧在两轮上的挠性传动带组成，如图 8-3 所示。带紧套在两个带轮上，借助带与带轮接触面间的压力所产生的摩擦力来传递运动和动力。

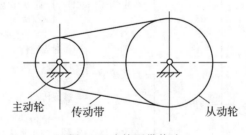

主动轮　　传动带　　　　　从动轮

图 8-3　摩擦型带传动

啮合型带传动由主动同步带轮、从动同步带轮和套在两轮上的环形同步带组成，如图 8-4 所示，带的工作面制成齿形，与有齿的带轮相啮合实现传动。

摩擦型带传动，按带的横剖面的形状是矩形、梯形或圆形，可分为平带传动（图

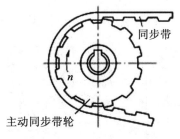

图 8-4　啮合型带传动

8-5（a）)、V 带传动（图 8-5（b）)、楔带传动（图 8-5（c））和圆带传动（图 8-5（d）)。多楔带相当于多根 V 带的组合,其工作面是带的侧面,兼有平带与 V 带的特点,适用于传递功率大且要求结构紧凑的场合。圆形带的截面为圆形,一般用于低速、轻载的机械或仪器中,如家用缝纫机。平带和 V 带传动应用更为广泛。本章将重点介绍 V 带传动。

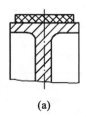 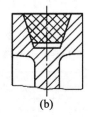 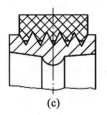 

| (a) | (b) | (c) | (d) |

图 8-5　带传动的类型

　　平带的横截面为扁平矩形,其工作面是与轮面相接触的内表面（图 8-6（a）),而 V 带的横截面为等腰梯形,V 带靠两侧面工作（图 8-6（b）)。

　　当平带和 V 带受到同样的压紧力 F_N 时,它们的法向力 $F_N{}'$ 却不相同。平带与带轮接触面上的摩擦力为 $F_N f = F_N{}' f$, 而 V 带与带轮接触面上的摩擦力为

$$F_N{}' f = \frac{F_N f}{\sin \dfrac{\varphi}{2}} = F_N \theta \tag{8-1}$$

式中,φ 为 V 带轮的轮槽角;$\theta = f / \sin \dfrac{\varphi}{2}$ 为当量摩擦系数。显然,$\theta > f$, 因此在相同

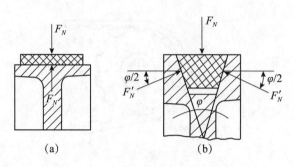

图 8-6 平带与 V 带传动的比较

条件下，V 带能传递较大的功率。V 带传动平稳，因此在一般机械中，多采用 V 带传动。

8.2.2 V 带的结构和规格

如表 8-1 所示，V 带已标准化，按其截面大小分为 7 种型号。

表 8-1   普通 V 带截面尺寸（GB 11544—1989）

型号	Y	Z	A	B	C	D	E
顶宽 b	6.0	10.0	13.0	17.0	22.0	32.0	38.0
节宽 b_p	5.3	8.5	11.0	14.0	19.0	27.0	32.0
高度 h	4.0	6.0	8.0	11.0	14.0	19.0	25.0
楔角 θ	40°						
每米质量 q	0.03	0.06	0.11	0.19	0.33	0.66	1.02

V 带的横剖面结构如图 8-7 所示，其中图 8-7（a）是帘布芯结构，图 8-7（b）是绳芯结构，均由下面几部分组成：

（1）包布层：由胶帆布制成，起保护作用；

（2）顶胶：由橡胶制成，当带弯曲时承受拉伸；

（3）底胶：由橡胶制成，当带弯曲时承受压缩；

（4）抗拉层：由几层挂胶的帘布或浸胶的棉线（或尼龙）绳构成，承受基本拉伸载荷。

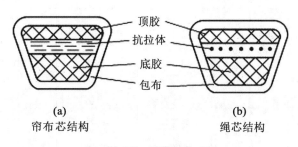

(a)
帘布芯结构　　　(b)
绳芯结构

图 8-7　V 带结构

如图 8-8 所示，当带受纵向弯曲时，在带中保持原长度不变的任一条周线称为节线；由全部节线构成的面称为节面；带的节面宽度称为节宽（b_p），当带受纵向弯曲时，该宽度保持不变。在 V 带轮上，与所配用的节宽 b_p 相对应的带轮直径称为节径 d_p，通常它又是基准直径 d_b。V 带在规定的张紧力下，位于带轮基准直径上的周线长度称为基准长度 L_d。

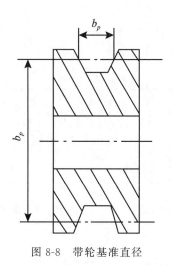

图 8-8　带轮基准直径

普通 V 带的长度系列如表 8-2 所示。

表 8-2　　普通 V 带的长度系列和带长修正系数 K_L（GB/T 13575.1—2008）

基准长度 L_d /mm	K_L Y	K_L Z	K_L A	K_L B	K_L C
200					
224					
250					
280					
315	0.81				
355	0.82				
400	0.84	0.79			
450	0.87	0.80			
500	0.89	0.81			
560	0.92	0.82			
630	0.96	0.84	0.81		
710	1.00	0.86	0.83		
800	1.02	0.90	0.85		
900		0.92	0.87	0.82	
1000		0.94	0.89	0.84	
1120		0.95	0.91	0.86	
1250		0.98	0.93	0.88	
1400		1.01	0.96	0.90	
1600					0.83
1800					0.86
2000					0.88
2240				0.92	0.91
2500			0.99	0.95	0.93
2800			1.01	0.98	0.95
3150		1.04	1.03	1.00	0.97
3550		1.06	1.06	1.03	0.99
4000		1.08	1.09	1.05	1.02
4500		1.10	1.11	1.07	1.04
5000		1.30	1.13	1.09	1.07
5600			1.17	1.13	1.09
6300			1.19	1.15	1.12
7100				1.18	1.15
8000					1.18
9000					1.21
10000					1.23

8.2.3　带传动的特点

带传动利用具有挠性的传动带作为中间挠性件，并通过摩擦力来传动。因此，带传动具有以下特点：

（1）有良好的弹性，能缓冲吸振，传动平稳无噪声；

（2）结构简单，维护方便，成本低廉，适合于两轴中心距较大的场合；

（3）过载时，带在带轮上打滑，可防止其他零件损坏，起到安全保护作用；

（4）工作时有弹性滑动，不能保持准确的传动比；

（5）带需要张紧，故作用在轴和轴承上的力较大，传动效率较低。

带传动主要应用于传动平稳、传动比要求不准确的 100kW 以下中小功率的远距离传动。带的速度一般为 5～25m/s；传动比 $i \leqslant 7$；效率为 0.94～0.96。

8.2.4　带传动的几何参数

带传动的主要几何参数有中心距 a、带轮直径 d、带长 L 和包角 α 等，如图 8-9 所示。

（1）中心距 a：当带处于规定张紧力时，两带轮轴线间的距离；

（2）带轮直径 d：在 V 带传动中，指带轮的基准直径，用 d_b 表示带轮的基准直径；

（3）带长 L：对 V 带传动，指带的基准长度，用 L_d 表示带的基准长度；

（4）包角 α：带与带轮接触弧所对的中心角。

这些参数间的近似关系如下：

$$\begin{cases} \alpha_1 = 180° - 2\beta = 180° - \dfrac{d_2 - d_1}{a} \times 57.3° \\ \alpha_2 = 180° + 2\beta = 180° + \dfrac{d_2 - d_1}{a} \times 57.3° \end{cases} \tag{8-2}$$

$$L = 2a + \frac{\pi}{2}(d_1 + d_2) + \frac{(d_2 - d_1)^2}{4a} \tag{8-3}$$

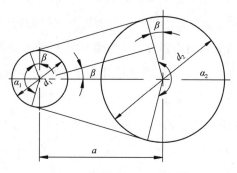

图 8-9　带传动的几何参数

8.3 带传动的工作原理

8.3.1 带传动的受力分析

1. 紧边拉力和松边拉力

安装带传动时，带以一定的初拉力 F_0 紧套在两轮上，带和带轮的接触面间就产生了正压力。带传动不工作时，带的两边的拉力相等，均为 F_0，如图 8-10 所示。

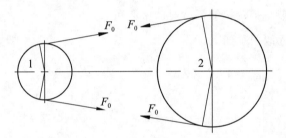

图 8-10 带传动初拉力

带传动工作时，设小带轮 1 为主动轮，则其上作用有驱动力矩 T_1，主动轮以转速 n_1 沿 T_1 方向转动，通过带与带轮之间产生的摩擦力 F_f 驱动从动轮 2 以转速 n_2 做同向转动，从而承受从动轮轴上的阻力矩 T_2，如图 8-11 所示。由图 8-11 可见，主动轮对带的摩擦力与带的运动方向一致，而从动轮对带的摩擦力与带的运动方向相反。带在两个相反方向的摩擦力的作用下，其主动边（见图中的下边）被拉紧，拉力由 F_0 增加到 F_1；从动边（见图中的上边）的拉力从 F_0 减小到 F_2，这样就出现了带轮的紧边和松边，F_1 称为紧边拉力，F_2 称为松边拉力，$F_1 - F_2$ 称为拉力差。

如果近似地认为带的总长度不变，即认为加载前后，带所受的总拉力不变，满足紧边的拉力增加量应等于松边的拉力减少量，即

$$F_1 + F_2 = 2F_0 \tag{8-4}$$

$$F_1 - F_0 = F_0 - F_2 \tag{8-5}$$

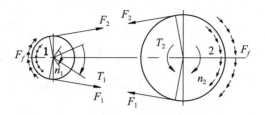

图 8-11　带传动紧边拉力和松边拉力

先以小带轮为分离体进行受力分析，如图 8-12 所示，得

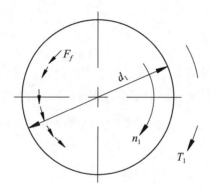

图 8-12　小带轮受力

$$F_f = \frac{2T_1}{d_1} \tag{8-6}$$

式中，T_1 为主动轮驱动力矩。

$$F_e = \frac{2T_1}{d_1} \tag{8-7}$$

通常将 F_e 称为带传动的有效圆周力，它是带传动的负载。再以小轮上的带为分离体，如图 8-13 所示，得

$$F_f \frac{d_1}{2} - F_1 \frac{d_1}{2} + F_2 \frac{d_1}{2} = 0 \tag{8-8}$$

解得：

$$F_f = F_e = F_1 - F_2 \tag{8-9}$$

综上所述，得到以下关系：

$$F_e = \frac{2T_1}{d_1} = F_1 - F_2 = F_f$$

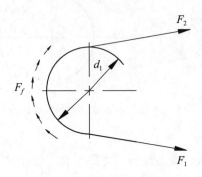

图 8-13　小带轮上的带受力

上式说明：

（1）只要带传动传递载荷 F_e，就一定会产生拉力差 $F_1 - F_2$，换句话说，松边和紧边的产生是不可避免的，否则就不能传递载荷；

（2）需传递多大的载荷 F_e，就需要多大的摩擦力 F_f。

带传动传递的功率 P 为

$$P = F_e \cdot v \tag{8-10}$$

式中，v 为带速，单位为 m/s。

联立式（8-5）和式（8-9）可得到正常工作时带的紧边拉力和松边拉力为：

$$\begin{cases} F_1 = F_0 + \dfrac{F_e}{2} \\ F_2 = F_0 - \dfrac{F_e}{2} \end{cases} \tag{8-11}$$

由式（8-11）可知，带的两边的拉力 F_1 和 F_2 的大小取决于初拉力 F_0 和带传动的有效圆周力 F_e。而由式（8-10）可知，在带的传动能力范围内，F_e 的大小和传动功率 P 及带的速度 v 有关。当传动功率增大时，带两边的拉力差 $F_1 - F_2$ 也要相应增大，其两边拉力的这种变化，实际上正是反映了带和带轮接触面上摩擦力的变化。显然，当其他条件不变且初拉力 F_0 一定时，这一摩擦力有一极限值（临界值）。当带有打滑趋势时，这个摩擦力正好达到极限值 $F_{f\max}$，带传动的有效圆周力 F_e 也就达到了最大值 F_{ec}。如果这时再进一步增大带传动的工作载荷，就会超过带所能传递的最大有效圆周力 F_{ec}，在带和带轮之间将会发生显著的相对滑动，这一现象称为打滑。

带在即将打滑（即临近状态）时，其紧边拉力 F_1 和松边拉力 F_2 的关系，即柔性体摩擦的欧拉公式为：

$$\frac{F_1}{F_2} = e^{f\alpha} \tag{8-12}$$

式中，f 为带与带轮接触面间的摩擦系数；α 为带轮包角，单位为 rad，设计计算时采用小轮包角 α_1；e 为自然对数的底，e $= 2.718$。

联立式（8-11）和式（8-12），可得到临界打滑时的紧边拉力 F_1 和带传动所能传递的最大有效圆周力 F_{ec} 分别为：

$$F_1 = F_{ec} \frac{e^{f\alpha_1}}{e^{f\alpha_1} - 1} \tag{8-13}$$

$$F_{ec} = 2F_0 \frac{e^{f\alpha_1} - 1}{e^{f\alpha_1} + 1} \tag{8-14}$$

可见，F_{ec} 与摩擦因数 f、小带轮包角 α_1 和初拉力 F_0 有关。F_0、f 和 α_1 越大，带能传递的载荷越大；反之，则越小。另外，因传递功率 $P = F_e v$，若适当提高带速 v 也能提高其传动能力，故带传动不适用于低速传动，一般要求带速的范围为 $5 \leqslant v \leqslant 25 \text{m/s}$。

2. 离心拉力

带以一定的速度绕过带轮时会产生离心力，由此在带的截面产生的拉力称为离心拉力，用 F_c 表示，如图 8-14 所示。在带与轮的接触弧上采用微元法取小段弧长 dl，dl 上会产生离心力 dC，并在带中产生离心拉力 F_c。由平衡条件有：

$$dC = q\left(\frac{d}{2} d\alpha\right) \frac{v^2}{\frac{d}{2}} = 2F_c \sin\frac{d\alpha}{2}$$

当 $d\alpha$ 很小时，取 $\sin\frac{d\alpha}{2} \approx \frac{d\alpha}{2}$，代入上式得：

$$F_c = qv^2 \tag{8-15}$$

式中，q 为每米带长的质量，其值见表 8-1；v 为带轮带速，单位为 m/s。

8.3.2 带传动的弹性滑动和打滑

1. 弹性滑动

带是弹性体，受拉力后会产生弹性变形。如图 8-15 所示，由于带在紧边和松边所

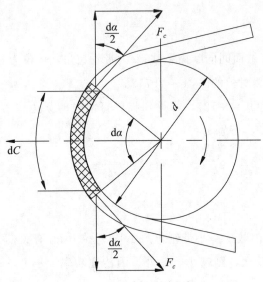

图 8-14 带的离心拉力

受的拉力不等，因而产生的弹性变形量也不同。当带在紧边 A 点绕上主动轮时，所受拉力为 F_1，这时其带速等于主动轮的圆周速度 v_1。当带随带轮转过包角 α_1 对应的弧段到达 B 点后，带所受的拉力由 F_1 逐渐减为 F_2，带的弹性变形也随之逐渐减少，带速 v 逐渐低于主动轮的圆周速度 v_1，带和带轮之间发生了相对滑动。在从动轮上也有这种相对滑动的现象，但情况正相反，结果是从动轮的圆周速度 v_2 逐渐低于带的速度 v。这种因带的弹性变形和紧、松边的拉力差而引起的带与带轮之间的相对滑动称为弹性滑动。

弹性滑动是带传动的正常工作现象，是不可避免的。弹性滑动使主动轮的圆周速度 v_1、从动轮的圆周速度 v_2 和带速 v 之间的关系为：

$$v_1 \geqslant v \geqslant v_2$$

圆周速度的相对降低率称为带传动的滑动率，用 ε 表示。即

$$\varepsilon = \frac{v_1 - v_2}{v} \times 100\% \qquad (8\text{-}16)$$

若考虑 ε 的影响，由 $v = \dfrac{\pi n d}{60000}$ 可得，带传动的传动比为

$$i = \frac{n_1}{n_2} = \frac{d_2}{d_1(1-\varepsilon)} \qquad (8\text{-}17)$$

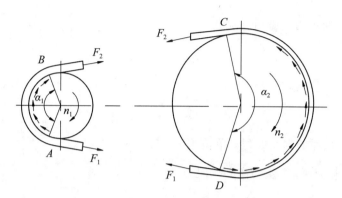

图 8-15　带传动的弹性滑动

式中，d_1 为主动轮的直径，单位为 mm；d_2 为从动轮的直径，单位为 mm；n_1 为主动轮的转速，单位为 r/min；n_2 为从动轮的转速，单位为 r/min。

对于 V 带传动，一般 $\varepsilon = 1\% \sim 2\%$，在无须精确计算从动轮转速的机械中，一般忽略不计 ε 的影响。因此，弹性滑动是带传动不能保证准确传动比的根本原因。

2. 打滑

打滑是带在带轮上发生的显著或全面的滑动。打滑的原因是带所需传递的有效圆周力超过了带与带轮之间所能产生的最大摩擦力，即 $F_e > F_{f\max}$。打滑将使带剧烈磨损，大量生热，从动轮转速急剧降低甚至停转，从而使传动失效。这种情况应当避免。

不能将弹性滑动和打滑混淆起来，弹性滑动是微小的、局部的、不可避免的滑动，而打滑是由于过载所引起的带在带轮上的全面滑动，是带传动的失效形式。打滑是可以避免的，而且当带正常工作时必须避免。

由于小带轮包角 α_1 较小，所以打滑总是先从小带轮开始。增大初拉力 F_0、小带轮包角 α_1 和带与带轮间的摩擦因数 f 都是避免打滑的有效措施。

8.3.3　带传动的应力分析

带在工作中，其截面将产生三种应力，下面将分别对其进行介绍。

1）由拉力产生的拉应力

紧边拉应力和松边拉应力分别为

$$
\begin{cases}
\sigma_1 = \dfrac{F_1}{A} \\[2mm]
\sigma_2 = \dfrac{F_2}{A}
\end{cases}
\tag{8-18}
$$

式中，A 为带横截面的剖面面积，单位为 mm^2。

2）由离心拉力 F_c 产生的离心拉应力

$$
\sigma_c = \frac{F_c}{A} = \frac{qv^2}{A}
\tag{8-19}
$$

3）带绕过带轮时产生的弯曲应力

带绕过带轮时，会因受弯曲而产生弯曲应力，且只产生在包角范围内。弯曲应力的大小为

$$
\sigma_b = 2E\,\frac{h_a}{d}
\tag{8-20}
$$

式中，E 为带材料的弹性模量，单位为 MPa；h_a 为带的节面（中性层）到最外层的垂直距离，单位为 mm，可近似取 $\dfrac{h}{2}$；d 为带轮的直径，单位为 mm，对 V 带传动，d 应取基准直径 d_d。

因两带轮的直径一般不相等，所以带在两带轮上的弯曲应力也不相等，小带轮上的弯曲应力较大，即 $\sigma_{b1} > \sigma_{b2}$。

图 8-16 所示为带的应力分布情况。由图 8-16 可知，带在工作时，带内的应力是随着位置的不同而变化的，最大应力发生在紧边绕入小带轮处，即

$$
\sigma_{max} = \sigma_1 + \sigma_{b1} + \sigma_c
\tag{8-21}
$$

由图 8-16 可知，带是在变应力状态下工作的。带每绕两带轮转一周，工作在带内某点的应力就变化四次。当应力循环次数达到一定值后，带将发生疲劳破坏。

为了提高带的使用寿命，应尽量降低其最大应力 σ_{max}。在 V 带设计中，规定了小带轮直径 $d_{d1} \geqslant d_{min}$，限制带速 $v \leqslant 25m/s$，控制初拉力 F_0 的大小等，都是为了降低 σ_{max}。

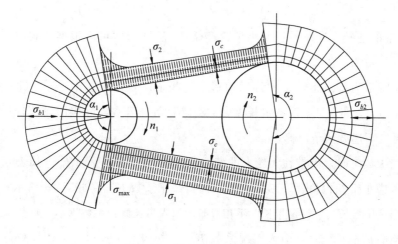

图 8-16 带中的应力分布情况

8.4 普通 V 带传动设计

8.4.1 带传动的失效形式及设计准则

带传动的主要失效形式是带传动的打滑和带的疲劳破坏。因此，带传动的设计准则是在保证带传动不打滑的前提下，使带具有足够的疲劳寿命。

对 V 带传动，其设计准则的体现是：计算出单根 V 带保证不打滑而又有足够疲劳寿命的许用功率，即基准额定功率 P_0。

疲劳寿命条件：

$$\sigma_{\max} = \sigma_1 + \sigma_{b1} + \sigma_c \leqslant [\sigma] \tag{8-22}$$

为满足不打滑，将 $\sigma_1 = \dfrac{F_1}{A}$ 和 $F_1 = F_{ec}\dfrac{\mathrm{e}^{f\alpha_1}}{\mathrm{e}^{f\alpha_1} - 1}$ 代入式（8-22），即可得到

$$F_{e\max} = ([\sigma] - \sigma_c - \sigma_{b1})\left(1 - \frac{1}{\mathrm{e}^{f\alpha_1}}\right)A \tag{8-23}$$

则单根 V 带的许用功率 P_0 为

$$P_0 = \frac{F_{e\max} \cdot v}{1000} = \frac{1}{1000}\left([\sigma] - \sigma_c - \sigma_{b1}\right)\left(1 - \frac{1}{e^{f\alpha 1}}\right)A \cdot v \qquad (8\text{-}24)$$

P_0 与带的型号、带速 v 以及小带轮直径 d_1 有关。P_0 可以根据此式由表 8-3 中查取。

表 8-3 所示为特定条件下的许用功率,这些条件是:传动比 $i = 1$(即 $d_1 = d_2$,$\alpha_1 = \alpha_2 = 180°$),带长 L_d 取特定长度,载荷平稳等。若在实际应用设计时不能满足这些条件,要按下述方法予以修正:

(1)当 $i \neq 1$ 时,因带在大轮上的弯曲应力小,P_0 有增量 ΔP_0,如表 8-4 所示;

(2)考虑小带轮包角 $\alpha_1 < 180°$,引入包角修正系数 K_α,如表 8-5 所示;

(3)当选用带长与"特定带长"不相等时,引入带长修正系数 K_L,如表 8-2 所示;

(4)当载荷不平稳时,引入工况系数 K_A,如表 8-6 所示,用计算载荷进行设计计算。

所以,在使用条件下,单根 V 带的许用功率为

$$P_0' = (P_0 + \Delta P_0)K_\alpha K_L \qquad (8\text{-}25)$$

表 8-3　　单根 V 带的基准额定功率 P_0,kW(摘自 GB/T 13575.1—2008)

型号	小带轮基准直径 d_d /mm	小带轮转速 n_1,r/min												
		400	700	800	950	1200	1450	1600	2000	2400	2800	3200	3600	4000
Y	20				0.01	0.02	0.02	0.03	0.03	0.04	0.04	0.05	0.06	0.06
	28			0.03	0.04	0.04	0.04	0.05	0.06	0.07	0.08	0.09	0.10	0.11
	31.5		0.03	0.04	0.04	0.05	0.06	0.06	0.07	0.09	0.10	0.11	0.12	0.13
	40		0.04	0.05	0.06	0.07	0.08	0.09	0.11	0.12	0.14	0.15	0.16	0.18
	50	0.05	0.06	0.07	0.08	0.09	0.11	0.12	0.14	0.14	0.18	0.20	0.22	0.23
Z	50	0.06	0.09	0.10	0.12	0.14	0.16	0.17	0.20	0.22	0.26	0.28	0.30	0.32
	63	0.08	0.13	0.15	0.18	0.22	0.25	0.27	0.32	0.27	0.41	0.45	0.47	0.40
	71	0.09	0.17	0.20	0.23	0.27	0.31	0.33	0.39	0.46	0.50	0.54	0.58	0.61
	80	0.14	0.20	0.22	0.26	0.30	0.36	0.39	0.44	0.50	0.56	0.61	0.64	0.67
	90	0.14	0.22	0.24	0.28	0.33	0.37	0.40	0.48	0.54	0.60	0.64	0.68	0.72
A	75	0.26	0.40	0.45	0.51	0.60	0.68	0.73	0.84	0.92	1.00	1.04	1.08	1.09
	90	0.39	0.61	0.68	0.77	0.93	1.07	1.15	1.34	1.50	1.64	1.75	1.83	1.87
	100	0.47	0.74	0.83	0.95	1.14	1.32	1.42	1.66	1.87	2.05	2.19	2.28	2.34
	125	0.67	1.07	1.19	1.37	1.66	1.92	2.07	2.44	2.74	2.98	3.16	3.26	3.28
	160	0.95	1.51	1.69	1.95	2.36	2.73	2.94	3.42	3.80	4.06	4.19	4.17	3.98
B	125	0.84	1.30	1.44	1.64	1.93	2.19	2.33	2.64	2.85	2.96	2.85	2.80	2.51
	160	1.32	2.09	2.32	2.66	3.17	3.62	3.86	4.15	4.40	4.60	4.75	4.89	4.80
	200	1.85	2.96	3.30	3.77	4.50	5.13	5.46	6.13	6.47	6.43	5.95	4.98	3.47
	250	2.50	4.00	4.46	5.10	6.04	6.82	7.20	7.87	7.89	7.14	5.60	3.12	
	280	2.89	4.61	5.13	5.86	6.90	7.76	8.12	8.60	8.22	6.80	4.26		

续表

型号	小带轮基准直径 d_d /mm	小带轮转速 n_1，r/min												
		400	700	800	950	1200	1450	1600	2000	2400	2800	3200	3600	4000
C	200	1.39	1.92	2.41	2.87	3.30	3.69	4.07	4.58	5.29	5.84	6.07	6.28	6.34
	250	2.03	2.85	3.62	4.33	5.00	5.14	6.23	7.04	8.21	9.04	9.38	9.63	9.62
	315	2.86	4.04	5.14	6.17	7.14	8.09	8.92	10.05	11.53	12.46	12.72	12.67	12.14
	400	3.91	5.54	7.06	8.52	9.82	11.02	12.10	13.48	15.04	15.52	15.24	14.08	11.95
	450	4.51	6.40	8.20	9.81	11.29	12.63	13.80	15.23	16.59	16.47	15.57	13.29	9.64
D	355	5.31	7.35	9.24	10.90	12.39	13.70	14.82	16.15	17.25	16.77	15.63	12.97	
	450	7.90	11.02	13.85	16.40	18.67	20.61	22.25	24.01	24.84	22.08	19.59	11.24	
	560	10.76	15.07	18.95	22.38	25.22	27.73	29.55	31.04	29.67	22.58	15.13		
	710	14.55	20.35	25.45	29.76	33.18	35.59	36.87	36.35	27.88	7.99			
	800	16.76	23.39	29.08	33.72	37.13	39.14	39.55	35.76	21.32				
E	500	10.86	14.96	18.55	21.65	24.21	26.62	27.57	28.32	25.53	16.82			
	630	15.65	21.69	26.95	31.36	34.83	37.26	38.52	37.92	29.17				
	800	21.70	30.05	37.05	42.53	46.26	47.79	47.38	39.08	16.46				
	900	25.15	34.71	42.49	48.20	51.48	51.13	49.21	34.01					
	1000	28.52	39.17	47.52	53.12	55.45	52.26	48.19						

表 8-4　　　　　　　　　　单根 V 带的基准额定功率的增量 ΔP_0，kW

型号	传动比 i	小带轮转速 n_1，r/min												
		400	700	800	950	1200	1450	1600	2000	2400	2800	3200	3600	4000
Y	1.35~1.51	0.00	0.00	0.00	0.01	0.01	0.01	0.01	0.01	0.01	0.02	0.02	0.02	0.02
	≥2	0.00	0.00	0.00	0.01	0.01	0.01	0.01	0.02	0.02	0.02	0.02	0.03	0.03
Z	1.35~1.51	0.01	0.01	0.01	0.02	0.02	0.02	0.02	0.03	0.03	0.04	0.04	0.04	0.05
	≥2	0.01	0.02	0.02	0.02	0.03	0.03	0.03	0.04	0.04	0.04	0.05	0.05	0.06
A	1.35~1.51	0.04	0.07	0.08	0.08	0.11	0.13	0.15	0.19	0.23	0.26	0.30	0.34	0.38
	≥2	0.05	0.09	0.10	0.11	0.15	0.17	0.19	0.24	0.29	0.34	0.39	0.44	0.48
B	1.35~1.51	0.10	0.17	0.20	0.23	0.30	0.36	0.39	0.49	0.59	0.69	0.79	0.89	0.99
	≥2	0.13	0.22	0.25	0.30	0.38	0.46	0.51	0.63	0.76	0.89	1.01	1.14	1.27
C	1.35~1.51	0.14	0.21	0.27	0.34	0.41	0.48	0.55	0.65	0.82	0.99	1.10	1.23	1.37
	≥2	0.18	0.26	0.35	0.44	0.53	0.62	0.71	0.83	1.06	1.27	1.14	1.59	1.76
D	1.35~1.51	0.49	0.73	0.97	1.22	1.46	1.70	1.95	2.31	2.92	3.52	3.89	4.98	
	≥2	0.63	0.94	1.25	1.56	1.88	2.19	2.50	2.97	3.75	4.53	5.00	5.62	
E	1.35~1.51	0.96	1.45	1.93	2.41	2.89	3.38	3.86	4.58	5.61	6.83			
	≥2	1.24	1.86	2.48	3.10	3.72	4.34	4.96	5.89	7.21	8.78			

表 8-5　　　　　　　　　　包角修正系数 K_a

小带轮包角/°	K_a
180	1.00
175	0.99
170	0.98
165	0.96
160	0.95
155	0.93
150	0.92
145	0.91
140	0.89
135	0.88
130	0.86
125	0.84
120	0.82
115	0.80
110	0.78
105	0.76
100	0.74
90	0.69

8.4.2　V 带传动的设计

V 带传动设计的原始数据通常为传递功率 P，转速 n_1、n_2（或传动比 i），传动的位置要求，空间大小和工作情况等。其设计内容包括确定 V 带的型号、长度、根数、传动的中心距、带轮直径及结构尺寸等。

其设计方法及步骤如下：

1. 确定计算功率 P_{ca}

P_{ca} 需要根据额定功率 P 并考虑载荷性质和每天的运转时间等因素确定。可按下式计算：

$$P_{ca}=K_A P \qquad (8-26)$$

式中，K_A 为工况系数，如表 8-6 所示。

表 8-6　　　　　　　　　　　　工况系数 K_A

工　况		K_A					
		①空、轻载启动			②重载启动		
		每天工作小时数/h					
		<10	10～16	>16	<10	10～16	>16
载荷变动最小	液体搅拌机、通风机和鼓风机（≤7.5kW）、离心式水泵和压缩机、轻负荷输送机	1.0	1.1	1.2	1.1	1.2	1.3
载荷变动小	带式输送机（不均匀负荷）、通风机（>7.5kW）、旋转式水泵和压缩机（非离心式）、发电机、金属切削机床、印刷机、旋转筛锯木机和木工机械	1.1	1.2	1.3	1.2	1.3	1.4
载荷变动较大	制砖机、斗式提升机、往复式水泵和压缩机、起重机、磨粉机、冲剪机床、橡胶机械、振动筛、纺织机械、重载输送机	1.2	1.3	1.4	1.4	1.5	1.6
载荷变动很大	破碎机（旋转式、颚式等）、磨碎机（球磨、棒磨、管磨）	1.3	1.4	1.5	1.5	1.6	1.8

注：①空、轻载启动：电动机（交流启动、三角启动、直流并励）、四缸以上的内燃机、装有离心式离合器及液力联轴器的动力机；

②重载启动：电动机（联机交流启动、直流复励或串励）、四缸以下的内燃机。

2. 选择 V 带型号

根据计算功率 P_{ca} 和小带轮转速 n_1，由图 8-17 所示选择带的型号。该型号是否符合要求，需考虑空间及位置要求，并经带的根数计算后才能最后确定。

3. 确定带轮的基准直径 d_{d1} 和 d_{d2}

1）初选小带轮的基准直径 d_{d1}

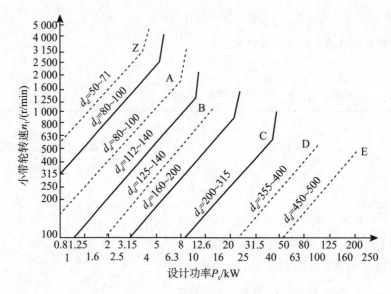

图 8-17　普通 V 带选型图

d_{d1} 越小，传动所占用的空间越小，质量也越小，但弯曲应力 σ_{b1} 较大。所以，规定 $d_{d1} \geqslant d_{min}$，并取标准值。为了减少带的弯曲应力，提高 V 带的使用寿命，在传动比不大时，宜选取较大的小轮直径。应根据带的型号，从表 8-7 和表 8-8 中选取。

表 8-7　　　　　　　　　　普通 V 带轮的最小基准直径 $d_{d min}$，mm

型号	Y	Z	A	B	C	D	E
$d_{d min}$	20	50	75	125	200	355	500

表 8-8　　　　　　　　普通 V 带轮的基准直径 d_d（摘自 GB/T 13575.1—2008），mm

d_d	Y	Z	A	B	C	D	E
40	+	+					
45	+	+					
50	+	+					
56	+	+					
63							

续表

d_d	Y	Z	A	B	C	D	E
71							
75			+				
80	+	+	+				
85			+				
90	+	+	+				
95			+				
100	+	+	+				
106			+				
112	+	+	+				
118			+				
125	+	+	+	+			
132		+	+	+			
140		+	+	+			
150		+	+	+			
160			+	+			
170				+			
180		+	+	+			
200		+	+	+	+		
212					+		
224		+	+	+	+		
236					+		
250		+	+	+	+		
265					+		
280		+	+	+	+		
300					+		
315		+	+	+	+		
335					+		
355		+	+	+	+	+	
375					+	+	

续表

d_d	Y	Z	A	B	C	D	E
400		+	+	+	+	+	
425						+	
450			+	+	+	+	
475						+	
500		+	+	+	+	+	+
530							+
560			+	+	+	+	+
600				+	+	+	+
630		+	+	+	+	+	+
710			+	+	+	+	+

注：＋表示推荐使用。

2）验算带速 v

带速越低，要求传递的有效圆周力越大，则会使带的根数越多；带速过高，离心力太大，会减小带与带轮间的压力，易发生打滑，且离心应力大，带的寿命降低。所以，v 应为 5～25m/s。若 v 超过此范围，应调整主动轮直径或转速。v 的计算公式为

$$v = \frac{\pi n_1 d_1}{60 \times 1000} \qquad (8\text{-}27)$$

3）确定从动轮的基准直径 d_{d2}

$$d_{d2} = i \cdot d_{d1} = \frac{n_1}{n_2} d_{d1} \qquad (8\text{-}28)$$

计算出 d_{d2} 后，应按 V 带轮的基准直径系列，如表 8-8 所示，取标准值。d_{d2} 圆整为标准直径将导致传动比产生误差，应控制传动比误差不超过 3％～5％。如不满足此条件，可重新选取小带轮直径。

4. 确定中心距 a 和带的基准长度 L_d

1）初定中心距 a_0

如果没有给定中心距，则可根据传动的结构需要选取。中心距越小，带的结构越紧凑，但带绕转的频率会越快，从而会降低寿命，同时也会使小轮包角减小，降低传

动能力。一般 a 应取

$$0.7(d_{d1} + d_{d2}) \leqslant a_0 \leqslant 2(d_{d1} + d_{d2}) \tag{8-29}$$

如果给定了中心距，则 a_0 应取给定值。

2）确定带长 L_d

根据初定的 a_0，由式（8-3）计算所需的带长 L_c：

$$L_c = 2a_0 + \frac{\pi}{2}(d_{d1} + d_{d2}) + \frac{(d_{d2} - d_{d1})^2}{4a_0} \tag{8-30}$$

根据 L_c，由表 8-2 选取最接近的基准长度 L_d。

3）确定中心距 a

由于带传动的中心距一般是可以调整的，故可采用如下公式做近似计算，即

$$a = a_0 + \frac{L_d - L_c}{2} \tag{8-31}$$

考虑安装、调整和补偿张紧力的需要，中心距的变动范围为

$$a_{\min} = a - 0.015L_d \tag{8-32}$$

$$a_{\max} = a + 0.03L_d \tag{8-33}$$

5. 验算小带轮上的包角 α_1

根据式（8-2），对包角的要求为

$$\alpha_1 = 180° - \frac{d_{d2} - d_{d1}}{a} \times 57.3° \geqslant 120° \tag{8-34}$$

如果其主要传递运动，包角可以减小为 $90°$。如果 α_1 过小，可增大中心距或修改传动比。

6. 确定 V 带根数 z

由式（8-25）和式（8-26）得

$$z = \frac{P_{ca}}{P_0'} = \frac{P_{ca}}{(P_0 + \Delta P_0) K_a K_L} \leqslant z_{\max} \tag{8-35}$$

式中，$z_{\max}$ 为 V 带传动允许的最大根数，如表 8-9 所示。

如果根数过多，每根 V 带的受载将不均匀。此时，则须另选 V 带型号，重新计算。

表 8-9   V 带最多使用根数 z_{max}

V 带型号	Y	Z	A	B	C	D	E
z_{max}	1	2	5	6	8	8	9

7. 确定初拉力 F_0

保持适当的初拉力是带传动工作的首要条件。若初拉力过小，则摩擦力小，容易发生打滑；若张紧力过大，则带的寿命会降低，轴和轴承承受力增大。单根普通 V 带的初拉力可按下式计算：

$$F_0 = \frac{500 P_{ca}}{vz}\left(\frac{2.5}{K_a} - 1\right) + qv^2 \tag{8-36}$$

8. 计算压轴力 Q

为了设计轴和轴承，应计算出带作用在轴上的力（简称压轴力）。为了计算简便，通常不考虑带两边的拉力差，近似地按两边初拉力均为 F_0 取值，求其合力来计算，如图 8-18 所示。

$$Q = 2zF_0\cos\frac{\beta}{2} = 2zF_0\sin\frac{\alpha}{2} \tag{8-37}$$

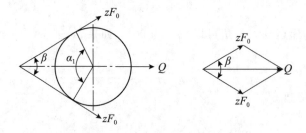

图 8-18 带传动的压轴力

8.4.3 V 带轮设计

V 带带轮由工作轮缘、起连接作用的辐板和起支承作用的轮毂组成。轮缘是带轮外圈环形部分，在其表面制有轮槽，轮槽尺寸可根据表 8-10 查得。轮槽角有 32°、34°、36°、38°等几种。轮槽角小于 V 带两侧面夹角 40°的原因是：V 带在带轮上弯曲时截面形状发生了变化，带外表面受拉而变窄，内表面受压而变宽，因而使带的楔角变小。为使带侧面和带轮槽有较好的接触，应使带轮槽小于 40°，带轮直径越小，轮槽角也越小。为了减少带的磨损，槽侧面的表面粗糙度值 R_z 不应大于 $3.2\sim1.6\mu m$。为使带轮自身惯性力尽可能平衡，高速带轮的轮缘内表面也应加工。

表 8-10 　　　普通 V 带轮槽截面尺寸（摘自 GB/T 13575.1—2008），mm

槽型	$h_{a\max}$	$h_{f\min}$	e	$f_{\min}$
Y	1.6	4.7	8 ± 0.3	7
Z	2.0	7.0	12 ± 0.3	8
A	2.75	8.7	15 ± 0.3	10
B	3.5	10.8	19 ± 0.4	12.5
C	4.8	14.3	25.5 ± 0.5	17
D	8.1	19.9	37 ± 0.6	23
E	9.6	23.4	44.5 ± 0.7	29

如图 8-19 所示，带轮的材料主要采用铸铁，转速较高时宜采用铸钢，小功率时可用铸铝或塑料。

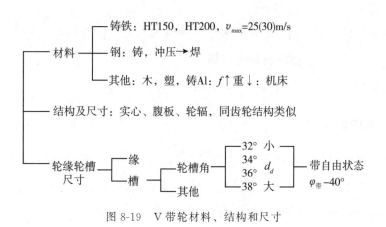

图 8-19　V 带轮材料、结构和尺寸

设计 V 带轮时应满足以下具体要求:

(1) 质量小;

(2) 结构工艺性好;

(3) 无过大的铸造内应力;

(4) 质量分布均匀,转速高时要经过动平衡;

(5) 轮槽工作面要精细加工;

(6) 各槽的尺寸和角度应保持一定的精度。

8.4.4 带传动的使用维护与张紧

1. 带传动的安装与使用维护

为延长带的使用寿命,保证带传动的正常运行,必须正确地安装、使用和维护带传动。需考虑以下具体要求:

(1) 两个带轮必须平行共面,V 带的轮槽必须对正在一条直线上,否则会发生轮槽啃带现象,使带严重磨损。

(2) 布置带轮时尽量使松边在上,紧边在下,这样对小轮包角有利。

(3) 安装时必须先缩小中心距后装上带,再予以调紧,不允许硬撬,以免损坏带。

(4) 保持带的清洁,严防带与矿物油、酸、碱等介质接触,以避免变质。带也不宜在阳光下暴晒,以免其过早老化。

(5) 带根数较多的传动,不能让新、旧带混合使用,因为旧带已有一定的永久变形,混合使用新、旧带会加速新带的损坏。

(6) 为保证安全生产,带传动应设置防护罩。

2. 带传动的张紧

带工作一段时间后,会产生永久变形而导致松弛,进而导致初拉力减小,传动能力降低,甚至发生打滑。因此,为保证带的传动能力,设计时就需要考虑张紧措施,以便及时调整初拉力。常见的张紧措施有以下三种:

1) 定期张紧装置

定期张紧是通过调节中心距来进行张紧的方法,此种方法应用最广泛。定期检查

初拉力，发现其不足时则应调节中心距，使带的张紧力达到要求。如图 8-20 所示，
(a) 为滑道式张紧装置，其电动机上装有带轮，通过旋动螺杆 2 使电动机沿轨道 1 移
动以达到调节中心距的目的，它用于接近水平安装的带传动，(b) 为悬架式张紧装置，
它通过旋转螺母 3 改变摆动架 4 的角度以达到调节中心距的目的，其用于垂直或接近
垂直安装的传动。

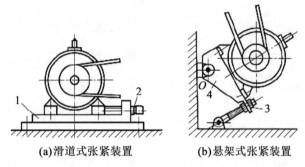

(a)滑道式张紧装置　　　　**(b)悬架式张紧装置**

1—轨道；2—旋动螺杆；3—旋转螺母；4—摆动架

图 8-20　定期张紧装置

2）自动张紧装置

图 8-21 所示为带的自动张紧装置。装有带轮的电动机安装在摆架上，并利用电动
机的自重使电动机绕摆轴摆动，自动保持一定的初拉力。

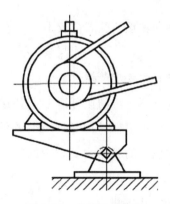

图 8-21　自动张紧装置

3）张紧轮张紧

当中心距不可调时，可采用张紧轮进行张紧。使用张紧轮时应将其布置在松边、靠近大轮处且从里向外张，如图 8-22 所示。

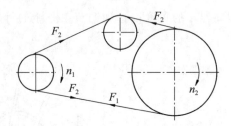

图 8-22　张紧轮张紧装置

8.4.5　同步带传动简介

同步带（又称为同步齿形带）以钢丝绳为抗拉层，外面包覆聚氨酯或氯丁橡胶而组成。它是横截面为矩形，带面具有等距横向齿的环形传动带，如图 8-23 所示。带轮轮面也制成相应的齿形，工作时靠带齿与轮齿啮合传动。由于带与带轮无相对滑动，能保持两轮的圆周速度同步，故称为同步带传动。与 V 带传动相比，同步带传动具有下列特点：

（1）工作时齿形带与带轮间不会产生滑动，能保证两轮同步转动，传动比准确；

（2）结构紧凑，传动比可达 10；

（3）带的初拉力较小，轴和轴承所受载荷较小；

（4）传动效率较高，$\eta = 0.98$；

（5）安装精度要求高、中心距要求严格。

齿形带传动，带速可达 50m/s，传动比可达 10，传递功率可达 200kW。

当带在纵截面内弯曲时，在带中保持原长度不变的任意一条周线称为节线，节线长度为同步带的公称长度。在规定的张紧力下，带的纵截面上相邻两齿对称中心线的直线距离称为带的节距 P_b，它是同步带的一个主要参数。

同步带在一些机械如机床、轧钢机、电子计算机、纺织机械、电影放映机、内燃机等之中得到愈来愈广泛的应用。关于同步带传动的设计计算，可参考有关资料。

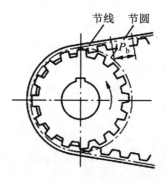

节线　节圆

图 8-23　同步带传动

8.4.6　V 带传动应用设计实例

例 8-1　设计一带式运输机中的普通 V 带传动。原动机采用 Y 系列三相异步电动机，其额定功率 $P = 4\text{kW}$，满载转速 $n_1 = 1420\text{r/min}$，从动轮转速 $n_2 = 420\text{r/min}$，每天工作 12h，载荷变动较小，要求中心距 $a \leqslant 550\text{mm}$。

解：

（1）确定计算功率 P_{ca}：

由表 8-6 查得 $K_A = 1.2$，故

$$P_{ca} = K_A P = 1.2 \times 4 = 4.8 \text{ (kW)}$$

（2）选择 V 带型号：

根据 $P_{ca} = 4.8\text{kW}$，$n_1 = 1420\text{r/min}$，由图 8-17 初步选用 A 型带。

（3）选取带轮基准直径 d_{d1} 和 d_{d2}：

由表 8-7 和表 8-8 可得，取 $d_{d1} = 100\text{mm}$，由式（8-28）得

$$d_{d2} = \frac{n_1}{n_2} d_{d1} = \frac{1420}{420} \times 100 = 338.1 \text{ (mm)}$$

由表 8-8 知，$d_{d2} = 355\text{mm}$。

理论传动比为

$$i = \frac{n_1}{n_2} = \frac{1420}{420} = 3.381$$

实际传动比为

$$i' = \frac{d_{d2}}{d_{d1}} = \frac{355}{100} = 3.55$$

传动比误差为

$$\frac{i' - i}{i} = \frac{3.55 - 3.381}{3.381} \times 100\% = 5\%$$

刚刚满足要求。

（4）验算带速 v：

$$v = \frac{\pi d_{d1} n_1}{60 \times 1000} = \frac{\pi \times 100 \times 1420}{60 \times 1000} = 7.44 \,(\text{m/s})$$

v 在 $5 \sim 25\text{m/s}$ 的范围内，带速合适。

（5）确定中心距 a 和带的基准长度 L_d：

初选中心距 $a_0 = 450\text{mm}$，符合

$$0.7(d_{d1} + d_{d2}) = 0.7 \times 455 = 318 \leqslant a_0 \leqslant 2(d_{d1} + d_{d2}) = 2 \times 455 = 910$$

由式（8-30）得带长：

$$L_c = 2a_0 + \frac{\pi}{2}(d_{d1} + d_{d2}) + \frac{(d_{d2} - d_{d1})^2}{4a_0}$$

$$= 2 \times 450 + \frac{\pi}{2}(100 + 355) + \frac{(355 - 100)^2}{4 \times 450}$$

$$= 1650.5(\text{mm})$$

查表 8-2，选用基准长度 $L_d = 1750\text{mm}$。

按式（8-31）计算实际中心距：

$$a = a_0 + \frac{L_d - L_c}{2} = 450 + \frac{1750 - 1650}{2} = 500 \,(\text{mm})$$

因此，中心距 $a \leqslant 550\text{mm}$，满足要求。

考虑安装、调整和补偿张紧力的需要，中心距的变动范围为

$$a_{\min} = a - 0.015 L_d = 500 - 0.015 \times 1750 = 473.75 \,(\text{mm})$$

$$a_{\max} = a + 0.03 L_d = 500 + 0.03 \times 1750 = 552.5 \,(\text{mm})$$

（6）小带轮包角 α_1：

由式（8-32）得

$$\alpha_1 = 180° - \frac{d_{d2} - d_{d1}}{a} \times 57.3° = 180° - \frac{355 - 100}{500} \times 57.3° = 150.8° \geqslant 120°$$

满足要求。

（7）确定带的根数 z：

根据 $d_{d1}=100\mathrm{mm}$，$n_1=1420\mathrm{r/min}$，$i'=3.55$，查表 8-3 得 $P_0=1.30\mathrm{kW}$，查表 8-4 得 $\Delta P_0=0.17\mathrm{kW}$。

因 $\alpha_1=150.8°$，查表 8-5 得 $K_\alpha=0.92$。

因 $L_d=1750\mathrm{mm}$，查表 8-2 得 $K_L=1.00$。

由式（8-35）得

$$z=\frac{P_{ca}}{(P_0+\Delta P_0)K_\alpha K_L}=\frac{4.8}{(1.3+0.17)\times0.92\times1}=3.55$$

取 $z=4$ 根。

由表 8-9 查得 A 型 V 带最多许用根数 $z_{max}=5$，$z<z_{max}$，符合要求。

（8）确定初拉力：

查表 8-1，$q=0.105\mathrm{kg/m}$，并由式（8-36）得单根普通 V 带的初拉力为

$$F_0=\frac{500P_{ca}}{vz}\left(\frac{2.5}{K_\alpha}-1\right)+qv^2$$

$$=\frac{500\times4.8}{7.44\times4}\left(\frac{2.5}{0.92}-1\right)+0.105\times7.44^2=144.31(\mathrm{N})$$

（9）计算压轴力 Q：

由式（8-37），压轴力为

$$Q=2zF_0\sin\frac{\alpha}{2}=2\times4\times144.31\times\sin\frac{150.8°}{2}=1117.2(\mathrm{N})$$

小　　结

本章主要介绍了带传动的类型、特点和应用场合，分析了带传动的工作情况。通过本章内容的学习，读者应了解 V 带的机构与规格，掌握 V 带的标准及带轮结构，了解带传动的工作原理、带传动的弹性滑动和打滑，掌握普通 V 带传动设计方法。

习　　题

（1）为什么带传动的弹性滑动是不可避免的？避免打滑的措施有哪些？

(2) 带工作时，其横截面上产生的应力有哪些？

(3) 带传动一般布置在高速级还是低速级？

(4) 设计带传动时，若小带轮包角过小，会对传动有什么影响？如何增大包角？

(5) 摩擦式带传动的主要失效形式是什么？其设计准则是什么？

(6) 在进行 V 带传动设计时，为什么要限制带的根数？

(7) 带传动张紧的目的是什么？采用张紧轮张紧时，张紧轮的布置有哪些要求？

(8) 设计某振动筛的某 V 带传动。已知电动机功率 $P = 1.7\text{kW}$，转速 $n_1 = 1430$ r/min，工作机的转速 $n_2 = 285$r/min，根据空间尺寸，要求中心距为 500mm 左右。带传动每天工作 16 小时。试设计该 V 带传动。

(9) 设计一个带式输送机的 V 带传动。已知：异步电动机的额定功率 $P = 7.5\text{kW}$，转速 $n_1 = 1440$r/min，从动轮转速 $n_2 = 565$r/min，三班制工作，要求中心距 $a \leqslant 500$ mm。

第 9 章

链 传 动

【知识目标】

　　(1) 掌握链传动的类型、特点和应用场合；

　　(2) 分析链传动的运动特性；

　　(3) 掌握滚子链传动的失效形式及设计计算；

　　(4) 熟悉链传动的使用与维护措施。

【学习目标】

　　(1) 了解链传动的概念，学习掌握链传动的类型、特点和应用场合；

　　(2) 学习掌握链传动的运动特性；

　　(3) 学习掌握链传动的主要失效形式、设计准则及参数计算；

　　(4) 了解链传动的使用维护标准，学习掌握带传动的布置、张紧及润滑措施。

　　链传动是一种常见的机械传动形式，兼有带传动和齿轮传动的一些特点。本章主要以滚子链传动为研究对象，重点分析讨论滚子链传动的运动特性、设计方法及使用与维护措施。

9.1　链传动的类型、特点与应用

9.1.1　链传动的组成及主要类型

　　链传动是应用较广的一种机械传动，它由两个链轮及具有挠性的链条组成。其链轮上制有特殊形状的齿，并通过与链条的链节啮合进行传动。如图 9-1 所示，主动链轮 1 通过链条 3 带动从动链轮 2 实现运动和动力的传递。链条也称为链。

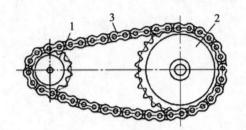

1—主动链轮；2—从动链轮；3—链条

图 9-1 链传动

按工作性质的不同，链可分为传动链、起重链和曳引链等，如图 9-2 所示。传动链主要用来传递动力，它通常在中等速度（$v \leqslant 15\text{m/s}$）以下工作。起重链用于提升重物的起重机械上，一般其链条的线速度 $v \leqslant 0.25\text{m/s}$。曳引链主要用于驱动输送带的运输机械上，一般其链条的线速度 $v \leqslant 2 \sim 4\text{m/s}$。

传动链按其结构形式又可分为滚子链、套筒链、齿形链和成型链四种。本章主要介绍传动链中应用最广的滚子链。

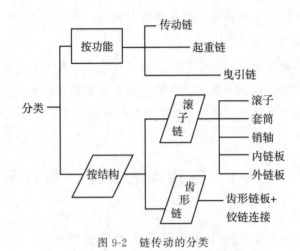

图 9-2 链传动的分类

9.1.2 链传动的特点

链传动是一种带有中间挠性件的啮合传动，它兼有挠性传动及啮合传动的特点。与带传动相比，链传动的主要优点有以下几个方面：

(1) 由于它是啮合传动，没有打滑及弹性滑动现象，所以其平均传动比准确，工作可靠；

(2) 当工作情况相同时，其传动尺寸比较紧凑；

(3) 由于不需要张紧，其作用于轴上的压轴力较小；

(4) 它能在温度较高、灰尘多、湿度较大、有腐蚀等恶劣环境下工作。

与齿轮传动相比，链传动易安装，成本低；由于链传动有中间挠性件，故其中心距的适用范围较大。

链传动的缺点有以下几个方面：

(1) 其瞬时传动比不恒定，传动不够平稳；

(2) 工作时有噪声，不宜在载荷变化很大和急速反向的传动中应用；

(3) 它只限于平行轴间的传动；

(4) 与带传动相比，它的安装和维护要求较高。

9.1.3 链传动的应用

链传动为具有中间挠性件的啮合传动。中心距适用范围较大，与带传动相比，能得到准确的平均传动比，张紧力小，故对轴的压力小，结构较紧凑，可在高温、油污、潮湿等恶劣环境下工作；但其传动平稳性差，工作时有噪声，且制造成本较高。链传动适用于两平行轴间中心距较大的低速传动。

链传动广泛应用于轻工、农业、石化、起重运输等行业及机床、汽车、摩托车、自行车等机械的传动中。目前链传动传递的功率通常在 100kW 以下且传动速度一般不超过 15m/s；传动比 $i \leqslant 6$，常用 $i = 2 \sim 3.5$，低速时可达 $i_{max} = 10$；中心距 $a \leqslant 6m$；链传动的效率为：闭式取 $\eta = 0.95 \sim 0.98$，开式取 $\eta = 0.9 \sim 0.93$。

9.2 链传动的运动特性

9.2.1 链传动的结构、主要参数及几何尺寸

1. 滚子链

1）滚子链的结构

滚子链由内链板 1、外链板 2、销轴 3、套筒 4 和滚子 5 组成，如图 9-3 所示。销轴与外链板、套筒与内链板分别采用过盈配合，滚子与套筒、套筒与销轴均为间隙配合，故可做相对自由转动。传动中链与链轮轮齿啮合时，链轮齿面与滚子之间为滚动摩擦，因而减轻了链与链轮的磨损。另外，为减小链条的质量，并遵循等强度的设计原则，链板大多制成"∞"字形。若将滚子链中的滚子 5 去掉，其就成为套筒链。

2）滚子链传动的主要参数

（1）链条节距 p。滚子链上相邻两销轴中心之间的距离称为链条节距，用 p 表示，该参数为链传动最主要的参数。节距越大，链的承载能力越大，链条和链轮的尺寸也会随之增加。

（2）链的排数 z_p。当链轮的齿数确定后，为提高其传动能力，也可选用小节距多排链的链轮。链的排数用 z_p 表示，如图 9-4 所示为双排链。链传动的承载能力与链的排数成正比，但当其排数过多时，会使排与排之间受载不均匀，因此，一般 $z_p \leqslant 4$。

（3）链长 L 和链条节数 L_p。链的长度 L 通常用链的节数 L_p 来表示，即 $L = L_p \times p$。

如图 9-5 所示，链的节数 L_p 一般取偶数，因此在滚子链的环形接头处，正好是内链板与外链板相连，可直接用开口销（a）或弹簧夹（b）将活动销轴锁住，并可方便接头。一般前者用于大节距的情况，后者用于小节距的情况。要注意的是，当采用弹簧夹时，应使其开口端方向与滚子链的运动方向相反，以免在滚子链运转时受到碰撞而发生脱落。当链节数为奇数时，则应采用过渡链节接头（c）。由于过渡链节受附加弯曲载荷，其承载能力及寿命比正常链节要低，所以应尽量避免采用奇数节链节。但

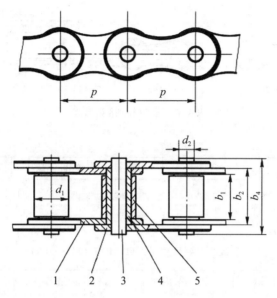

1—内链板；2—外链板；3—销轴；4—套筒；5—滚子

图 9-3 滚子链结构

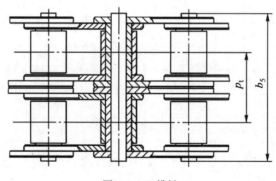

图 9-4 双排链

当其在重载、冲击及反向等条件下工作时，应采用全部由过渡链节构成的链，其柔性较好，并能减轻振动和冲击。

滚子链已标准化，根据国家标准 GB/T 1243—2006，部分链条的链号、尺寸列于表 9-1 中。滚子链的标记方式如图 9-6 所示。

例如，按上述标准制造的 A 系列，其节距 $p = 25.40\text{mm}$、双排且长度为 90 节的滚子链，可标记为：滚子链 16A-2-90 GB/T 1243—2006。

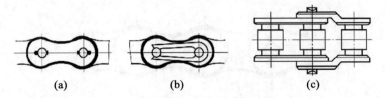

图 9-5   滚子链的接头形式

| 名称 | 链号 | – | 排数 | – | 整链链节数 | 标准编号 |

图 9-6   滚子链的标记方式

表 9-1   滚子链的主要尺寸（摘自 GB/T 1243—2006）

链号	节距 p /mm	节距 p_t /mm	滚子外径 d_1 /mm	内链节内宽 b_1 /mm	销轴直径 d_2 /mm	内链节外宽 b_2 /mm	内链板高度 h_2 /mm	每米质量 q：kg/m
08A	12.7	14.38	7.95	7.85	3.98	11.17	12.07	0.6
10A	15.875	18.11	10.16	9.40	5.09	13.84	15.09	1.0
12A	19.05	22.78	11.91	12.57	5.96	17.75	18.10	1.5
16A	25.4	29.29	15.88	15.75	7.94	22.60	24.13	2.6
20A	31.75	35.76	19.05	18.90	9.56	27.45	30.17	3.8
24A	38.1	45.44	22.23	25.22	11.11	35.45	36.20	5.6
28A	44.45	48.87	25.40	25.22	12.70	37.18	42.23	7.5
32A	50.8	58.55	28.58	31.55	14.29	45.21	48.26	10.1
40A	63.5	71.55	39.68	37.85	19.85	54.88	60.33	16.1
48A	76.2	87.83	47.63	47.35	23.81	67.81	72.39	22.6

2. 滚子链链轮

1）链轮材料

链轮的材料应保证其能满足足够的强度和耐磨性要求。由于小链轮的啮合次数多，所受冲击也大，故其采用的材料应优于大链轮。常用的链轮材料及齿面硬度列于表 9-2中。

表 9-2 链轮常用的材料及齿面硬度

材料	热处理	齿面硬度	应用范围
15、20	渗碳、淬火、回火	50～60HRC	$z \leqslant 25$，有冲击载荷的链轮
35	正火	100～200HBW	在正常工作条件下，齿数较多（z >25）的链轮
45、ZG310－570	淬火、回火	40～50HRC	无剧烈冲击，易磨损条件下的链轮
15Cr、20Cr	渗碳、淬火、回火	50～60HRC	有动载荷且传递功率大，$z \leqslant 25$ 的重要链轮
40Cr、35SiMn	淬火、回火	40～50HRC	重要的，使用 A 级链条的链轮
Q235、Q275	焊接后退火	140 HBW	中等速度、传递中等功率的较大链轮
不低于 HT150 的铸铁		260～280HBW	z >50 的从动轮
夹布胶木			P <6kW，速度较高，要求传递平稳噪声小的链轮

2）链轮齿形

链轮的齿形应满足的要求有：保证链条顺利进入和退出啮合、受力均匀、不易脱链、便于加工等。

滚子链与链轮的啮合属于非共轭啮合，在国家标准 GB/T 1243—2006 中没有规定其具体的链轮齿形，仅仅规定了图 9-7 中所示的齿槽圆弧半径 r_e、齿沟圆弧半径 r_i 和齿沟角 α 的最大与最小取值。只要两段圆弧圆滑过渡，凡在两个极限齿槽形状之间的各种齿形均符合标准，可以采用。因此，链轮齿形的设计可以有较大的灵活性。

如图 9-8 所示，目前较流行的一种齿形是三圆弧一直线齿形，其工作齿廓由 $\overset{\frown}{aa}$、$\overset{\frown}{ab}$、$\overset{\frown}{cd}$ 三段圆弧和一段直线 bc 组成。当选用这种齿形并用相应的标准刀具加工时，其链轮的端面齿形在工作图上不画出，只需注明链轮的基本参数和主要尺寸，并注明"齿形按 3R GB/T 1243—2006 规定制造"即可。

3）链轮的参数和尺寸

链轮的主要参数是其配用链条的参数，即节距 p、滚子直径 d_1、多排链排距 p_t 以及齿数 z 等。链轮的主要尺寸如图 9-9 和表 9-3 所示。

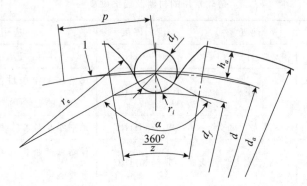

图 9-7   GB/T 1243—2006 规定齿形

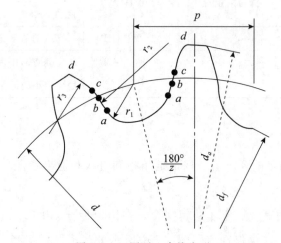

图 9-8   三圆弧一直线齿形

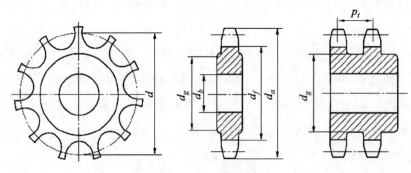

图 9-9   滚子链链轮

表 9-3　　　　　　　滚子链链轮的主要尺寸（摘自 GB/T 1243—2006）

名称	代号	计算公式	备注
分度圆直径	d	$d = \dfrac{p}{\sin\dfrac{180°}{z}}$	
齿顶圆直径	d_a	$d_{a\max} = d + 1.25p - d_1$ $d_{a\min} = d + \left(1 - \dfrac{1.6}{z}\right)p - d_1$	可在 $d_{a\max} \sim d_{a\min}$ 范围内任意选取，但在选用 $d_{a\max}$ 时应考虑采用范成法加工有顶切的可能性
分度圆弦齿高	h_a	$h_{a\max} = \left(0.625 + \dfrac{0.8}{z}\right)p - 0.5d_1$ $h_{a\min} = 0.5(p - d_1)$	h_a 是为放大齿形图而引入的尺寸
齿根圆直径	d_f	$d_f = d - d_1$	
齿侧凸缘直径	d_g	$d_g \leqslant p\cot\dfrac{180°}{z} - 1.04h_2 - 0.76$	h_2 为内链板高度

　　滚子链链轮的轴向齿廓及尺寸如图 9-9 所示，其应符合 GB/T 1243—2006 的规定，其几何尺寸可查有关手册。

3. 齿形链

　　图 9-10 所示为齿形链的结构，齿形链是由一组齿形链板并列铰接而成的，按铰链形式的不同，它可分为圆销式（a）、轴瓦式（b）和滚柱式（c）三种。齿形链工作时，通过链板两侧成 60° 的两直边与链轮轮齿相啮合。与滚子链相比，齿形链传动较平稳，噪声较小，承受冲击载荷的能力较强，但其结构复杂，质量较大，价格较贵，装拆也较困难，多用于高速或运动精度要求较高的传动装置中，故又称为高速链。

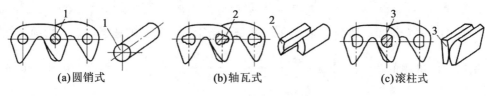

(a)圆销式　　　　　(b)轴瓦式　　　　　(c)滚柱式

1—销轴；2—轴瓦；3—棱柱销

图 9-10　齿形链

9.2.2 链传动的运动不均匀性

1. 平均传动比

设 z_1、z_2 为主、从动轮的齿数，p 为节距（单位为 mm），n_1、n_2 为主、从动链轮的转速。由于链传动是啮合传动，当主动链轮每转过一个节距 p 时，从动轮也转过一个相同的节距 p，那么链条的平均线速度为

$$v = \frac{z_1 n_1 p}{60 \times 1000} = \frac{z_2 n_2 p}{60 \times 1000}$$

则其平均传动比为

$$i = \frac{n_1}{n_2} = \frac{z_2}{z_1} \tag{9-1}$$

2. 瞬时传动比

在实际传动中，由于链的刚性链节，使链与链轮轮齿啮合时形成折线，即相当于将链条绕在正多边形的链轮上，如图 9-11 所示，该正多边形的边长为节距 p，边数为齿数 z。所以，链的线速度和瞬时传动比都将随每一链节与轮齿的啮合而做周期性的变化。为便于分析，假设在传动中，主动边始终处于水平位置，设主动轮以等角速度 ω_1 转动，r_1、r_2 分别为主、从动链轮的分度圆半径，主动轮上销轴中心 A 的速度即为链轮分度圆的线速度 $v_A = r_1 \omega_1$。在一般位置，可将 v_A 分解为沿链条前进方向和与其垂直的两个分速度 v 和 v'，它们分别为：

$$\begin{cases} v = v_A \cos\beta = r_1 \omega_1 \cos\beta \\ v' = v_A \sin\beta = r_1 \omega_1 \sin\beta \end{cases}$$

v_A 的水平分速度 v 即为链速，而 v' 则是链条上、下运动的速度，二者均随 β 角做周期性变化。β 角的变化范围是 $\frac{-\varphi}{2} \sim \frac{+\varphi}{2}$，$\frac{-180°}{z_1} \sim \frac{+180°}{z_2}$。当 $\beta = 0$ 时，链速最大，$v_{max} = r_1 \omega_1$；当 $\beta = \frac{\pm 180°}{z_1}$ 时，链速最小，$v_{min} = \omega_1 r_1 \cos\frac{180°}{z_1}$。

可见，链条在传动中做忽快忽慢、忽上忽下的周期性波动，这都是因为链轮为正多边形所致，所以，将链传动的这种运动不均匀性称为多边形效应。当链条节距 p 越

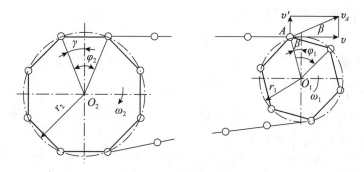

图 9-11 链传动的运动分析

大、小链轮的齿数 z_1 越少时，β 角的变化范围越大，链速变化幅度也越大，其不均匀性越明显。

因为链条无弹性，所以主、从动轮的链速应相等。由图 9-11 可得从动链轮的角速度为

$$\omega_2 = \frac{v}{r_2 \cos\gamma} \tag{9-2}$$

所以，可得瞬时传动比为

$$i = \frac{\omega_1}{\omega_2} = \frac{r_2 \cos\gamma}{r_1 \cos\beta} = \frac{d_2 \cos\gamma}{d_1 \cos\beta} \tag{9-3}$$

由于 β 和 γ 分别在 $0 \sim \frac{\pm 180°}{z_1}$、$0 \sim \frac{\pm 180°}{z_2}$ 间不断变化，其瞬时传动比也不断变化，即为非恒定值。当主动轮以 ω_1 匀速转动时，从动轮的角速度 ω_2 呈周期性变化。只有当 $z_1 = z_2$，即 $d_1 = d_2$，且中心距又恰为节距 p 的整倍数时，才能使 $\gamma = \beta$，此时 $i = 1$，为恒定值。

根据以上分析，当主动链轮做等速转动时，由于链与链轮之间啮合的多边形效应，使链条与从动轮做变速运动，从而引起附加动载荷。链速越高，节距越大，链轮齿数越少，则传动时的动载荷越大，从而引起的冲击和噪声也越大，过大的冲击将导致链和链轮齿的急剧磨损。所以链传动不适用于高速传动，一般应限制链的速度 $v \leqslant 15\mathrm{m/s}$。

9.2.3 链传动的受力分析

如图 9-12 所示，像带传动一样，链在工作过程中也有紧边和松边，且紧边和松边所受的拉力不等。若不计算动载荷，链的紧边拉力 F_1 由链传递的有效圆周力 F_e、链的离心力引起的离心拉力 F_c、链条松边垂度引起的悬垂拉力 F_y 三部分组成。松边拉力 F_2 则由 F_c 和 F_y 两部分组成，即

$$\begin{cases} F_1 = F_e + F_c + F_y \\ F_2 = F_c + F_y \end{cases} \tag{9-4}$$

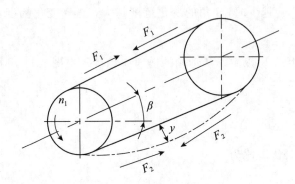

图 9-12 作用在链上的力

1. 有效圆周力

$$F_e = \frac{1000P}{v}$$

式中，P 为传动功率，单位为 kW；v 为链速，单位为 m/s。

2. 离心拉力

$$F_c = qv^2 \tag{9-5}$$

式中，q 为链条每米长的质量，单位为 kg/m。

3. 悬垂拉力

$$F_y = K_f qa \times 10^{-2} \tag{9-6}$$

式中，K_f 为垂度系数，其值可按中心连线对水平线的夹角 α 从表 9-4 中选取；a 为中心距，单位为 mm。

表 9-4 链的垂度系数 K_f

α	0°	30°	60°	75°	90°
K_f	7	6	4	2.5	1

9.3 滚子链传动的失效形式及设计计算

9.3.1 链传动的失效形式

由于加工制造的原因，链轮比链条的强度高且寿命长（2～3 倍），故链传动的失效主要发生于链条。其失效形式有以下几种：

1. 链板的疲劳破坏

由于链条在工作中受变应力的作用，经过一定的循环次数后，链板会出现疲劳断裂。在正常润滑的条件下，链板的疲劳强度是限定链传动承载能力的主要因素。

2. 铰链的磨损

由于销轴与套筒之间既承受较大载荷，又做相对转动，故易发生磨损。磨损会使链节距变长，从而不能正常啮合，造成跳齿或脱链现象。对于开式链传动，当润滑不良或工作条件恶劣时，磨损就是其主要的失效形式。

3. 滚子和套筒的冲击疲劳破坏

链传动工作中，反复启动、停止、制动、反转会产生较大的惯性冲击，另外。在高速工作时，链节啮入时也会受到较大的冲击，导致套筒和滚子的冲击疲劳破坏。

4. 销轴与套筒的胶合

当链传动的转速过高、润滑不良时，销轴和套筒的摩擦表面易发生胶合破坏。这在一定程度上限制了链传动的极限转速。

5. 链条的静载拉断

低速链传动时，链条经常承受重载或严重过载。当其超过链的静强度时，链会发生断裂。

9.3.2 链传动的功率曲线

链传动虽有多种失效形式，但各种失效形式都是在一定的条件下限制其承载能力的。图 9-13 所示为由实验作出的单排滚子链的极限功率曲线。其中，曲线 1 是在正常润滑条件下，由铰链磨损限制的极限功率曲线；曲线 2 是链板疲劳强度限定的极限功率曲线；曲线 3 是套筒、滚子冲击疲劳强度限定的极限功率曲线；曲线 4 是铰链胶合限定的极限功率曲线。

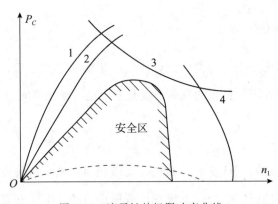

图 9-13　滚子链的极限功率曲线

图 9-13 中的阴影部分为实际使用的许用功率。若润滑不良及工作情况恶劣，磨损将很严重，其极限功率将大幅度下降，如图中的虚线所示。

图 9-14 给出了国产 A 系列滚子链在特定的实验条件下的许用功率曲线。其特定的实验条件为：

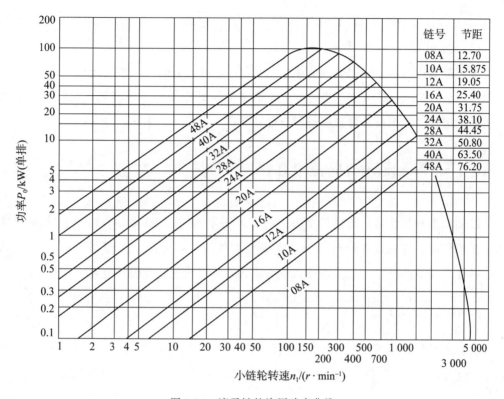

图 9-14　滚子链的许用功率曲线

（1）$z_1 = 19$；

（2）$i = 3$；

（3）$L_p = 100$ 节；

（4）单排链且水平布置；

（5）载荷平稳；

（6）采用推荐的润滑方式；

（7）使用寿命 15000h；

（8）因磨损引起的链节距的伸长量不超过 3%。

图 9-14 中的 P_0 称为单排链的许用功率。在实际使用中，当所设计的链传动参数与上述实验条件不同时，需对 P_0 做适当修正。即由式（9-8）计算出 P_0，再根据图 9-14 查取链号。当有多个链号满足功率要求时，应优先选用较小节距的链。

当润滑不良，即不能保证采用推荐的润滑方式时，P_0 应按下述几种情况降低使用：

（1）当 $v \leqslant 1.5\mathrm{m/s}$，润滑不良时，$P_0$ 降到（0.3～0.6）P_0；

（2）当 $1.5\mathrm{m/s} < v \leqslant 7\mathrm{m/s}$，润滑不良时，$P_0$ 降到（0.15～0.3）P_0；

（3）当 $v > 7\mathrm{m/s}$，润滑不良时，传动不可靠，不宜采用。

滚子链的传动速度一般分为低速（$v < 0.6\mathrm{m/s}$）、中速（$v = 0.6～8\mathrm{m/s}$）和高速（$v > 8\mathrm{m/s}$）三种。对于中高速链传动，通常应按其许用功率曲线进行设计计算；而对于低速链传动，则按其静强度进行设计计算。

9.3.3　中高速链传动的设计计算

已知数据和条件为：传递的功率 P、主动轮转速 n_1、从动轮转速 n_2、载荷性质和工作条件等。应完成的设计内容为：确定链轮齿数 z_1 和 z_2、链条节距 p 和排数 z_p、中心距 a 和链节数 L_p，选择润滑方式，选择链轮材料并设计链轮。

1. 确定传动比 i

链传动的传动比可用式（9.1）进行计算。通常限定 $i \leqslant 7$，推荐 $i = 2.0～3.5$。如传动比过大，则链包在小链轮上的包角过小，啮合的齿数太少，这将加速轮齿的磨损。

2. 确定链轮的齿数 z_1 和 z_2

小链轮齿数 z_1 的多少对传动的平稳性和链条的使用寿命以及外廓尺寸影响较大。z_1 较少，链轮就具有结构小的优点；但若 z_1 过少，则传动的不均匀性和动载荷将增大，工作条件也会恶化，从而加速铰链的磨损。为了减小动载荷，小链轮的齿数 z_1 宜取多一些；但是 z_1 过多会使大链轮的齿数 z_2 更多，除了会使链轮的结构过大、质量增加外，还容易引起大链轮跳齿和脱链，从而缩短链条的使用寿命。

如图 9-15 所示，脱链产生的原因为：链条磨损后，销轴直径变小，套筒孔径变大，链条实际啮合的节距由 p 增至（$p + \Delta p$），链节在啮合时，滚子中心沿着轮齿齿廓向外移至（$d + \Delta d$），则 Δd 的大小为

$$\Delta d = \frac{\Delta p}{\sin \dfrac{180}{z}} \tag{9-7}$$

可见，若 Δp 一定，则链轮齿数越多，Δd 就越大。也就是说，齿数越多，链从链轮上脱落下来的可能性就越大，链的使用寿命就越短。所以，为了避免大链轮过早脱

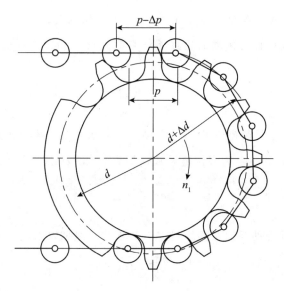

图 9-15 链节伸长对啮合的影响

链，小链轮齿数不宜取得过多，一般规定 $z_{2max} \leqslant 150$。

一般根据链速 v 按表 9-5 所示来选取小链轮的齿数 z_1。大链轮齿数 $z_2 = i \cdot z_1$，将其圆整为整数。链轮齿数应优先选取奇数。由于链条的节数 L_p 取偶数，链轮齿数应取奇数甚至取与 L_p 互为质数的奇数，这样更有利于链传动的磨损均匀。

表 9-5 小链轮的齿数 z_1

链速 v	0.6~3	3~8	>8
齿数 z_1	$\geqslant 17$	$\geqslant 21$	$\geqslant 25$

3. 确定链号和链节距 p

链节距 p 越大，链和链轮各部分的尺寸也越大，链的承载能力也越大，但传动的运动不均匀性、动载荷、噪声等都将随之增加。而且其速度越大，冲击也越大。所以，设计时选择节距的原则是：

（1）在满足传递功率的前提下，尽量选取较小节距的单排链；

（2）在高速重载时应选取小节距的多排链；

（3）在低速重载时可选取较大节距的单排链。

链号和节距可根据所传递功率 P 的大小及小链轮的转速 n_1，由图 9-14 的许用功率曲线选取。由于所设计链传动的实际条件与制定许用功率曲线的试验条件不同，故应按下式进行修正：

$$P_0 \geqslant \frac{K_A P}{K_z K_p} \tag{9-8}$$

式中，P 为传递的功率，单位为 kW；K_A 为工况系数，如表 9-6 所示；K_z 为小链轮齿数系数，如表 9-7 所示；K_p 为多排链系数，如表 9-8 所示。

4. 验算链速 v

为了防止链传动的动载荷及噪声过大，必须对链速加以限制。一般要求其满足

$$v = \frac{n_1 z_1 p}{60 \times 1000} \leqslant 15 \tag{9-9}$$

推荐链速 $v = 6 \sim 8\text{m/s}$。

表 9-6 工况系数 K_A

工作机		原动机		
载荷种类	应用举例	电动机、汽轮机	内燃机（≥6缸）	内燃机（<6缸）
平稳载荷	离心泵、鼓风机、压缩机、液体搅拌机、均匀加料的带式运输机、发电机、均匀负载的一般机械	1.0	1.1	1.3
中等冲击	多缸的泵和压缩机、水泥搅拌机、载荷变化的运输机、固体搅拌机、中型起重机、木工机械	1.4	1.5	1.7
严重冲击	破碎机、挖掘机、振动式输送机、重型起重机、石油钻机、冲床、剪床、锻压机械、拔丝机械	1.8	1.9	2.1

表 9-7 小链轮齿数系数 K_z

链工作点的位置	位于曲线顶点左侧 （链板疲劳）	位于曲线顶点右侧 （滚子、套筒冲击疲劳）
小链轮的齿数系数 K_z	$\left(\dfrac{z_1}{19}\right)^{1.08}$	$\left(\dfrac{z_1}{19}\right)^{1.5}$

表 9-8 多排链系数 K_p

排数 z_p	1	2	3	4	5	6
K_p	1.0	1.7	2.5	3.3	4.0	4.6

5. 确定中心距 a 和链长 L_p

中心距的大小对链传动的性能有重要的影响。若中心距小，则链条于链轮的包角变小，承载齿数减少，轮齿受力增大，在相同转速情况下，单位时间内链节与链轮啮合的次数增多，会加速链条的磨损和疲劳破坏；若中心距过大，则松边下垂量大，会使之发生上、下颤动，使传动不平稳。因此，在正常设计条件下，推荐初选中心距 $a_0 = (30 \sim 50)\,p$，最大不超过 $a_{0\max} = 80p$。

初步选定 a_0 后，所需链条长度（节数）L_{p0} 的计算公式为：

$$L_{p0} = \frac{2a_0}{p} + \frac{z_1 + z_2}{2} + \frac{p}{a_0}\left(\frac{z_2 - z_1}{2\pi}\right)^2 \tag{9-10}$$

将上式计算得到的结果圆整为整数 L_p，最好为偶数。再根据 L_p 计算理论中心距 a：

$$a = \frac{p}{4}\left[\left(L_p - \frac{z_1 + z_2}{2}\right) + \sqrt{\left(L_p - \frac{z_1 + z_2}{2}\right)^2 - 8\left(\frac{z_2 - z_1}{2\pi}\right)^2}\right] \tag{9-11}$$

一般情况下，a 可用下式近似计算，即

$$a \approx a_0 + \frac{L_p - L_{p0}}{2}p \tag{9-12}$$

为保证链条的松边有一个合适的垂度 f，$f = (0.01 \sim 0.02)\,a$，实际中心距 a' 应比理论中心距小 Δa，常取 $\Delta a = (0.002 \sim 0.004)\,a$。则

$$a' = a - \Delta a$$

若要求中心距可以调整，其调整范围应不小于 $2p$。

6. 计算压轴力 Q

压轴力 Q 可近似用下式计算，即

$$Q = K_Q F_e = \frac{1000 K_Q P}{v} \tag{9-13}$$

式中，K_Q 为压轴力系数，一般取 $1.2 \sim 1.3$；F_e 为链传动的有效圆周力，单位为 N。

9.3.4　低速链传动的设计计算

对于链速 $v < 0.6 \text{m/s}$ 的低速传动，链条的静载拉断是其主要的失效形式，因此，应按静强度条件进行设计计算。首先参考图 9-14 选链号，载荷应满足如下安全系数条件：

$$S = \frac{F}{K_A F_e} \geqslant [S]$$

一般取许用安全系数 $[S] = 4 \sim 8$。

9.3.5　链传动的应用设计实例

例 9-1　设计一带动压缩机的链传动。已知，电动机的额定转速 $n_1 = 970 \text{r/min}$，压缩机转速 $n_2 = 330 \text{r/min}$，传递功率 $P = 9.7 \text{kW}$，两班制工作，载荷平稳。并要求中心距 $a \leqslant 600 \text{mm}$，电动机可在滑轨上移动。

解：

（1）选择链轮齿数 z_1、z_2：

由题意知，传动比为

$$i = \frac{n_1}{n_2} = \frac{970}{330} = 2.94$$

按表 9-5 取小链轮齿数 $z_1 = 25$，大链轮齿数 $z_2 = i \cdot z_1 = 2.94 \times 25 = 73.5$，取 $z_2 = 73$。

（2）计算功率 P_c：

由表 9-6 查得 $K_A = 1.0$，计算功率为

$$P_c = K_A P = 1.0 \times 9.7 = 9.7 \ (\text{kW})$$

（3）确定中心距 a_0 及链节数 L_p：

初定中心距 $a_0 = (30 \sim 50)p$，取 $a_0 = 30p$。

由式（9-10）求 L_p：

$$L_p = \frac{2a_0}{p} + \frac{z_1 + z_2}{2} + \frac{p}{a_0} \left(\frac{z_2 - z_1}{2\pi} \right)^2$$

$$= \frac{2 \times 30p}{p} + \frac{25 + 73}{2} + \frac{p}{30p} \left(\frac{73 - 25}{2\pi} \right)^2$$

$$= 110.94$$

取 $L_p = 110$。

（4）确定链条型号和节距 p：

根据链速估计链传动可能产生链板疲劳破坏，由表 9-7 查得小链轮齿数系数 $K_z = 1.34$，查得 $K_A = 1.02$，考虑传递功率不大，故选单排链，由表 9-8 查得 $K_p = 1$。

所能传递的额定功率为

$$P_0 = \frac{K_A P}{K_z K_p} = \frac{1.02 \times 7.9}{1.34 \times 1} = 7.09 \ (\text{kW})$$

由图 9-14 选择滚子链型号为 10A，链节距 $p = 15.875 \text{mm}$，由图证实工作点落在曲线顶点左侧，主要失效形式为链板疲劳，前面假设成立。

（5）验算链速 v：

$$v = \frac{z_1 n_1 p}{60 \times 1000} = \frac{25 \times 970 \times 15.875}{60 \times 1000} = 6.14 \ (\text{m/s})$$

（6）确定链长 L 和中心距 a：

链长为

$$L = \frac{L_p \times p}{1000} = \frac{110 \times 15.875}{1000} = 1.746 \ (\text{m})$$

中心距为

$$a = \frac{p}{4} \left[\left(L_p - \frac{z_1 + z_2}{2} \right) + \sqrt{ \left(L_p - \frac{z_1 + z_2}{2} \right)^2 - 8 \left(\frac{z_2 - z_1}{2\pi} \right)^2 } \right]$$

$$= \frac{15.875}{4} \left[\left(110 - \frac{25 + 73}{2} \right) + \sqrt{ \left(110 - \frac{25 + 73}{2} \right)^2 - 8 \left(\frac{73 - 25}{2\pi} \right)^2 } \right]$$

$$= 468.47 \text{(mm)}$$

（7）计算作用在轴上的力 Q：

工作拉力为

$$F = \frac{1000P}{v} = 1000 \times \frac{9.7}{6.41} = 1513 \ (\text{N})$$

因载荷平稳，取

$$Q = K_Q F = 1.2 \times 1513 = 1815.6 \ (\text{N})$$

9.4 链传动的布置、张紧及润滑

9.4.1 链传动的布置

如图 9-16 所示，链传动的布置是否合理会严重地影响其工作能力和使用寿命。链传动合理布置的原则有以下几项：

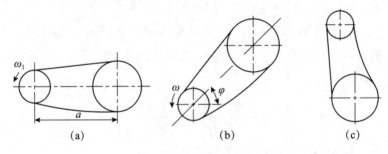

图 9-16 链传动的布置

（1）为保证链传动的正确啮合，两链轮的转动平面应在同一垂直平面内，并且两轴平行，如图 9-16（a）所示。

（2）两链轮的中心连线最好呈水平布置，如图 9-16（b）所示，或与水平线夹角 $\phi \leqslant 45°$，应尽量避免 $\phi = 90°$ 的垂直布置，以免链条与下方链轮啮合不良或脱离啮合。

（3）必须垂直安装时，应使上下链轮偏置一段距离，如图 9-16（c）所示，且应采用张紧装置。

（4）链传动以紧边在上布置为佳。对中心距 $a \leqslant 30p$、传动比 $i \geqslant 2$ 或 $a \geqslant 60$、$i \leqslant 1.5$ 的水平传动，必须使紧边在上、松边在下，以避免因松边下垂而发生咬链或链条刮碰的情况。

9.4.2 链传动的张紧方法

链传动靠链条和链轮的啮合传递动力，不需要很大的张紧力。链传动张紧的目的主要是为了避免垂度过大引起啮合不良。链传动中如松边垂度过大，将引起啮合不良和链条振动，且链条容易发生脱链，所以链传动也应给予适当的张紧，以控制链条的悬垂量。

张紧的方法有很多，最常见的是调整两轮的中心距。如中心距不可调时，也可采用张紧轮进行张紧，如图9-17所示。张紧轮应布置在靠近小链轮的松边外侧，如果是双向传动，则两边都应有张紧装置。张紧轮的直径应稍小于小链轮的直径。张紧轮可以带齿，也可以不带齿。

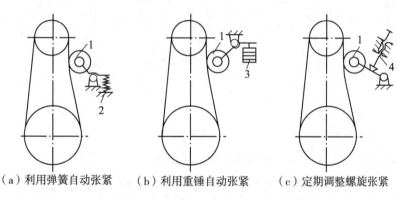

（a）利用弹簧自动张紧　　（b）利用重锤自动张紧　　（c）定期调整螺旋张紧

1—张紧轮；2—弹簧；3—重锤；4—调整螺旋

图 9-17 链传动的张紧装置

9.4.3 链传动的润滑

图9-18所示为链传动的几种润滑方法。

常用的润滑布置有以下几种：

（1）人工定期润滑：用油壶或油刷给油（图9-19（a）），每班注油一次，适用于链速低的不重要传动。

（2）滴油润滑：用油杯通过油管向松边的内、外链板间隙处滴油，用于链速不大

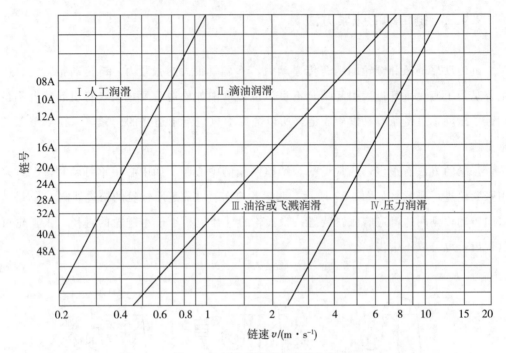

图 9-18 链传动推荐的润滑方式

的传动 (图 9-19 (b))。

(3) 油浴润滑：链从密封的油池中通过 (图 9-19 (c))。

(4) 飞溅润滑：在密封容器中，用甩油盘将油甩起，经由壳体上的集油装置将油导流到链上 (图 9-19 (d))。

(5) 压力油循环润滑：用油泵将油喷到链上，喷口应设在链条进入啮合之处，适用于大功率传动 (图 9-19 (e))。

润滑可以减少链传动的摩擦和磨损，缓和链条和链轮齿的冲击，提高链传动的传动效率、工作能力和使用寿命。若在没有润滑或润滑不良的情况下，链传动的承载能力将大大降低，因此必须保证良好的润滑条件。

润滑油可采用 L—AN32、L—AN46、L—AN68 等牌号的机械油。对开放式和重载、低速链传动，应在油中加入 MoS_2、WS_2 等添加剂，以提高润滑效果。为了安全与防尘，链传动还应安装防护罩。

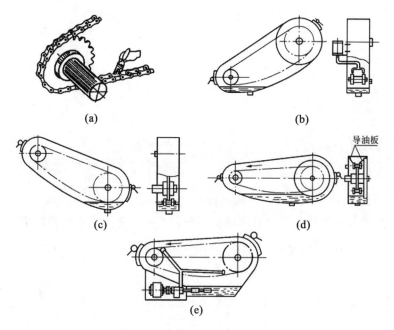

图 9-19　链传动润滑的布置方法

小　　结

　　本章主要介绍了链传动的概念，重点介绍了链传动的类型、特点和应用场合，链传动的结构、主要参数及几何尺寸，链传动的运动不均匀性，链传动的运动特性等。通过本章内容学习，读者应掌握链传动的主要失效形式、设计准则及参数计算，了解链传动的使用维护标准，学习掌握链传动的布置、张紧及润滑措施。

习　　题

1. 是非题

链传动的运动不均匀性是造成瞬时传动比不恒定的原因。　　　　　　　（　　）

2. 选择题

链轮中心距已定，合理确定链传动的链长时，应取（　　）。

A. 任一值

B. 等于链节距长度的偶数倍

C. 等于链节距长度的奇数倍

D. 不确定

3. 简答题

(1) 与带传动和齿轮传动相比，链传动有哪些优缺点？

(2) 链传动的失效形式有哪些？

4. 计算题

用电动机通过滚子链传动驱动水泥搅拌机，有中等冲击，电动机功率 $P = 5.5\text{kW}$，转速 $n_1 = 970\text{r/min}$，传动比 $i = 2.5$，试设计此链传动。

第 10 章

轴

【知识目标】

(1) 掌握圆轴扭转、弯曲及组合变形的理论知识；

(2) 熟悉轴的分类及材料选择；

(3) 掌握轴的结构设计。

【学习目标】

(1) 了解圆轴扭转、弯曲及组合变形的几何理论；

(2) 熟悉轴的分类及轴的材料；

(3) 学习掌握轴的结构设计、强度计算校核。

传动零件必须被支承起来才能工作，支承传动件的零件称为轴。轴是组成机器的重要零件之一，其主要作用是支承做回转运动的零件，如齿轮、带轮、连轴器等，以传递运动和动力。本章主要介绍轴的几何理论、结构设计及强度计算。

10.1 圆 轴 扭 转

10.1.1 圆轴扭转的工程实例

扭转应力为在横截面上由扭矩作用产生的剪切应力。在弹性范围内，圆柱形横截面上的扭转应力是沿圆形截面的轴由中心向外表面直线增加的。外表面的扭转应力最大，利用静态扭转试验可以测定材料的剪切模量等力学参数；动态扭转试验更是动态力学试验中最常采用的形式之一。扭转变形是杆件受到大小相等、方向相反且作用平面垂直于杆件轴线的力偶作用，使杆件的横截面绕轴线产生转动。

在工程实际中，经常会看到一些发生扭转变形的杆件，例如图 10-1（a）所示的传动轴、图 10-1（b）所示的水轮发电机的主轴等。将图 10-1（a）中传动轴的 AB 段和水轮发电机主轴的受力进行简化，可以得到图 10-2 所示的力学模型。

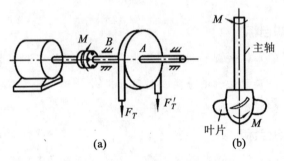

图 10-1　扭转实例

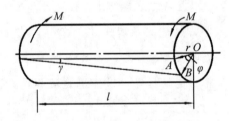

图 10-2　扭转变形的力学模型

由图 10-2 可知，扭转变形的受力特点是：杆件的两端受到一对大小相等、转向相反、作用面垂直于杆轴线的外力偶作用；其变形特点是：两外力偶作用面之间的各横截面都绕轴线产生相对转动。图中，左、右两端横截面绕轴线相对转动的角度，称为扭转角 φ。

10.1.2 扭矩和扭矩图

1. 外力偶矩的计算

工程中作用于轴上的外力偶矩通常并不直接给出，而是给出轴的转速和所传递的功率，它们的换算关系为

$$M = 9550 \frac{P}{n} \tag{10-1}$$

式中，M 为外力偶矩，单位为 N·m；P 为轴传递的功率，单位为 kW；n 为轴的转速，单位为 r/min。

在确定外力偶的转向时应注意，输入功率所产生的外力偶为主动力偶，其转向与轴的转向相同；而从动轮的输出功率所产生的外力偶为阻力偶，其转向与轴的转向相反。

2. 扭矩与扭矩图

若已知轴上作用的外力偶矩，则可用截面法求圆轴扭转时横截面上的内力。现分析图 10-3 （a）所示的圆轴，在任意截面 $m-m$ 处将轴截为两段。取左段为研究对象，如图 10-3 （b）所示，因左端有外力偶作用，为保持该段平衡，在 $m-m$ 截面上必有一个内力偶 T 与之平衡，该内力偶的力偶矩称为扭矩，由平衡方程求解：

$$\begin{cases} \sum M_x(F) = 0 \\ T - M = 0 \end{cases}$$

同理，也可以取截面右段为研究对象，此时求得的扭矩与取左段为研究对象所求得的扭矩大小相等，但转向相反，如图 10-3 （c）所示。为了使所取截面左段或右段求得的同一截面上的扭矩相一致，通常用右手法则规定扭矩的正负：以右手手心对着轴线，四指沿扭矩的方向弯曲，大拇指的方向离开截面时，扭矩为正；反之为负，如图 10-3 （d）所示。在计算扭矩时，仍通常采用"设正法"。

当轴上作用有多个外力偶时，需以外力偶所在的截面将轴分成数段，逐段求出其扭矩。为形象地表示扭矩沿轴线的变化情况，可仿照画轴力图的方法画扭矩图。作图时，沿轴线方向取坐标表示横截面的位置，以垂直于轴线的方向取坐标表示扭矩。

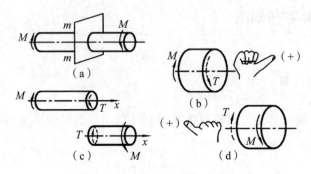

图 10-3　圆轴的扭转

10.1.3　圆轴扭转时横截面上的应力

1. 圆轴扭转时横截面上的应力分布规律

为了研究圆轴扭转时横截面上的应力分布情况，可进行扭转实验。首先在图 10-4
（a）所示的圆轴表面画若干垂直于轴线的圆周线和平行于轴线的纵向线，然后在两端
施加一对转向相反、大小相等的外力偶使其产生扭转变形，可以观察到圆轴扭转变形
如图 10-4（b）所示的现象。

（1）各圆周线均绕轴线旋转了一微小角度 φ，而圆周线的形状、大小及间距均无
变化；

（2）各纵向线都倾斜了同一个微小角度 γ，原来轴表面上的小矩形都歪斜成了平
行四边形。

由上述现象可以认为，圆轴扭转变形后，轴的横截面仍保持平面，其形状和大小
不变，半径仍为直线。这就是圆轴扭转的平面假设。由此可知，其横截面上沿半径方
向无切应力作用，而相邻横截面上的间距不变，故横截面上无正应力。但由于相邻横
截面发生了绕轴线的相对转动，纵向线倾斜了同一角度 γ，产生了切应变。由剪切胡
克定律可知，因此横截面上各点必有切应力存在，且垂直于半径呈线性分布，如图 10-
5（a）、（b）所示。因此，横截面上距圆心 ρ 处切应力 τ_ρ 为

$$\tau_\rho = G\gamma = G_\rho \frac{\mathrm{d}\varphi}{\mathrm{d}x}$$

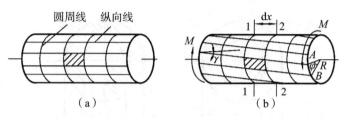

图 10-4 扭转应力分布

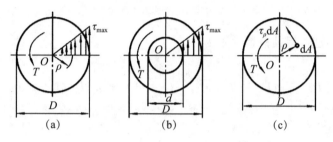

图 10-5 圆轴扭转时横截面上的切应力

下面分析扭转时横截面上切应力的计算。如图 10-5 (c) 所示，圆轴横截面上微面积 dA 上的微内力 $\tau_\rho dA$，它对截面中心 O 的微力矩为 $\tau_\rho dA \cdot \rho$。整个横截面上所有微力矩之和应等于该截面上的扭矩 T，则有

$$T = \int_A \tau_\rho dA \cdot \rho$$

2. 极惯性矩 I_p 和抗扭截面系数 W_p

（1）圆截面。如图 10-6 (a) 所示，设截面的直径为 D，若取微面积为一圆环，即 $dA = 2\pi\rho d\rho$，则其极惯性矩为

$$I_p = \frac{\pi}{32}D^4 \approx 0.1D^4 \tag{10-2}$$

抗扭截面系数为

$$W_p = \frac{I_p}{\frac{D}{2}} = \frac{\pi D^3}{16} \approx 0.2D^3 \tag{10-3}$$

（2）空心圆截面。如图 10-6 (b) 所示，设截面的外径为 D，内径为 d，内外径

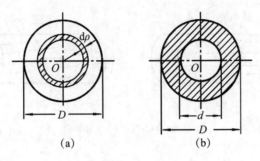

图 10-6 极惯性矩

之比 $\dfrac{d}{D}=\alpha$，同理可得其极惯性矩为

$$I_p=\frac{\pi}{32}(D^4-d^4)=\frac{\pi D^4}{32}(1-\alpha^4)\approx 0.1D^4(1-\alpha^4) \tag{10-4}$$

抗扭截面系数为

$$W_p=\frac{I_p}{\dfrac{D}{2}}=\frac{\pi D^4}{16}(1-\alpha^4)\approx 0.2D^3(1-\alpha^4) \tag{10-5}$$

10.1.4 圆轴扭转时的强度计算

等直圆轴的最大切应力发生在最大扭矩所在截面的外周边各点处。为了使圆轴能正常工作，必须使其最大工作切应力不超过材料的许用切应力。因此，等直圆轴扭转时的抗扭强度条件为

$$\tau_{max}=\frac{T_{max}}{W_p}\leqslant[\tau] \tag{10-6}$$

10.1.5 圆轴扭转时的刚度计算

1. 圆轴扭转时的变形计算

扭转变形是用两个横截面绕轴线的相对转角 φ 来表示的，如图 10-4 所示。对于扭

矩 T 为常值的等截面圆轴，由于其 γ 很小，由几何关系可得

$$\widehat{AB} = \gamma l = R\varphi$$

因此

$$\varphi = \frac{\gamma l}{R}$$

将胡克定律 $\gamma = \dfrac{\tau}{G} = \dfrac{T\rho}{GI_p}$ 代入上式，得

$$\varphi = \frac{Tl}{GI_p} \qquad\qquad (10\text{-}7)$$

其中，GI_p 反映了截面抵抗扭转变形的能力，称为截面的抗扭刚度。

当两个截面间的 T 或 I_p 有变化时，需分段计算扭转角，然后求其代数和以求得全轴的扭转角。扭转角的正负号与扭矩的正负号判断方法相同。

2. 圆轴扭转时的刚度计算

设计轴类构件时，不仅要满足强度要求，有些轴还要考虑刚度问题。工程上通常是限制单位长度的扭转角 θ，使它不超过规定的许用值 $[\theta]$。由式（10-7）可知，单位长度的扭转角为

$$\theta = \frac{\varphi}{l} = \frac{T}{GI_p}$$

因此，圆轴扭转的刚度条件为

$$\theta_{\max} = \frac{T_{\max}}{GI_p} \leqslant [\theta]$$

其中，θ 的单位为 rad/m，而工程上常用的许用扭转角单位是 "°/m"。考虑单位的换算，圆轴扭转的刚度条件为

$$\theta_{\max} = \frac{T_{\max}}{GI_p} \times \frac{180}{\pi} \leqslant [\theta] \qquad\qquad (10\text{-}8)$$

关于轴的单位长度许用扭转角的取值 $[\theta]$，可查阅有关工程设计手册。应用轴的刚度条件，可以解决刚度计算的三类问题，即校核刚度、设计截面尺寸和确定许可载荷。

10.2　弯　　曲

10.2.1　平面弯曲概念

在工程结构和机械零件中，存在大量弯曲问题。如火车轮轴（如图 10-7 所示）、桥式起重机大梁（如图 10-8 所示）等，在外力作用下其轴线发生了弯曲。这种变形的形式称为弯曲变形。工程中把以发生弯曲变形为主的杆件通常称为梁。轴线为直线的梁称为直梁。

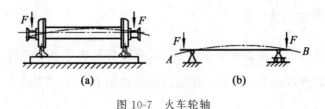

图 10-7　火车轮轴

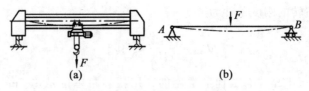

图 10-8　桥式起重机大梁

工程结构中，常见直梁的横截面大多有一根纵向对称轴，如图 10-9 所示。梁的无数个横截面的纵向对称轴构成了梁的纵向对称平面，如图 10-10 所示。若梁上的所有外力（包括外力偶）都作用在梁的纵向对称平面内，则梁的轴线将在其纵向对称平面内弯成一条平面曲线。梁的这种弯曲称为平面弯曲，也是最常见、最基本的弯曲变形。

由以上工程实例可以得出，直梁平面弯曲时的受力与变形特点是：

（1）外力作用于梁的纵向对称平面内；

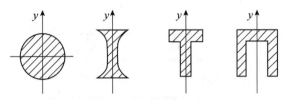

图 10-9 直梁横截面的纵向对称轴

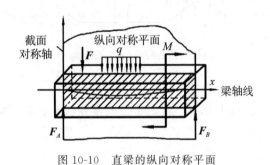

图 10-10 直梁的纵向对称平面

（2）梁的轴线在纵向对称平面内弯成一条平面曲线。

10.2.2 梁弯曲时横截面上的正应力

1. 纯弯曲与横力弯曲

火车轮轴的力学模型为如图 10-11（a）所示的外伸梁。画其剪力、弯矩图如图 10-11（b）、图 10-11（c）所示，在其 AC、BD 段内各横截面上有弯矩 M 和剪力 F_Q 同时存在，故梁在这些段内发生弯曲变形的同时还会发生剪切变形，这种变形称为剪切弯曲，也称为横力弯曲。在其 CD 段内各横截面，只有弯矩 M 而无剪力 F_Q，梁的这种弯曲称为纯弯曲。

2. 梁纯弯曲时横截面上的正应力

如图 10-12（a）所示，取一矩形截面梁，弯曲前在其表面画两条横向线 $m-m$ 和 $n-n$，再画两条纵向线 $a-a$ 和 $b-b$，然后在其两端作用外力偶矩 M，梁将发生平面

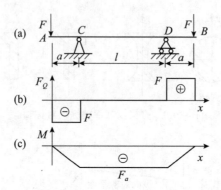

图 10-11　梁的纯弯曲变形现象

纯弯曲变形，如图 10-12（b）所示。此时可以观察到如下变形现象：

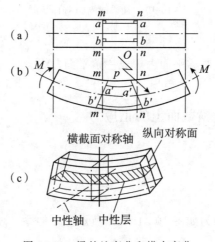

图 10-12　梁的纯弯曲和横力弯曲

（1）横向线 $m-m$ 和 $n-n$ 仍为直线且与纵向线正交，但绕某点相对转动了一个微小角度。

（2）纵向线 $a-a$ 和 $b-b$ 弯成了曲线，且 $a-a$ 线缩短，而 $b-b$ 线伸长。由于梁内部材料的变化无法观察，因此假设横截面在变形过程中始终保持为平面，这就是梁纯弯曲时的平面假设。可以设想梁由无数条纵向纤维组成，且纵向纤维间无相互的挤压作用，处于单向受拉或受压状态。

从图 10-12（b）中可以看出，梁纯弯曲时，从凸边纤维伸长连续变化到凹边纤维缩短，其间必有一层纤维既不伸长也不缩短，这一纵向纤维层称为中性层，如图 10-12（c）所示。中性层与横截面的交线称为中性轴。梁弯曲时，横截面绕中性轴转动了一个角度。

由上述分析可知，矩形截面梁在纯弯曲时的应力分布有如下特点：

（1）中性轴上的线应变为零，所以其正应力亦为零。

（2）距中性轴距离相等的各点，其线应变相等，根据胡克定律，它们的正应力也必相等。

（3）在图 10-12（b）所示的受力情况下，中性轴上部各点正应力为压应力（即负值），中性轴下部各点正应力为拉应力（即正值）。

（4）横截面上的正应力沿 y 轴呈线性分布，即 $\sigma = ky$（k 为待定常数），如图 10-13 所示。最大正应力（绝对值）在离中性轴最远的上、下边缘处。

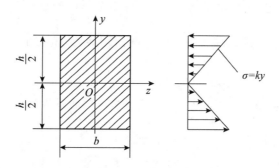

图 10-13　正应力分布图

由于距离中性层上、下的纵向纤维的线应变与到中性层的距离 y 成正比，当其正应力不超过材料的比例极限时，由胡克定律可知

$$\sigma = E \cdot \varepsilon = E \cdot \frac{y}{\rho} = \frac{E}{\rho} \cdot y \tag{10-9}$$

对于指定的横截面，$\dfrac{E}{\rho}$ 为常数（即为上述的 k 值），由于此时梁轴线的曲率半径 ρ 还是一个未知量，在纯弯曲时，中性轴的曲率半径 ρ 的计算公式为

$$\frac{1}{\rho} = \frac{M}{EI_z} \tag{10-10}$$

这是研究梁变形的一个基本公式，其中，EI_z 值的大小反映了梁抵抗弯曲变形的能

力，称为梁的抗弯刚度。

将式（10-10）代入式（10-9），即得到梁在纯弯曲时横截面上任一点如图 10-14 所示的正应力计算公式：

$$\sigma = \frac{My}{I_z} \tag{10-11}$$

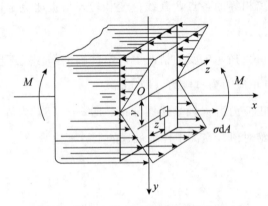

图 10-14　梁纯弯曲时横截面上的内力和应力

为计算梁横截面上的最大正应力，可定义抗弯截面系数 $W_z = \dfrac{I_z}{y_{max}}$，则式（10-11）可写为

$$\sigma_{max} = \frac{M}{W_z} \tag{10-12}$$

式中，M 为截面上的弯矩，单位为 N·mm；W_z 为抗弯截面系数，单位为 mm^3。

I_z、W_z 是仅与截面几何尺寸有关的量，常用型钢的 I_z、W_z 值可在有关设计手册中查得。

式（10-11）和式（10-12）是由梁受纯弯曲变形推导出的，但只要梁具有纵向对称面且载荷作用在其纵向对称面内，且梁的跨度又较大时，横力弯曲也可应用上述两式进行计算。

当梁横截面上的最大应力大于其材料的比例极限时，上述公式将不再适用。

3. 惯性矩和抗弯截面系数的计算

梁常见横截面的 I_z、W_z 值计算公式如表 10-1 所示。

表 10-1   常见截面的 I_z、W_z 值计算公式

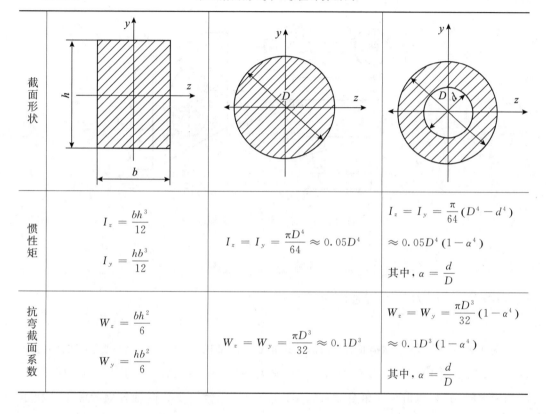

截面形状			
惯性矩	$I_z = \dfrac{bh^3}{12}$ $I_y = \dfrac{hb^3}{12}$	$I_z = I_y = \dfrac{\pi D^4}{64} \approx 0.05D^4$	$I_z = I_y = \dfrac{\pi}{64}(D^4 - d^4)$ $\approx 0.05D^4(1 - \alpha^4)$ 其中，$\alpha = \dfrac{d}{D}$
抗弯截面系数	$W_z = \dfrac{bh^2}{6}$ $W_y = \dfrac{hb^2}{6}$	$W_z = W_y = \dfrac{\pi D^3}{32} \approx 0.1D^3$	$W_z = W_y = \dfrac{\pi D^3}{32}(1 - \alpha^4)$ $\approx 0.1D^3(1 - \alpha^4)$ 其中，$\alpha = \dfrac{d}{D}$

10.3　组　合　变　形

10.3.1　弯曲与扭转组合变形的概念

机械设备中的轴类构件，大多发生弯曲与扭转的组合变形。如图 10-15（a）所示的一端固定、一端自由的圆轴，A 端装有半径为 R 的圆轮，在轮缘上 C 点作用一个与轮缘相切的水平力 F。建立图 10-15（a）所示空间直角坐标系 A-xyz，将梁简化并把力 F 向 A 点平移，得到一横向平移力 F 和一附加力偶 M_A，如图 10-15（b）所示。横向力 F 使 AB 轴在 xy 平面内发生弯曲变形，力偶 M_A 使轴发生扭转变形。构件这种既

发生弯曲又发生扭转的变形，称为弯曲与扭转组合变形，简称弯扭组合变形。

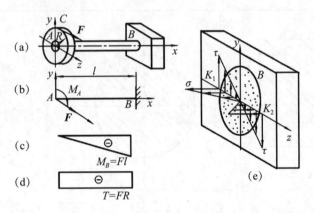

图 10-15 弯扭组合变形的圆轴

10.3.2 应力分析与强度条件

为了确定 AB 轴危险截面的位置，必须先分析轴的内力情况。分别考虑横向力 F 和力偶 M_A 的作用（横向力 F 的剪切作用略去不计），画出 AB 轴的弯矩图（如图 10-15（c）所示）和扭矩图（如图 10-15（d）所示）。由图可见，圆轴各横截面上的扭矩相同，而弯矩则在固定端 B 截面处为最大，故 B 截面为危险截面，其弯矩值和扭矩值分别为 $M_{max} = Fl$ 和 $T = FR$。

由于在横截面 B 上同时存在弯矩和扭矩，因此该截面上各点相应有弯曲正应力和扭转切应力，应力分布如图 10-15（e）所示。由图可知，B 截面上 K_1 和 K_2 两点处弯曲正应力和扭转切应力同时为最大值，所以这两点称为危险截面上的危险点。

危险点上的正应力和切应力分别为

$$\begin{cases} \sigma_{max} = \dfrac{M_{max}}{W_z} \\[3mm] \tau_{max} = \dfrac{T}{W_p} \end{cases} \tag{10-13}$$

式中，M_{max}、T 为危险截面上的弯矩和扭矩；W_z、W_p 为抗弯截面系数和抗扭截面系数。

由于弯扭组合变形中危险点上既有正应力又有切应力，属于复杂应力状态，不能将正应力和切应力简单地代数相加，而必须应用强度理论来建立强度条件。对于塑性材料在弯扭组合变形这样的复杂应力状态下，一般应用第三、第四强度理论来建立强度条件进行强度计算。第三、第四强度理论的强度条件分别为

$$\begin{cases} \sigma_3 = \sqrt{\sigma^2 + 4\tau^2} \leqslant [\sigma] \\ \sigma_4 = \sqrt{\sigma^2 + 3\tau^2} \leqslant [\sigma] \end{cases}$$

式中，σ_3 为第三强度理论的相当应力，单位为 MPa；σ_4 为第四强度理论的相当应力，单位为 MPa。

将圆轴弯扭组合变形的弯曲正应力 $\sigma_{max} = \dfrac{M_{max}}{W_z}$ 和扭转切应力 $\tau_{max} = \dfrac{T}{W_p}$ 以及 $W_p = 2W_z$ 代入上式，即得到圆轴弯扭组合变形时第三、第四强度理论的强度条件分别为

$$\begin{cases} \sigma_3 = \dfrac{\sqrt{M_{max}^2 + T^2}}{W_z} \leqslant [\sigma] \\ \\ \sigma_4 = \dfrac{\sqrt{M_{max}^2 + 0.75T^2}}{W_z} \leqslant [\sigma] \end{cases} \tag{10-14}$$

10.4　轴的分类和材料

10.4.1　轴的功用和类型

轴是机器中的重要零件之一，用来支持旋转零件，如齿轮、带轮等。

根据承受载荷的不同，轴可以划分为以下 3 种：

（1）转轴：既承受转矩又承受弯矩，如图 10-16 所示的减速箱转轴。

（2）传动轴：主要承受转矩，不承受或承受很小的弯矩，如图 10-17 所示汽车的传动轴通过两个万向连轴器与发动机转轴和汽车后桥相连，传递转矩。

（3）心轴：只承受弯矩而不传递转矩，其中心轴又分为固定心轴（图 10-18 所示）和转动心轴（图 10-19 所示）。

根据轴线的形状，轴可以划分为以下 3 种：

（1）直轴：直轴的应用最多，根据其直径的变化情况，又分为光轴（图 10-20（a）所示）和阶梯轴（图 10-20（b）所示），本章只研究直轴。另外，为减轻轴的重量，还

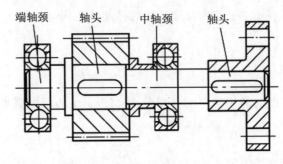

端轴颈　　　轴头　　　中轴颈　　　轴头

图 10-16　减速箱转轴

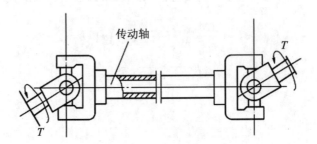

传动轴

T

T

图 10-17　汽车传动轴

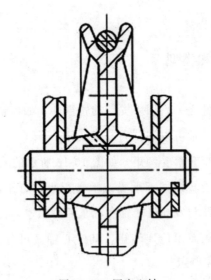

图 10-18　固定心轴

可以将轴制成空心的形式，即空心轴，如图 10-21 所示。

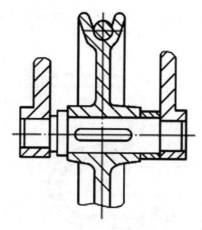

图 10-19 转动心轴

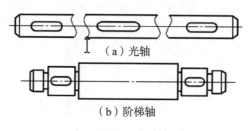

（a）光轴

（b）阶梯轴

图 10-20 直轴

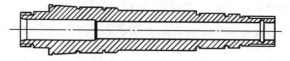

图 10-21 空心轴

（2）曲轴：曲轴常用于往复式机械中，如发动机等，如图 10-22 所示。

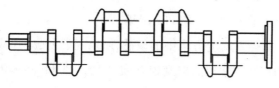

图 10-22 曲轴

（3）挠性轴：挠性钢丝轴通常是由几层紧贴在一起的钢丝层构成的，可以把转矩和运动灵活地传到任何位置，如图 10-23 所示。挠性轴常用于振捣器和医疗设备中。

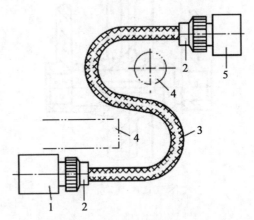

1—动力装置；2—接头；3—加有外层保护套的挠性轴；4—其他设备；5—被驱动装置

图 10-23　挠性轴

轴的设计主要按照如下步骤进行：

（1）确定工作要求；

（2）根据制造工艺等因素，选用合适的材料；

（3）进行结构设计；

（4）经过强度和刚度计算，定出轴的结构形状和尺寸。

（5）高速时还要考虑振动稳定性方面的要求。

10.4.2　轴的常用材料及其选择

由于轴工作时所受的应力多是变应力，因此轴的主要失效形式为疲劳破坏。轴的材料应具有足够的疲劳强度，同时还应考虑工艺性和经济性等因素，从而合理地选择轴的材料。轴的材料主要采用碳素钢和合金钢。

碳素钢比合金钢价廉，对应力集中的敏感性低，且经热处理或化学处理后可改善其力学性能，故应用广泛。常用的碳素钢有 35、40、45 和 50 等优质碳钢，其中最常用的是 45 钢。为保证其力学性能，应对其进行正火或调质处理。对于不重要的或受力较小的轴，则可采用 Q235、Q255 等普通碳素钢。

合金钢比碳素钢具有更高的力学性能和淬火性能，但其对应力集中较敏感，且价格较贵，主要用于传递大功率并要求减小质量和提高轴颈耐磨性，以及在高温或低温条件下工作的轴。常用的合金钢有 40Cr、20CrMnTi、35SiMn、35CrMo、40MnB 等。由于在一般工作温度（如低于 200℃）下，碳素钢和合金钢的弹性模量相差不多，因此，用合金钢代替碳素钢并不能提高轴的刚度。

对于形状复杂的轴，有时也可采用铸钢或铸铁来制造。经过铸造成型，可使其得到更合理的形状，而且铸铁的吸振性和耐磨性好，对应力集中的敏感性较低，但其冲击韧性低，工艺过程不易控制，质量不够稳定。

轴的毛坯一般用圆钢或锻件。有时也可采用铸钢或球墨铸铁。例如，用球墨铸铁制造曲轴、凸轮轴，具有成本低廉、吸振性较好、对应力集中的敏感性较低、强度较好等优点，适合制造结构形状复杂的轴。

表 10-2 列出了轴的常用材料及其主要机械性能。

表 10-2　　　　　　　　　　　**轴的常用材料及其主要机械性能**

牌号	热处理	毛坯直径 /mm	力学性能		硬度/HBW	备 注
			σ_b /MPa	σ_s /MPa		
Q235 Q275			370～500	235 275		用于不重要或载荷不大的场合
45	正火	25	600	355	≤241	应用最广泛
	正火	≤100	600	294	170～217	
	回火	100～300	580	285	162～217	
	调质	≤200	650	353	217～255	
40Cr	调质	25	980	785		用于载荷较大而无很大冲击的重要轴
		≤100	736	540	214～286	
		100～300	686	490		
35SiMn 42SiMn	调质	25	885	735	300～320	性能接近 40Cr，用于中小型轴
		≤100	785	510	229～286	
		100～300	740	440	217～269	
40MnB	调质	25	980	785	214～286	性能接近 40Cr，用于重要的轴
		≤200	756	490		

续表

牌号	热处理	毛坯直径/mm	力学性能		硬度/HBW	备 注
			σ_b /MPa	σ_s /MPa		
40CrNi	调质	25	980	785	300～320	低温性能好，用于很重要的轴
		≤200	900	735	270～300	
20Cr	渗碳淬火回火	15	835	540	表面50～60HRC	用于强度及韧性均较高的轴
		≤60	637	392		
20CrMnTi		15	1080	850	表面56～62HRC	
QT500-7			500	380	170～230	用于曲轴或形状复杂的轴
QT600-3			600	420	197～269	

10.5　轴的结构设计

轴的结构设计就是使轴的各部分具有合理的形状和尺寸。其主要要求有：

（1）满足制造安装要求，轴应便于加工，轴上零件要方便装拆；

（2）满足零件定位要求，轴和轴上零件有准确的工作位置，各零件要牢固而且可靠地相对固定；

（3）满足结构工艺性要求，使加工方便和节省材料；

（4）满足强度要求，尽量减少应力集中等。

下面逐项讨论这些要求。

10.5.1　制造安装要求

为了方便轴上零件的装拆，常将轴做成阶梯形。对于一般剖分式箱体中的轴，它的直径从轴端逐渐向中间增大。如图 10-24 所示，可依次将齿轮、套筒、左端滚动轴承、轴承盖和带轮从轴的左端装拆，另一滚动轴承从右端装拆。为使轴上零件易于安装，轴端及各轴段的端部应有倒角。

轴上磨削的轴段，应有砂轮越程槽（图 10-24 中②与③的交界处）；车制螺纹的轴

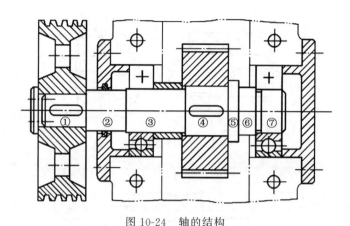

图 10-24　轴的结构

段，应有退刀槽。在满足使用要求的情况下，轴的形状和尺寸应力求简单，以便于加工。

10.5.2　零件轴向和周向定位

1. 轴上零件的轴向定位和固定

阶梯轴上截面变化处叫轴肩。利用轴肩和轴环进行轴向定位，其结构简单、可靠，并能承受较大轴向力。在图 10-24 中，①、②间的轴肩使带轮定位；轴环⑤使齿轮在轴上定位；⑥、⑦间的轴肩使右端滚动轴承定位。

有些零件依靠套筒定位。在图 10-24 中，左端滚动轴承采用套筒③定位。套筒定位结构简单、可靠，但不适合高转速情况。

在无法采用套筒或套筒太长时，可采用圆螺母加以固定，如图 10-25 所示。圆螺母定位可靠，并能承受较大轴向力。

如图 10-26 所示，在轴端部可以用圆锥面定位，圆锥面定位的轴和轮毂之间无径向间隙、装拆方便，能承受冲击，但锥面加工较为麻烦。

图 10-27 和图 10-28 中的挡圈和弹性挡圈定位结构简单、紧凑，能承受较小的轴向力，但可靠性差，可在不太重要的场合使用。图 10-29 是轴端挡圈定位，它适用于轴端，可承受剧烈的振动和冲击载荷。

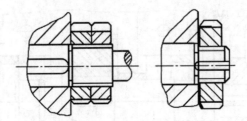

图 10-25 圆螺母定位

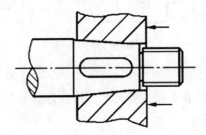

图 10-26 圆锥面定位

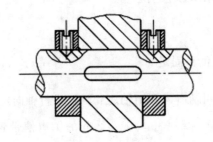

图 10-27 挡圈

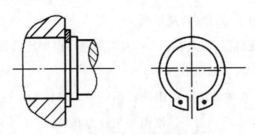

图 10-28 弹性挡圈

圆锥销也可以用作轴向定位,它结构简单,用于受力不大且同时需要轴向定位和

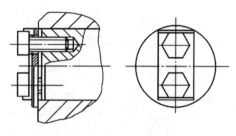

图 10-29　轴端挡圈

固定的场合，如图 10-30 所示。

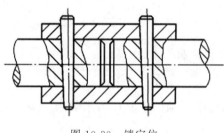

图 10-30　销定位

2. 轴上零件的周向固定

轴上零件周向固定的目的是使其能同轴一起转动并传递转矩。轴上零件的周向固定，大多采用键、花键或过盈配合等连接形式。

10.5.3　轴上零件的装拆与调整

为使轴上零件能顺利地装拆，保证良好的装配工艺性，并能进行位置和间隙的调整，轴的结构多数设计成中间粗两端逐渐细的阶梯轴。为便于轴上零件的安装，轴端应设计成 45°的倒角。为方便安装而设计的轴肩（称为工艺轴肩），其高度没有固定的要求，越小越好，一般取 1~3mm。需要注意的是定位轴承的轴肩高度应低于轴承内圈的厚度，以便于拆卸轴承，如图 10-31 所示，其具体尺寸可查阅轴承手册。

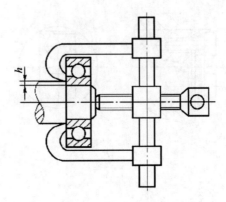

图 10-31 轴承的拆卸

10.5.4 轴的加工工艺性

在满足使用要求的情况下,轴的形状应力求简单。应尽量减少轴肩的数目和精加工的尺寸;轴上的键槽应布置在同一母线上,并尽量等宽;轴上各处的圆角半径、中心孔、键槽等尺寸应尽可能统一,以利于加工和检验。轴上有需要磨削的轴段或有螺纹时,须相应留有砂轮越程槽或退刀槽,如图 10-32 所示,其尺寸可参阅有关手册,其槽的宽度应尽量统一。

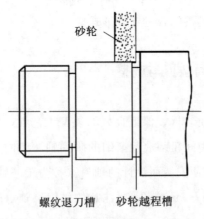

图 10-32 砂轮越程槽和螺纹退刀槽

10.5.5 减小轴的应力集中、提高轴的疲劳强度

轴肩的过渡剖面，即轴上开有键槽、螺纹及有小孔等轴上尺寸突然变化的剖面处都会产生应力集中。应力集中过大将严重影响轴的疲劳强度。如图 10-33 所示，为减轻应力集中，轴肩不要太高，轴径变化处要平缓过渡，并适当增加轴肩处的圆角半径。若增加过渡圆角半径有限制时，可采用凹切圆角（图 10-33（a））、肩环（图 10-33（b））或减载槽（图 10-33（c））的结构。

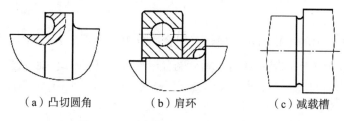

（a）凸切圆角　　　　　（b）肩环　　　　　（c）减载槽

图 10-33　减轻轴肩处应力集中的结构

此外，在进行结构设计时，还可以用改善受力情况、改变轴上零件位置等措施以提高轴的强度。例如，在图 10-34 所示的起重机卷筒的两种不同方案中，图（a）的结构是大齿轮和卷筒联成一体，转矩经大齿轮直接传给卷筒。这样，卷筒轴只受弯矩而不传递转矩，在起重同样载荷 Q 时，轴的直径可小于图（b）的结构。

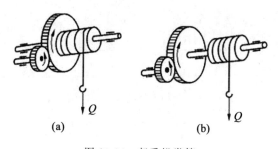

（a）　　　　　　　　　（b）

图 10-34　起重机卷筒

再如，如图 10-35 所示，当动力需从两个轮输出时，为了减小轴上的载荷，尽量将输入轮置在中间。在图（a）中，当输入转矩为 $T_1 + T_2$ 而 $T_1 > T_2$ 时，轴的最大转

矩为 T_1；而在图（b）中，轴的最大转矩为 $T_1 + T_2$。

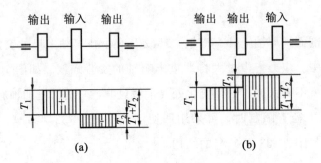

图 10-35　轴上零件的两种布置方案

如图 10-36 所示的车轮轴，如把轴毂配合面分为两段（图 b），可以减小轴的弯矩，从而提高其强度和刚度；把转动的心轴（图 a）改成不转动的心轴（图 b），可使轴不承受交变应力。

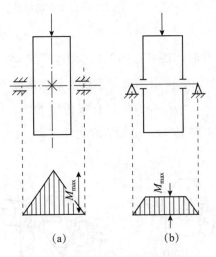

图 10-36　两种不同结构产生的轴弯矩

小　结

传动零件必须被支承起来才能工作，支承传动件的零件称为轴。本章主要介绍了轴的分类及材料选择。通过本章的学习，读者应掌握圆轴扭转、弯曲及组合变形的理论知识，了解圆轴扭转、弯曲及组合变形的几何理论，并掌握轴的结构设计、强度计算校核等相关知识。

习　题

1. 填空题

(1) 按轴受载的性质分类，汽车变速箱至后桥的连接轴是_____轴；车床的主轴是_____轴。

(2) 轴上零件的周向和轴向定位方式有_____。

2. 选择题

(1) 计算得知轴的刚度不够，在下列措施中，能达到提高刚度的目的的是。（　）

　　A. 用淬火钢　　　　　B. 减少应力集中

　　C. 用合金钢代替碳钢　　D. 增大轴的直径

(2) 按轴所受载荷性质分类，自行车的前轴是（　），中轴是（　），后轴是（　）。

　　A. 转轴　　　　　B. 心轴　　　　　C. 传动轴

3. 是非题

(1) 只承受弯矩 M 而不承受转矩 T 的轴称为心轴。　　　　　　　　（　）

(2) 在同时作用有 M 和 T 的转动轴上，当载荷大小、方向及作用点均不变时，轴上任意点的应力也不变。　　　　　　　　（　）

4. 计算题

一钢制等直径轴，传递的转矩 $T=4000\text{N}\cdot\text{m}$。已知轴的许用剪切应力 $[\tau]=40\text{MPa}$，轴的长度 $l=1700\text{mm}$，轴在全长上的扭转角 φ 不得超过 $1°$，钢的切变模量 $G=8\times10^4\text{MPa}$，试求该轴的直径。

第 11 章

齿 轮 传 动

【知识目标】

（1）掌握齿轮传动的特点及类型；

（2）熟悉齿廓啮合基本定律、渐开线齿廓特点及渐开线齿形的加工和检验；

（3）掌握渐开线圆柱直齿轮的基本参数、啮合传动及变位齿轮的传动计算。

【学习目标】

（1）了解齿轮传动的特点及类型；

（2）熟悉齿廓啮合基本定律、渐开线齿廓特点及渐开线齿形的加工和检验；

（3）学习掌握渐开线圆柱直齿轮的基本参数及传动特性，了解其他齿轮传动特点。

11.1　齿轮传动特点与类型

如图 11-1 所示，齿轮传动用于传递空间任意两轴间的运动和动力，是应用最广泛的一种传动。

按照工作条件，齿轮传动可分为闭式传动和开式传动两种。闭式传动的齿轮封闭在刚性的箱体内，因而能保证良好的润滑和工作条件，

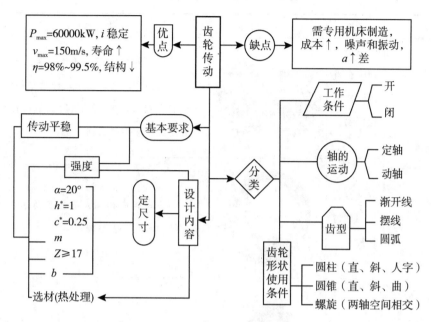

图 11-1　齿轮传动概述

重要的齿轮都采用闭式传动。开式传动的齿轮是外露的，不能保证良好的润滑，又存在落入灰尘和杂质的问题，故齿面易磨损，只宜用于低速传动。

齿轮传动的类型很多，有不同的分类方法。按照齿轮副中两齿轮轴线的相对位置，齿轮传动可分为以下三类：

（1）平行轴齿轮传动；

（2）相交轴齿轮传动；

（3）交错轴齿轮传动。

齿轮传动的主要类型、特点和应用如表 11-1 所示。

齿轮传动按齿轮的工作条件也可以分为以下三类：

（1）开式齿轮传动。齿轮传动不安装箱盖，直接暴露在外，故不能防尘且润滑不良，因而齿轮易磨损，寿命短，用于低速或低精度的场合，如水泥搅拌机齿轮、卷扬机齿轮等。

（2）闭式齿轮传动。齿轮传动安装在密闭的箱体内，故密封条件好，且易于保证良好的润滑，使用寿命长，用于较重要的场合，如机床主轴箱齿轮、汽车变速箱齿轮、减速器齿轮等。

表 11-1　　　　　　　　　　　　　　齿轮传动的类型、特点和应用

分类	名称	示意图	特点及应用
平行轴齿轮传动	直齿圆柱齿轮传动	外啮合直齿圆柱齿轮传动	两齿轮转向相反，轮齿与轴线平行，工作时无轴向力，重合度小，传动平稳性较差，承载能力较低，多用于速度较低的传动，尤其适用做变速箱的换挡齿轮。
		内啮合直齿圆柱齿轮传动	两齿轮转向相同，重合度大，轴间距离小，结构紧凑，效率较高。
直齿圆柱齿轮传动	齿轮齿条传动		齿条相当于一个半径为无限大的齿轮，用于连续转动到往复移动的运动变换。
平行轴齿轮传动	斜齿圆柱齿轮传动	外啮合斜齿圆柱齿轮传动	两齿轮转向相反，齿轮与轴线成一夹角，工作时存在轴向力，所需支承较复杂，重合度较大，传动较平稳，承载能力较强，适用于速度较高、载荷较大或要求结构较紧凑的场合。
人字齿轮传动	外啮合人字齿圆柱齿轮传动		两齿轮转向相反，承载能力高，轴向力能抵消，多用于重载传动。

续表

分类	名称	示意图	特点及应用
相交轴锥齿轮传动	直齿锥齿轮传动		两轴线相交，轴交角为 90° 的应用较广；制造和安装简便，传动平稳性较差，承载能力较低，轴向力较大，用于速度较低（<5m/s）、载荷小而稳定的传动。
	曲线齿锥齿轮传动		两轴线相交，重合度大，工作平稳，承载能力强，轴向力较大，且与齿轮转向有关，用于速度较高及载荷较大的传动。
交错轴齿轮传动	交错轴斜齿轮传动		两轴线交错，两齿轮点接触，传动效率高，适用于载荷小、速度较低的传动。
交错轴齿轮传动	蜗杆传动		两轴线交错，一般成 90°。传动比较大（一般 $i=10\sim80$），结构紧凑，传动平稳，噪声和振动小，传动效率低，易发热。

　　（3）半开式齿轮传动。介于开式齿轮传动和闭式齿轮传动之间，通常在齿轮的外面安装有简易的罩子，如车床交换架齿轮等。

　　齿轮常用于传递运动和动力，齿轮传动有以下两个基本要求：

　　（1）传动准确、平稳，即要求齿轮在传动过程中的瞬时角速比恒定不变，以免产生动载荷、冲击、振动和噪声。这与齿轮的齿廓形状和制造、安装精度等因素有关。

　　（2）承载能力强，即要求齿轮在传动过程中有足够的强度、刚度，并能传递较大的动力，在使用寿命内不发生断齿、点蚀和过度磨损等现象。这与齿轮的尺寸、材料和热处理工艺等因素有关。

由于齿轮的齿廓曲线不同，齿轮又可分为渐开线齿轮、圆弧齿轮、摆线齿轮等，而渐开线齿轮不仅能满足传动平稳的基本要求，且便于制造和安装，互换性好，承载能力强，所以应用最广泛。本章只着重讨论渐开线齿轮传动，并简要介绍圆弧齿轮传动。

11.2 齿廓啮合基本定律与渐开线齿廓

齿轮传动是依靠主动轮的轮齿依次推动从动轮的轮齿来进行工作的。对齿轮传动的基本要求之一是其瞬时传动比必须保持不变，否则，当主动轮以等角速度回转时，从动轮的角速度为变数，从而产生惯性力。这种惯性力将影响轮齿的强度、寿命和工作精度。齿廓啮合基本定律就是研究当齿廓形状符合何种条件时，才能满足这一基本要求。

如图 11-2 所示为两相互啮合的齿廓 E_1 和 E_2 在 K 点接触，两轮的角速度分别为 ω_1 和 ω_2。过 K 点作两齿廓的公法线 N_1N_2，与连心线 O_1O_2 交于 C 点。

两轮齿廓上 K 点的速度分别为

$$\begin{cases} v_{K1} = \omega_1 \overline{O_1K} \\ v_{K2} = \omega_2 \overline{O_2K} \end{cases}$$

且 v_{K1} 和 v_{K2} 在法线 N_1N_2 上的分速度应相等，否则两齿廓将会压坏或分离。即

$$v_{K1}\cos\alpha_{K1} = v_{K2}\cos\alpha_{K2}$$

由上述两式得

$$\frac{\omega_1}{\omega_2} = \frac{\overline{O_2K}\cos\alpha_{K2}}{\overline{O_1K}\cos\alpha_{K1}}$$

过 O_1、O_2 分别作 N_1N_2 的垂线 O_1N_1 和 O_2N_2，得 $\angle KO_1N_1 = \alpha_{K1}$、$\angle KO_2N_2 = \alpha_{K2}$，故上式可写成

$$\frac{\omega_1}{\omega_2} = \frac{\overline{O_2K}\cos\alpha_{K2}}{\overline{O_1K}\cos\alpha_{K1}} = \frac{\overline{O_2N_2}}{\overline{O_1N_1}}$$

又因 $\triangle CO_1N_1 \sim \triangle CO_2N_2$，故上式又可写成

$$\frac{\omega_1}{\omega_2} = \frac{\overline{O_2N_2}}{\overline{O_1N_1}} = \frac{\overline{O_2C}}{\overline{O_1C}} \tag{11-1}$$

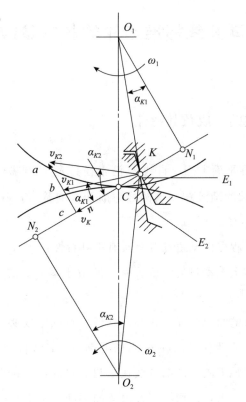

图 11-2　齿廓曲线与齿轮传动比的关系

由式（11-1）可知，要保证传动比为定值，则比值 $\dfrac{\overline{O_2C}}{\overline{O_1C}}$ 应为常数。由于两轮轴心连线 $\overline{O_1O_2}$ 为定长，因此满足上述要求，C 点应为连心线上的定点，这个定点 C 称为节点。

因此，为使齿轮保持恒定的传动比，必须使 C 点为连心线上的固定点。或者说，欲使齿轮保持定角速比，不论齿廓在任何位置接触，过接触点所作的齿廓公法线都必须与两轮的连心线交于一定点。这就是齿廓啮合的基本定律。

凡满足齿廓啮合基本定律而互相啮合的一对齿廓，称为共轭齿廓。符合齿廓啮合基本定律的齿廓曲线有无穷多，传动齿轮的齿廓曲线除要求满足定角速比外，还必须考虑制造、安装和强度等要求。在机械中，常用的齿廓有渐开线齿廓、摆线齿廓和圆弧齿廓，其中以渐开线齿廓应用最广。本章将着重讨论渐开线齿轮传动，并简要介绍圆弧齿轮传动。

11.3 渐开线标准齿轮的基本参数和尺寸

11.3.1 渐开线的形成及其特性

如图 11-3 所示,在平面上当一直线 L 沿半径为 r_b 的圆做纯滚动时,此直线上任一点 K 的轨迹称为该圆的渐开线。该圆称为渐开线的基圆,基圆半径用 r_b 表示,直线 L 称为渐开线的发生线。

由渐开线的形成过程可以知道渐开线具有下列特性:

(1) 发生线在基圆上滚动过的线段长度 $\overline{NK}$ 等于基圆上被滚过的弧长 $\overparen{NA}$,即可得 $\overline{NK} = \overparen{NA}$。

(2) 渐开线上各点的曲率半径不相等,且任一点的法线必与基圆相切。当发生线沿基圆做纯滚动时,N 点为渐开线在 K 点的曲率中心,线段 NK 为曲率半径。因此,渐开线上各点的曲率半径不同,即渐开线在基圆上的始点 A 的曲率半径为零,由 A 向外展开,曲率半径由小变大,因而渐开线由弯曲逐渐趋向平直。N 点还是这一纯滚动的瞬时转动中心,所以发生线 NK 即为渐开线在点 K 的法线。

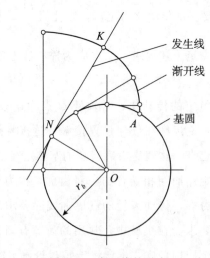

图 11-3 渐开线的形成

（3）渐开线的形状取决于基圆的大小，基圆半径相同时，所形成的渐开线形状相同。基圆半径越小，渐开线越弯曲；基圆半径越大，渐开线越平直；当基圆半径趋于无穷大时，渐开线成为一条直线，渐开线齿轮就变成了齿条。故直线齿廓的齿条是渐开线齿轮的一个特例。

（4）渐开线上各点的压力角不同，渐开线上任一点 K_i 处的法向压力 F_n 的方向线与该点速度 v_i 的方向线之间所夹的锐角 α_i 称为渐开线上 K_i 点处的压力角，如图 11-4 所示。

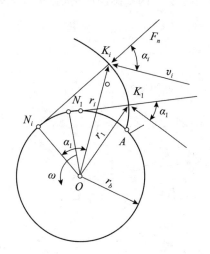

图 11-4　渐开线的压力角

由图可知，在直角 $\triangle K_i ON_i$ 中，$\angle K_i ON_i$ 的两边与 K_i 点压力角 α_i 的两边对应垂直，即可得到 $\angle K_i ON_i = \alpha_i$，故有

$$\cos\alpha_i = \frac{\overline{ON_i}}{\overline{OK_i}} = \frac{r_b}{r_i} \tag{11-2}$$

式中，基圆半径 r_b 为一定值，所以渐开线上各点压力角将随各点的向径 r_i 的不同而不同。在基圆上，有 $r_i = r_b$，其压力角为零。K_i 点离基圆愈远，r_i 愈大，压力角 α_i 愈大。压力角的大小将直接影响一对齿轮的传动性能，所以它是齿轮传动中的一个重要参数。

（5）基圆内无渐开线。渐开线是从基圆开始向外展开的，所以基圆以内无渐开线。

11.3.2 渐开线齿廓啮合的性质

1. 满足齿廓啮合基本定律

图 11-5 所示为一对渐开线齿轮传动，设主动轮 1 以角速度 ω_1 顺时针转动，驱动从动轮 2 以角速度 ω_2 逆时针转动。一对齿廓在任意点 K 处相啮合，根据渐开线特性，过 K 点作齿廓的公法线 N_1N_2 必为两基圆的内公切线，设 N_1 和 N_2 为切点。

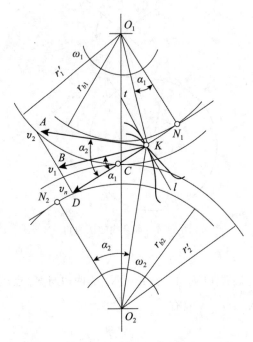

图 11-5　渐开线齿轮的啮合

因为基圆在同一方向的内公切线仅有一条，所以无论两齿廓在何处接触，过接触点所作两齿廓的公法线都一定和 N_1N_2 相重合。在齿轮传动过程中，两基圆的大小和位置均不变，所以公法线 N_1N_2 与连心线 O_1O_2 的交点 C 为一定点，这就说明齿轮的渐开线齿廓满足齿廓啮合基本定律。

又由图可知，$\triangle CO_1N_1 \backsim \triangle CO_2N_2$，根据式（11-1）可得渐开线齿轮的传动比为

$$i_{12}=\frac{\omega_1}{\omega_2}=\frac{\overline{O_2C}}{\overline{O_1C}}=\frac{r_2{}'}{r_1{}'}=\frac{r_{b2}}{r_{b1}}=\text{const} \qquad (11\text{-}3)$$

上式表明渐开线齿轮的瞬时传动比恒定不变,其大小不仅与两轮的节圆半径成反比,同时也等于两轮的基圆半径的反比。

2. 四线合一

一对渐开线齿廓啮合传动时,两齿廓啮合点的轨迹称为啮合线。如图 11-6 所示,不论齿廓在 K、C、K' 的哪一点啮合,根据渐开线特性可知,过啮合点的齿廓公法线总是同时与两轮的基圆相切,均为两基圆的内公切线 N_1N_2。这就说明,一对渐开线齿轮在啮合传动过程中,其啮合点始终在直线 N_1N_2 上,即啮合线为一条定直线。

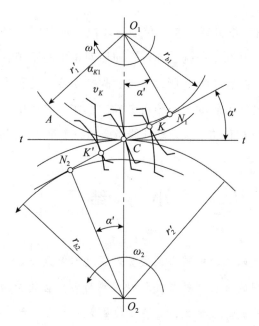

图 11-6 渐开线齿廓的啮合角不变

啮合线 N_1N_2 与两节圆的公切线 $t-t$ 所夹的锐角称为啮合角,以 α' 表示。由于啮合过程中 N_1N_2 和 $t-t$ 线均不变,故啮合角 α' 为常数,且恒等于节圆压力角,所以两者用同一符号表示。

综上所述,N_1N_2 线同时有四种含义,即四线合一:

(1) 两基圆的内公切线;

（2）啮合点 K 的轨迹线即理论啮合线；

（3）两轮齿廓啮合点 K 的公法线；

（4）啮合传动的正压力作用线。

3. 传动平稳性

由上述 N_1N_2 为四线合一可知，当一对渐开线齿轮传动所传递的功率一定，两轮转速为定值时，则传动力矩为定值。在传动过程中，主、从动轮的齿廓上所受的法向压力的大小和方向始终保持不变，这就是渐开线齿轮传动平稳的特性，它对改善齿轮传动的动力特性和提高齿轮传动的承载能力都非常有利。

4. 中心距可分性

由式（11-3）可知，渐开线齿轮的传动比取决于两基圆半径的大小。当一对渐开线齿轮制成后，两轮的基圆半径就已确定，即使两轮中心距稍有变化而使节圆半径有变化，但由于两轮基圆半径不变，所以传动比保持不变。这种中心距变化、传动比保持不变的性质称为渐开线齿轮的中心距可分性。在实际应用中，中心距可分性对齿轮的制造和安装都是十分有利的，这是渐开线齿廓的一个重要优点。

小　结

本章主要介绍了齿轮传动的特点及类型，通过本章学习，读者应了解齿轮传动的特点及类型，了解常用的直齿圆柱齿轮传动、斜齿圆柱齿轮传动、人字齿轮传动，并掌握渐开线圆柱直齿轮的基本参数、啮合传动及变位齿轮的传动计算等基本内容。

习　题

1. 填空题

（1）齿廓啮合基本定律是齿廓在任何位置接触时，过该点作_____线都必须与交于_____点。

（2）标准直齿圆锥齿轮的正确啮合条件是_____、_____和_____。

2. 单选题

渐开线齿轮的齿廓曲线形状取决于（　　　）。

A. 分度圆压力角　　　B. 齿数及模数　　　C. 基圆半径　　　D. 基圆半径及变位系数

3. 是非题

一对相啮合的标准齿轮，小齿轮的齿根厚度比大齿轮的齿根厚度大。（　　　）

4. 简答题

（1）渐开线有哪些重要性质？

（2）什么是齿轮的模数？模数的单位是什么？

（3）通常所讲的模数和压力角是指什么圆上的模数和压力角？

（4）齿轮传动的主要失效形式有哪些？

（5）齿轮的结构有哪几种？各有什么特点？

（6）闭式齿轮传动的润滑方式有哪几种？

5. 计算题

试设计电动机驱动的带式运输机上单级直齿圆柱齿轮减速器中的齿轮传动。已知传递功率 $P_1 = 7.5\text{kW}$，$n_1 = 960\text{r/min}$，传动比 $i = 4.2$，单向转动，齿轮相对轴承对称布置，两班制，每年工作 300 天，使用期限为 5 年。

参 考 文 献

[1] 杨可桢，程光蕴，李仲生．机械设计基础［M］．6 版．北京：高等教育出版社，2013．

[2] 濮良贵，纪名刚．机械设计［M］．8 版．北京：高等教育出版社，2006．

[3] 孙桓，陈作模，葛文杰．机械原理［M］．7 版．北京：高等教育出版社，2006．

[4] 陈立德．机械设计基础［M］．3 版．北京：高等教育出版社，2013．

[5] 吴宗泽．机械设计［M］．北京：人民交通出版社，2003．

[6] 吴宗泽．机械设计师手册［M］．（上、下册）．北京：机械工业出版社，2009．

[7] 滕启．机械设计基础［M］．北京：中国电力出版社，2012．

[8] 孙桓，陈作模，葛文杰．机械原理［M］．8 版．北京：高等教育出版社，2013．

[9] 唐林．机械设计基础［M］．2 版．北京：清华大学出版社，2013．

[10] 黄华梁，彭文生．机械设计基础［M］．4 版．北京：高等教育出版社，2007．

[11] 机械设计手册编委会．机械设计手册（第 2 卷）［M］．北京：机械工业出版社，2004．

[12] 田万禄．机械设计基础［M］．北京：北京理工大学出版社，2017．

［13］黄平，朱文坚．机械设计基础［M］.广州：华南理工大学出版社，2003.

［14］王军，何晓玲．机械设计基础［M］.北京：机械工业出版社，2012.

［15］朱文坚，黄平．机械设计［M］.北京：高等教育出版社，2003.

［16］申永胜．机械原理教程［M］.北京：清华大学出版社，2005.

［17］张策．机械原理与机械设计［M］.（上、下册）.2 版.北京：机械工业出版社，
　　　2011.

［18］郑文纬，吴克坚．机械原理［M］.7 版.北京：高等教育出版社，2010.

［19］徐灏．机械设计手册［M］.2 版.北京：机械工业出版社，2004.

［20］黄茂林．机械原理［M］.2 版.北京：机械工业出版社，2010.